北京理工大学"双一流"建设精品出版工程

SHUXUE JICHU

数学基础

刘子辉 ◎ 主编

北京理工大学出版社
BEIJING INSTITUTE OF TECHNOLOGY PRESS

图书在版编目（ＣＩＰ）数据

数学基础 / 刘子辉主编. -- 北京：北京理工大学
出版社，2022.1（2023.2重印）
　　ISBN 978 - 7 - 5763 - 0860 - 0

　　Ⅰ．①数… Ⅱ．①刘… Ⅲ．①数学基础 – 高等学校 –
教材 Ⅳ．①O14

中国版本图书馆 CIP 数据核字（2022）第 014873 号

出版发行 / 北京理工大学出版社有限责任公司
社　　址 / 北京市海淀区中关村南大街 5 号
邮　　编 / 100081
电　　话 / （010）68914775（总编室）
　　　　　　（010）82562903（教材售后服务热线）
　　　　　　（010）68944723（其他图书服务热线）
网　　址 / http：// www.bitpress.com.cn
经　　销 / 全国各地新华书店
印　　刷 / 廊坊市印艺阁数字科技有限公司
开　　本 / 787 毫米 × 1092 毫米　1/16
印　　张 / 13.25　　　　　　　　　　　　　　责任编辑 / 孟祥雪
字　　数 / 236 千字　　　　　　　　　　　　　文案编辑 / 孟祥雪
版　　次 / 2022 年 1 月第 1 版　2023 年 2 月第 2 次印刷　　责任校对 / 周瑞红
定　　价 / 68.00 元　　　　　　　　　　　　　责任印制 / 李志强

PREFACE 前言

　　本教材是作者在几年的教学实践中为大学体育特长生编写的. 本书汇集了中学数学的重要概念和结论. 作者的初衷是为新入学的体育特长生做较系统的复习, 使学生的初等数学基础得到巩固和加强, 从而为后续的高等数学内容的学习奠定基础.

　　本教材的编写试图把中学重要的概念串在一起, 并渗透进高等数学的思想, 从而把中学数学和高等数学内容有效衔接, 尽量使学生容易理解, 增加学习数学的兴趣.

　　本书的特色之一是强调初等数学概念之间的相互联系和应用, 例子新颖, 各章节内容紧凑, 适合教学和自学两用. 特色之二是以初等数学中的概念为基础, 深入解释了后续高等数学类课程中有广泛应用的一些重要定理和结论, 比如在涉及整数的性质中, 引进了中国剩余定理, 介绍了欧几里得算法等. 在数列学习中, 渗透了极限的重要思想. 从实例中初步阐释了定积分的基本概念. 最后一章的"概率简介"除介绍概率论中的基本术语外, 也介绍了古典概型的计算以利于对排列组合进一步的理解和掌握.

　　感谢研究生罗玉和魏瑶对书中部分章节内容辛勤的编辑和认真的校对.

　　由于作者水平有限, 书中错误与不妥之处在所难免, 诚恳希望读者批评指正.

编　　者

目 录
CONTENTS

第 1 章

数字和字母运算

初等数学中最简单的运算就是数字运算，最简单的数字就是我们最早接触的自然数 1，…，100，…，自然数有很多好的运算和性质. 比如，自然数的加法、减法、乘法和整除等. 之后，我们又陆续接触到范围更广的数字，如比自然数范围大的整数，以及更广泛的有理数、无理数、实数、复数等. 之后，我们还扩展了字母运算，用字母代替数字运算的好处是可以把数字运算的本质刻画得更深刻、更简洁. 本章的教学目的就是对数字和字母运算给出较系统的回顾.

1.1　数字的运算

最简单的数字和运算是自然数及其加法、减法、乘法和整除运算. 很容易观察到一个基本事实：两个自然数的加法仍然是自然数，而两个自然数的减法未必再是自然数，比如：$2-3(=-1)$，所以数的运算涉及数的范围，如果两个数作某种运算后还是这种数，我们就称这个运算对于这类数具有封闭性. 比如，两个自然数的加法对于自然数就是封闭的，而两个自然数的减法对于自然数就是不封闭的. 整数对于加法、减法和乘法都是封闭的，而对于除法就是不封闭的. 有理数对于加法、减法、乘法和除法都是封闭的，实数和复数也是如此.

两个数的运算可以推广到多个数的运算，比如，我们可以计算 $1+2+\cdots+100$. 讨论数字的运算性质很有意义，这些运算性质可以帮助人们更加方便地得到答案. 比如自然数相加就满足交换律、结合律、分配律等. 这些运算规律应用到 $1+2+\cdots+100$ 上，我们既可以按照加法的原来顺序计算这个结果，也可以巧妙地把 1 和 100 配对相加，再把 2 和 99 配对相加，…，直到 50 和 51 配对相加，总共得到 50 组 101，再把这 50 个 101 相加，即可得到想要的结果 5 050.

自然数（或整数）的整除运算也是熟知的基本运算，和很多概念密切相关．任何一个自然数都可以按个位、十位、百位数字等写出来，如：$321 = 3 \times 100 + 2 \times 10 + 1$，在这种表示中，由于百位中的 100，十位中的 10 总能被 2 整除，所以可以很容易得到一个整数被 2 整除的判别规则，即

被 2 整除的判别规则：一个整数能被 2 整除的充分必要条件是其个位数字能被 2 整除，即个位是 0，2，4，6，8．

类似地，可以得到被 5 整除的判别规则：

被 5 整除的判别规则：一个整数能被 5 整除的充分必要条件是其个位数字能被 5 整除，即个位是 0 或 5．

只要仔细观察数字的变化规律，也可以寻找其他的整除规则，比如，以 321 为例，要寻找被 3 整除的规则，只要注意到：

$$321 = 3 \times 100 + 2 \times 10 + 1$$
$$= 3 \times (99 + 1) + 2 \times (9 + 1) + 1$$
$$= 3 \times 99 + 2 \times 9 + (3 + 2 + 1)$$

而 $3 \times 99 + 2 \times 9$ 总能被 3 整除，所以，321 是否能被 3 整除，只需检查 $3 + 2 + 1$ 是否被 3 整除即可，即检查这个数的所有位上的数字之和是否被 3 整除即可，因而得到 321 可以被 3 整除．

有了被 2 整除和被 3 整除的规则，我们又可得到被 6 整除的规则，这只要注意到被 6 整除等同于既被 2 整除又被 3 整除即可．

和整除相关的一个计算是带余除法．所谓带余除法，就是一个大的自然数被小的自然数除时带有余数的一般情形，整除可以看成余数是 0 的特例．带余除法的一般要求是余数要在 0 和除数之间，也就是严格小于除数而大于或等于 0，做这种要求主要是能够保证余数的唯一性，但需要注意，余数的唯一性并不一定要求余数在这个范围上，我们可以选择其他取值范围，但习惯上总是把余数限制在这样一个范围．

例 1.1.1　9 被 6 除的带余除法是：$9 = 1 \times 6 + 3$，即余数是 3，而商是 1．

由于上述的带余除法中我们约定了余数范围，保证了余数的唯一性，从而给定一个整数后，用此整数去除另外一个任何整数得到的余数唯一．所以给定任何一个整数后，我们可以把所有整数集合按带余除法的余数分类，使得每一类中含有的整数都有相同的余数，不同的类没有公共元素．

定义 1.1.1　给定整数 m 后，被 m 除后余数相同的整数称为模 m 后的同余类．同余类中的每个整数称作此同余类的代表元．

显然，给定 m 后，模 m 的同余类共有 m 个．

例 1.1.2　所有被 5 整除的整数构成一个模 5 的同余类. 同样地, 被 5 除余 1 的所有整数构成另外一个模 5 的同余类, 其代表元是: …, -9, -4, 1, 6, 11, …. 另外三个模 5 的同余类是被 5 除余 2 的同余类, 被 5 除余 3 的同余类, 被 5 除余 4 的同余类.

以下命题可直接从同余类的定义得出:

命题 1.1.1　给定整数 m, 则两个整数是同一个模 m 的同余类的代表元的充要条件是这两个整数的差能被 m 整除.

同余类之间也可以做加法和乘法运算, 两个同余类做了加法运算后得到的同余类就定义为两个同余类的代表元相加得到的和所在的同余类, 类似地, 同余类之间相乘以后得到的同余类就定义为同余类的代表元相乘以后得到的乘积所在的同余类. 问题是上述定义方式是否合理? 合理性的疑问在于一个同余类的代表元有很多, 不是唯一的, 那么当选取不同的代表元做上述运算时, 是否能得到同样的运算结果呢?

接下来, 我们用带余除法说明以上运算是合理的. 仍然以模 5 的同余类为例说明这些运算. 首先取出一个同余类代表元 1, 即被 5 整除余下 1 的那些数字构成的同余类, 由命题 1.1.1 知, 1 所在的同余类其他代表元均可写成 $5i+1$ 的形式, 其中 i 是某个整数. 再取出另外一个同余类代表元 2, 即被 5 整除余下 2 的那些数构成的同余类, 即该同余类代表元均可写成 $5j+2$ 的形式. 按照定义, 1 所在的同余类和 2 所在的同余类相加即得到 $1+2=3$ 所在的同余类, 这个运算的合理性由上面的代表元形式明显可以得到, 因为如果选取 1 所在的同余类的另一个代表元, 如 $5i+1$, 而也选取 2 所在的同余类的另一个代表元, 如 $5j+2$, 则两个新代表元之和 $(5i+1)+(5j+2)=5(i+j)+3$ 和 3 显然在同一个同余类. 类似地, 也可用带余除法说明同余类乘法运算的合理性.

带余除法的另一个重要应用就是计算两个整数的最大公约数. 即所谓的欧几里得算法. 实际上, 欧几里得算法不但可以计算出两个整数的最大公约数, 还可以把这个最大公约数表示成这两个整数的组合形式.

我们通过一个例子说明计算过程.

例 1.1.3　求 36 和 21 的最大公约数.

解　计算的第一步是用大的数除以小的数, 做相应的带余除法. 即

$$36 = 1 \times 21 + 15$$

第二步是用上一步中的除数 21 除以余数 15, 做相应的带余除法. 即

$$21 = 1 \times 15 + 6$$

再用第二步中的除数 15 除以余数 6, 做相应的带余除法. 即

$$15 = 2 \times 6 + 3$$

再用第三步中的除数 6 除以余数 3，做相应的带余除法．即

$$6 = 2 \times 3$$

这一步正好整除，于是，欧几里得算法结束，所得最大公约数即为倒数第二步的余数 3．要把 3 表示成 36 和 21 的组合形式，我们可由倒数第二步的余数 3 反推上去．也即做如下计算：

$$
\begin{aligned}
3 &= 15 - 2 \times 6 \\
&= 15 - 2 \times (21 - 1 \times 15) \\
&= 3 \times 15 - 2 \times 21 \\
&= 3 \times (36 - 1 \times 21) - 2 \times 21 \\
&= 3 \times 36 - 5 \times 21
\end{aligned}
$$

分析上述例子中的欧几里得算法的过程，可以看出每一步的余数都在严格递减，而每一步余数不为零时，总可以进行下一步的带余除法，由于我们约定带余除法的余数总是非负的，因此欧几里得算法可以对任何两个整数实施，并且经过有限步后，一定可以做到整除（即余数等于 0），此时欧几里得算法即结束，而倒数第二步的余数就是最初两个整数的最大公约数．并且，像例子那样，我们总可以从倒数第二步的算式出发，往上一步步反推计算，最后把最大公约数表示成最初的两个整数的组合形式．

欧几里得算法可以有效地把两个整数的最大公约数表示成这两个整数的组合形式，所以该算法应用广泛．首先，可以应用欧几里得算法计算同余类乘法中的逆元．在同余类乘法中，如果对于某个同余类，可以找到另外一个同余类，使得两个同余类相乘后得到 1 所在的同余类，则原来的同余类称为可逆元，另外的那个同余类称作该可逆元的逆元，上述两个同余类也称为互逆．同余类的逆元有广泛的应用，和后续的数学概念有深刻的联系．利用欧几里得算法，可以方便地计算同余类中的逆元．首先，根据同余类的定义，可以明确可逆元的具体含义．考虑模 n 的同余类，则同余类代表元集合可以写作

$$\{0, \ 1, \ \cdots, \ n-1\}$$

根据可逆元的概念，代表元 i 所在的同余类可逆是指能找到另外一个代表元 j，使得 ij 所在的同余类和 1 所在的同余类相同．于是，由命题 1.1.1 可知：存在某个整数 k，使得下列关系成立：

$$ij - 1 = kn \ \text{或} \ ij - kn = 1 \tag{1.1}$$

式（1.1）告诉我们，i 所在的同余类可逆可以非常简单地等价描述为 i 和 n 互素，并且 i 所在的同余类的逆元就是满足式（1.1）的那些 j 所在的代表元所在的同余类．实

际上，满足式 (1.1) 的任何其他 j 的取值确实和 j 在同一个同余类中. 为说明这个事实，假设有整数 j' 和 k' 也满足式 (1.1)，即

$$ij' - k'n = 1$$

于是马上可推得

$$i(j - j') - (k - k')n = 0 \text{ 或 } i(j - j') = (k - k')n$$

上式意味着 $n \mid i(j - j')$，而 i 和 n 又是互素的，因而即可得到 $n \mid (j - j')$，于是由命题 1.1.1 可知，j 和 j' 是同一个同余类的不同代表元. 以上论证使得我们很容易确定同余类中的可逆元，并通过欧几里得算法计算其逆元.

例 1.1.4　确定模 5 同余类中的所有可逆元，并计算这些可逆元的逆元.

解　注意到模 5 同余类代表元的集合为

$$\{0, 1, 2, 3, 4\}$$

并且 1，2，3，4 都与 5 互素，所以这些代表元所在的同余类均可逆.

以计算 2 所在的同余类的逆元为例，只需利用欧几里得算法寻找到下式：

$$2 \times 3 - 1 \times 5 = 1$$

于是由式 (1.1) 知 2 所在的同余类的逆元是 3 所在的同余类，自然，3 所在的同余类的逆元也是 2 所在的同余类. 而 1 所在的同余类的逆元就是这个同余类自己，同样地，4 所在的同余类的逆元也是这个同余类自己.

实际上，给定自然数 n 后，可以明确地计算模 n 的同余类中可逆元的个数. 为此，设

$$n = p_1^{i_1} p_2^{i_2} \cdots p_t^{i_t}$$

为 n 的素数分解，其中，$p_1, \cdots, p_t$ 是素数，而 $i_1, \cdots, i_t$ 是正整数. 上文中已看到模 n 的同余类中的可逆元是那些和 n 互素的代表元所在的那些同余类. 因而，要计算可逆元的个数，只需计算 0，1，$\cdots$，$n-1$ 中那些和 n 互素的整数的个数. 一个基本事实是：一个整数和 n 互素意味着这个整数不能被 p_1，p_2，$\cdots$，p_t 中任一个素数整除. 所以，要计算可逆元的个数，只需把 0，1，$\cdots$，$n-1$ 中那些能够被 t 个素数中的某一个整除的那些数扣除即可. 现在我们计算这些数的个数.

显然，0，1，$\cdots$，$n-1$ 中能够被 p_1 整除的个数是 $\dfrac{n}{p_1}$，能够被 p_2 整除的个数是 $\dfrac{n}{p_2}$，类似地，能够被 p_t 整除的个数是 $\dfrac{n}{p_t}$. 但当我们从 n 个数中扣除这些数时，显然把那些能够同时被两个素数整除的数多扣除了一次，因而需要把能同时被两个素数整除的那些数再补上一次，但这时又把能同时被 3 个素数整除的那些数多补了一次，所以需要

再把能被 3 个素数整除的那些数扣除一次. 这个过程一直考虑到能同时被所有 t 个素数整除的那些数.

把上述计算总结成算式, 即得模 n 同余类中可逆元的个数为

$$n - \frac{n}{p_1} - \frac{n}{p_2} - \cdots - \frac{n}{p_t} + \frac{n}{p_1 p_2} + \frac{n}{p_1 p_3} + \cdots + \frac{n}{p_{t-1} p_t} -$$

$$\frac{n}{p_1 p_2 p_3} - \frac{n}{p_1 p_2 p_4} - \cdots - \frac{n}{p_{t-2} p_{t-1} p_t} + \cdots + (-1)^t \frac{n}{p_1 p_2 \cdots p_t}$$

进一步熟悉下一节介绍的字母运算后, 还可以把上述复杂的表达式写成形式上较简单的下列形式:

$$n \left(1 - \frac{1}{p_1}\right)\left(1 - \frac{1}{p_2}\right)\left(1 - \frac{1}{p_t}\right)$$

我们把上文内容总结成下列定理:

定理 1.1.1 设 n 的素数分解为 $n = p_1^{i_1} p_2^{i_2} \cdots p_t^{i_t}$, 则模 n 的同余类中可逆元的个数为

$$n \left(1 - \frac{1}{p_1}\right)\left(1 - \frac{1}{p_2}\right)\left(1 - \frac{1}{p_t}\right)$$

欧几里得算法还可以帮助我们计算中国剩余定理中的问题. 中国剩余定理是中国人对数学界的重要贡献. 该定理可叙述如下:

定理 1.1.2 任给两两互素的一组整数 m_1, m_2, $\cdots$, m_t 和模 m_1, 模 m_2, $\cdots$, 模 m_t 的一组代表元 r_1, r_2, $\cdots$, r_t, 则存在一个整数 m, 使得 m 分别和 r_1, r_2, $\cdots$, r_t 在同一个同余类中, 且满足要求的不同整数 m 之间相差一个 $m_1 \times m_2 \times \cdots \times m_t$ 的倍数.

更通俗地叙述中国剩余定理, 就是任给一组两两互素的整数后, 对于任意一组对应的余数, 都能找到一个整数满足这个要求, 并且这样的整数之间相差一个那些两两互素的给定整数乘积的一个倍数. 因此, 要计算所有满足要求的整数, 只需找出一个这样的整数即可. 那么如何计算出这样一个整数呢? 重要的工具就是利用前述的欧几里得算法. 我们通过一个例子说明这一点.

例 1.1.5 计算最小的自然数, 使其满足被 4 除余 2, 被 9 除余 3, 被 5 除余 1.

解 求解过程首先注意到 4, 9, 5 两两互素, 因而 4 和 $9 \times 5 = 45$ 互素, 类似地, 9 和 $4 \times 5 = 20$ 互素, 5 和 $4 \times 9 = 36$ 也互素. 所以它们之间两两的最大公约数都是 1. 因而, 前述的欧几里得算法即可把 1 表示成这些数的两两组合. 首先, 利用欧几里得算法, 把 1 表示成 4 和 45 的组合形式:

$$1 = (-11) \times 4 + 1 \times 45$$

或

$$2 = 2 \times (-11) \times 4 + 2 \times 1 \times 45 \tag{1.2}$$

再把 1 表示成 9 和 20 的组合形式：

$$1 = 9 \times 9 + (-4) \times 20$$

或

$$3 = 3 \times 9 \times 9 + 3 \times (-4) \times 20 \tag{1.3}$$

再把 1 表示成 36 和 5 的组合形式：

$$1 = 1 \times 36 + (-7) \times 5 \tag{1.4}$$

由式（1.2），式（1.3），式（1.4）得出下列结论：

$2 \times 1 \times 45 = 90$ 满足性质：被 4 除余 2，同时被 9 和 5 整除；

$3 \times (-4) \times 20 = -240$ 满足性质：被 9 除余 3，同时被 4 和 5 整除；

$1 \times 36 = 36$ 满足性质：被 5 除余 1，同时被 4 和 9 整除.

于是，整数

$$2 \times 1 \times 45 + 3 \times (-4) \times 20 + 1 \times 36 = -114$$

即满足被 4 除余 2，被 9 除余 3，被 5 除余 1，根据中国剩余定理知：其他满足性质的整数一定和 -114 相差 $4 \times 9 \times 5 = 180$ 的某个倍数，所以，满足例子中的最小自然数应该是：

$$(-114) + 180 = 66$$

需要注意的是，欧几里得算法只是提供了一个把两个整数的最大公约数表示成这两个整数的一种组合形式，但把最大公约数表示成两个整数的组合形式的表示方法并不唯一，实际上，这种组合的表示方法有无穷多种，这一点在式（1.1）中已经得到说明. 比如：上例中的 4 和 45 互素，我们已经用欧几里得算法算出：

$$1 = (-11) \times 4 + 1 \times 45$$

但实际上，可以验证，当 m 取任意整数时，下列组合都成立：

$$1 = (-11 + 45m) \times 4 + [(-4)m + 1] \times 45$$

所以，把 1 表示成 4 和 45 的组合有无穷多种表示方法.

在一些实际问题中，带余除法往往叙述成其他形式，需要分析才能归纳成上述运算形式，尤其在把一些整数表示成其他整数的组合形式时，需要按照实际问题恰当地选择组合形式. 下面是一个例子.

例 1.1.6　试利用一个 3 升和 7 升的油斗把 10 升的油均匀分成两份.

分析：该问题要求用 3 升和 7 升的油斗把 10 升油均匀分成两份，实际上就等价于把 5 写成 3 和 7 的组合形式，利用 3 和 7 互素，我们首先可以利用欧几里得算法，把 1 用 3 和 7 表示出来，随后，即可把 5 表示成 3 和 7 的组合形式，如果不针对实际问题，这个表示得到后就完成了计算. 但由于现在针对的实际问题是如何用油斗分油的问题，

所以我们自然应该选取组合形式尽量简单，操作步骤方便的组合形式．比如，可以用

$$5 = 4 \times 3 + (-1) \times 7$$

这个组合在实际操作中可以解释成：先在 10 升油桶中用 3 升油斗连续取出三次，即取出 9 升油，再从这 9 升油中用 7 升油斗取回一次放入油桶中，此时油桶中存有 8 升油，再用 3 升油斗从这 8 升油中取出一斗即可．

数字运算中，恰当地运用拆项的技巧可以使计算非常方便．以下列例子说明拆项的基本技巧：

例 1.1.7 计算

$$\frac{1}{1 \times 2} + \frac{1}{2 \times 3} + \frac{1}{3 \times 4} + \frac{1}{4 \times 5}$$

解 此例的计算当然可以按照数字运算次序一步步算出来，但如果注意观察算式规律并利用规律，就可以通过把算式巧妙拆开来简便计算．观察到相加的每一项的分母都是相差 1 的整数，前后项的分母有一个共同的因子，如果利用分数运算的拆分则可以简单计算如下：

$$\frac{1}{1 \times 2} + \frac{1}{2 \times 3} + \frac{1}{3 \times 4} + \frac{1}{4 \times 5}$$

$$= \left(\frac{1}{1} - \frac{1}{2}\right) + \left(\frac{1}{2} - \frac{1}{3}\right) + \left(\frac{1}{3} - \frac{1}{4}\right) + \left(\frac{1}{4} - \frac{1}{5}\right)$$

$$= 1 - \frac{1}{5} = \frac{4}{5}$$

把上例中的规律稍稍推广，仍然可类似计算，如下例所示：

例 1.1.8 计算

$$\frac{1}{1 \times 3} + \frac{1}{3 \times 5} + \frac{1}{5 \times 7} + \frac{1}{7 \times 9}$$

解 此例和上例的一点差别在于相加的项的分母不同因子都相差 2，我们只需拆项时注意到这个区别即可．即修改为

$$\frac{1}{1 \times 3} + \frac{1}{3 \times 5} + \frac{1}{5 \times 7} + \frac{1}{7 \times 9}$$

$$= \frac{1}{2}\left[\left(\frac{1}{1} - \frac{1}{3}\right) + \left(\frac{1}{3} - \frac{1}{5}\right) + \left(\frac{1}{5} - \frac{1}{7}\right) + \left(\frac{1}{7} - \frac{1}{9}\right)\right]$$

$$= \frac{1}{2}\left(1 - \frac{1}{9}\right)$$

$$= \frac{4}{9}$$

1.2　字母的运算

字母运算是数字运算的拓广，是数学理论和逻辑的深刻进展，初等数学中的字母运算是进一步学习数学的必要基础. 字母运算是指用字母代表数字所进行的运算，字母运算的运算规则是数字运算的体现. 上一节中已经涉及字母的基本运算，这一节将进一步详细阐释. 字母运算的规律往往体现为公式模式，这些公式在字母代入任何满足要求的数字后总是成立的. 比如，熟知的一些字母公式

$$(a+b)(a-b)=a^2-b^2, \quad (a+b)(a^2-ab+b^2)=a^3+b^3$$
$$(a+b)^2=a^2+2ab+b^2, \quad (a+b)^3=a^3+3a^2b+3ab^2+b^3$$

等都体现了实数的运算特点，即公式中的字母 a，b 用任意实数代入时都是成立的.

字母运算可以帮助寻找数字运算的基本规律. 这些规律总结后可以帮助我们更方便地计算.

例 1.2.1　利用公式 $(a+b)^2=a^2+2ab+b^2$ 计算个位是 5 的整数的平方，总结规律并以此计算 25^2，35^2，45^2.

解　个位是 5 的整数的平方的计算总可以看成个位是 5 的自然数的计算，而个位是 5 的一个自然数总可以假设为：$a\times10+5$ 这种形式，于是

$$(a\times10+5)^2=a^2\times100+a\times100+25$$
$$=a(a+1)\times100+25$$

上述表达式表明：当计算个位数字为 5 的数字的平方时，可以把十位以上的那些数字构成的数乘以这个数加上 1 的和后，再在得到的数字后添加 25 即是答案. 这个特点尤其对于个位为 5 的两位数的计算尤为方便. 因此

$$25^2=625, \text{以 2 乘以 3 后得到的 6 后面再添加 25}$$
$$35^2=1\,225, \text{以 3 乘以 4 后得到的 12 后面再添加 25}$$

类似地，可以立刻得到 $45^2=2\,025$.

字母运算的熟练化可以帮助我们解决一些实际问题，比如下列问题就给出了等边三角形的一个判别规则.

命题 1.2.1　设三角形的三条边长度用 a，b，c 表示，则此三角形为等边三角形的充要条件是

$$a^3+b^3+c^3-3abc=0$$

证　命题的必要性是显然的，要说明充分性，只需从给定的条件得出 $a=b=c$. 现在验证这个事实.

改写表达式

$$a^3 + b^3 + c^3 - 3abc = 0$$

为

$$
\begin{aligned}
0 &= a^3 + b^3 + c^3 - 3abc \\
&= (a+b)^3 - 3a^2b - 3ab^2 + c^3 - 3abc \\
&= \left[(a+b)^3 + c^3 \right] - 3a^2b - 3ab^2 - 3abc \\
&= \left[(a+b) + c \right] \left[(a+b)^2 - (a+b)c + c^2 \right] - 3ab(a+b+c) \\
&= (a+b+c) \left[(a+b)^2 - (a+b)c + c^2 - 3ab \right] \\
&= (a+b+c)(a^2 + b^2 + c^2 - ab - ac - ab)
\end{aligned}
$$

既然 a，b，c 代表三角形的三条边的长度，则 $a+b+c \neq 0$. 所以，上式可推出

$$a^2 + b^2 + c^2 - ab - ac - ab = 0$$

但此式又可改写为

$$
\begin{aligned}
0 &= a^2 + b^2 + c^2 - ab - ac - ab \\
&= \frac{1}{2}(a-b)^2 + \frac{1}{2}(a-c)^2 + \frac{1}{2}(b-c)^2
\end{aligned}
$$

因而，$a = b = c$，即三角形的三条边相等.

1.3 字母表达式和图形

数形结合的优势在于对同一个概念提供了不同角度和侧面去理解. 图形直观、形象，便于帮助理解、掌握、记忆一些基本的公式，如勾股定理中，假设直角三角形的三条边 $c > a > b$，很传统的数形结合的方法就是把四个这样相同的三角形拼成一个边长为 c 的正方形，而其中含有一个边长为 $a - b$ 的正方形（见图 1.1）.

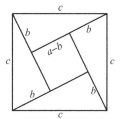

图 1.1 勾股定理示意图

这样边长为 c 的正方形减掉内含的边长为 $b-a$ 的正方形应该等于周围的四个相同直角三角形的面积，即

$$c^2 - (b-a)^2 = 4 \left(\frac{1}{2} ab \right) = 2ab$$

或者

$$c^2 = a^2 + b^2$$

以此得到勾股定理.

用类似的方法可以解释表达式 $(a+b)^2-(a-b)^2=4ab$，上述表达式在 $a>b>0$ 的前提下，可以方便地用图形表示，即我们可以把长度为 a，宽度为 b 的 4 个矩形拼图，拼成一个边长为 $a+b$ 的正方形中内含一个边长为 $a-b$ 的正方形（见图 1.2）．

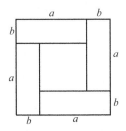

图 1.2　$(a+b)^2-(a-b)^2=4ab$ 图形示意图

这样非常类似于勾股定理，通过把大的正方形面积减掉内含的小正方形面积即得到上面的算式．

数形结合对于不少著名的不等式的理解也非常有帮助，一个典型的例子就是在 $a>0$，$b>0$ 时熟知的不等式

$$\frac{a+b}{2}\geqslant\sqrt{ab}$$

这个不等式的左侧称为 a 和 b 的算术平均数，而右侧称为 a 和 b 的几何平均数．所以，这个不等式强调了算术平均数总是大于几何平均数．算术平均数就是通常的几个数的平均值，而几何平均数强调的是表达式在几何图形上的表示．对于给定的两个数 $a>0$，$b>0$，有多种方法在图形上表示表达式 $\sqrt{ab}$．其中的一个解释方法就是经典地把 a 和 b 作为一个圆上一条直径被和直径垂直的一条弦分割出的两条线段（或者作为圆上任意一条弦分割出的两条线段，见图 1.3）．

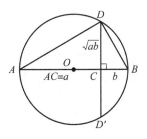

图 1.3　算术平均数和几何平均数

这样，利用圆中相交弦定理即知：ab 正好等于和直径垂直的弦长的一半的平方，所以，$\sqrt{ab}$ 正好等于弦长的一半，即图 1.3 中的线段 CD，而 $\dfrac{a+b}{2}$ 正好是圆的半径．因而，在点 C，D 及圆心 O 形成的直角三角形中满足：

$$OD = \frac{a+b}{2} \geqslant CD = \sqrt{ab}$$

我们也容易看到，当直径被弦垂直均分时，或者说，弦也成为和直径垂直的另外一条直径时，我们所连成的直角三角形斜边和直角边就重合了，都等于半径，即 $\frac{a+b}{2}$ 和 $\sqrt{ab}$ 都等于半径，从而有：当且仅当 $a=b$（等于半径）时，$\frac{a+b}{2} = \sqrt{ab}$.

我们也可以把直径为 a 的大圆和直径为 b 的小圆相切地放在同一条水平线上，在两个圆心和两个圆与水平线的切点形成的直角梯形中，两个圆心的连接线段长度即为 $(a+b)/2$，这个数值等于直角梯形的斜边，而直角梯形另外两条边正好是大圆的半径 $\frac{a}{2}$ 和小圆的半径 $\frac{b}{2}$（见图1.4）.

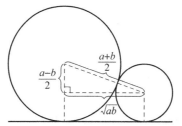

图1.4　算术平均数和几何平均数另解

这样，直角梯形的另外一条边即可根据勾股定理计算出恰好是 ab 的算数平方根，由此，在图1.4虚线形成的直角三角形中，也可得出两个数的几何平均数小于算术平均数，尤其是图1.4中 $\frac{a-b}{2}=0$，即当且仅当 $a=b$，或者当且仅当两个圆的直径相同，直角梯形成矩形时，$\frac{a+b}{2} = \sqrt{ab}$ 成立.

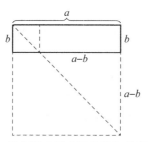

图1.5　平方形式算术平均数与几何平均数

两个正数的算术平均数和几何平均数的不等式关系也可等价地写成

$$\frac{a^2+b^2}{2} \geqslant ab$$

此不等式可由图 1.5 直观解释，在图 1.5 中，$\dfrac{a^2}{2}$ 和 $\dfrac{b^2}{2}$ 分别可看成边长为 a 和 b 的正方形面积的一半，而 ab 等于邻边长度为 a 和 b 的矩形面积，从图 1.5 中可观察到 $\dfrac{a^2+b^2}{2}$ 比 ab 多出的数值恰好等于以 $\dfrac{a-b}{2}$ 为直角边形成的等腰直角三角形的面积. 因此，$\dfrac{a^2+b^2}{2} \geqslant ab$，且当且仅当 $a=b$ 时，$\dfrac{a^2+b^2}{2}=ab$.

和算术平均数、几何平均数密切关联的另外一个量是两个正数 a 和 b 的调和平均数，其定义为

$$\frac{2}{\dfrac{1}{a}+\dfrac{1}{b}}=\frac{2ab}{a+b}$$

容易验证，调和平均数和算术平均数、几何平均数的基本关系为

调和平均数 < 几何平均数 < 算术平均数

它们之间的这种关系可从图 1.6 中直观解释：

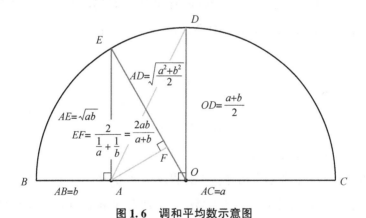

图 1.6　调和平均数示意图

在直角三角形 OAE 中，直角边 AE 是几何平均数 $\sqrt{ab}$，斜边 OE 是算术平均数 $\dfrac{a+b}{2}$，即圆的半径. 而斜边 OE 被斜边上的高分离出的线段 EF 就是调和平均数，三个平均数的大小关系在直角三角形 OAE 中是显然的，而且三个平均数中任何两个相等的充要条件是 $a=b$.

对于三个字母 $a>0$，$b>0$，$c>0$ 的算术平均数和几何平均数情形，虽然几何直观很难，但类似的算式仍然成立，即

$$\frac{a+b+c}{3} \geqslant \sqrt[3]{abc}$$

说明这一点，只需观察到上式在 a，b，c 大于零时等价于

$$a^3 + b^3 + c^3 \geqslant 3abc$$

于是，可利用命题 1.2.1 中的方法，通过把

$$a^3 + b^3 + c^3 - 3abc$$

分解为

$$a^3 + b^3 + c^3 - 3abc = (a + b + c) \left\{ \frac{1}{2} \left[(a - b)^2 + (b - c)^2 + (a - c)^2 \right] \right\}$$

并利用 $a + b + c > 0$ 即知

$$a^3 + b^3 + c^3 \geqslant 3abc$$

成立.

实际上，对于任意 $a_1 > 0$，$\cdots$，$a_n > 0$，我们都有：

$$\frac{a_1 + a_2 + \cdots + a_n}{n} \geqslant \sqrt[n]{a_1 \cdots a_n} \tag{1.5}$$

且等号成立当且仅当这 n 个数全相等.

式（1.5）有多种证明方法，一个很好的证明方法是局部调整法. 该方法的基本想法是逐渐把 a_1，$\cdots$，a_n 这 n 个数调整成等值的 n 个新数字.

首先，记

$$N = \frac{a_1 + a_2 + \cdots + a_n}{n}$$

$$G = \sqrt[n]{a_1 \cdots a_n}$$

如果 $a_1 = a_2 = \cdots = a_n$，则显然 $N = G$.

否则，如果上面 n 个数不全相等，不妨假设 $a_1 \leqslant a_2 \leqslant \cdots \leqslant a_n$，则 $a_1 < N < a_n$，此时，把 a_1，$\cdots$，a_n 中的最小数 a_1，最大数 a_n 分别以 N 和 $a_1 + a_n - N$ 替换，则可得到以下新的 n 个数：N，a_2，$\cdots$，a_{n-1}，$a_1 + a_n - N$. 记这 n 个新的数的算术平均值为 N_1，几何平均数为 G_1，则容易看出 $N_1 = N$，即新的 n 个数的算术平均值不变. 为比较几何平均值的变化，我们估计表达式 $N(a_1 + a_n - N) - a_1 a_n$ 的符号：

$$N(a_1 + a_n - N) - a_1 a_n$$

$$= (N - a_1)(a_n - N)$$

$$> 0$$

因而

$$N(a_1 + a_n - N) > a_1 a_n$$

由此推出，新的 n 个数的几何平均值 G_1 严格大于原来 n 个数的几何平均值 G. 可以把

新的 n 个数按大小排序并记为 $b_1 \leqslant b_2 \leqslant \cdots \leqslant b_n$. 如果 $b_1 = b_2 = \cdots = b_n$, 则 $N = N_1 = G_1$, 且 $b_1 = b_2 = \cdots = b_n = N$. 于是

$$N = N_1 = G_1 > G$$

如果 b_1, b_2, $\cdots$, b_n 不全相等, 则再如前面那样进行类似的替换过程, 即把 b_1 以新的算术平均值 $N_1 = N$ 替换, 而把 b_n 以 $b_1 + b_n - N_1$ 替换, 从而, 又得到新的 n 个数, 这新的 n 个数排序后不妨记作 $c_1 \leqslant c_2 \leqslant \cdots \leqslant c_n$. 这新的 n 个数的算术平均值可记为 N_2, 而几何平均值可记为 G_2. 类似地, 仍然有

$$N_2 = N_1 = N$$

$$G < G_1 < G_2$$

如果 $c_1 = c_2 = \cdots = c_n$, 则 $N = N_1 = N_2 = G_2$, 且 $c_1 = c_2 = \cdots = c_n = N$. 于是

$$N = N_1 = N_2 = G_2 > G_1 > G$$

如果 c_1, c_2, $\cdots$, c_n 不全相等, 则再类似于前文那样对其进行替换而又得到新的 n 个数.

一个基本事实是: 这种替换过程始终不会改变新的 n 个数的算术平均值, 而使得新的 n 个数的几何平均值严格增加. 另外, 由于每次替换时, n 个数的算术平均值 N 始终严格大于这 n 个数的最小者, 而严格小于这 n 个数的最大者, 所以, 每一次替换过程都会使得新的 n 个数至少多出一个 N. 这样最多经过 $n-1$ 个替换过程, 最后会使得新的 n 个数全相等, 并且都等于 N, 因而结束这样的替换过程.

假设替换过程的次数为 t, 则根据每次替换过程的性质可得:

$$N = N_1 = \cdots = N_t = G_t > G_{t-1} > \cdots > G_1 > G$$

并且当且仅当 $t = 0$, 即不进行替换过程, 或者说, 当且仅当 $a_1 = a_2 = \cdots = a_n$ 时, 我们有

$$\frac{a_1 + a_2 + \cdots + a_n}{n} = N = G = \sqrt[n]{a_1 \cdots a_n}$$

这就完成了式 (1.5) 的证明.

式 (1.5) 也可通过利用函数性质证明, 为此, 我们需要对函数概念做一下复习.

1.4　函数概念及常用函数

函数是两个集合之间的对应关系, 设 $\mathbf{R}$ 表示实数的集合, A, B 是其子集, 则函数定义可严格叙述如下:

定义 1.4.1　A 到 B 上的一个对应关系叫函数. 为了微积分的学习, 我们约定此对应关系满足要求: 对任何 A 中的元素 x, 该对应关系都唯一地对应 B 中的一个元素 y,

即任何 A 中的元素 x 只能对应唯一 B 中元素，当然 A 中不同的元素可以对应同一个 B 中的元素．通常称 A 为定义域，A 中元素称为原像点，B 中和 A 中元素对应的那些元素构成的集合叫值域，B 中元素也叫像点．对应关系通常用 f 等字母表示，一个函数通常简写为 $y = f(x)$．

如 $f(x) = x$，$f(x) = \dfrac{1}{x}$ 是我们熟知的正比例和反比例函数，$f(x) = x$ 的定义域和值域均为实数集合．而反比例函数 $f(x) = \dfrac{1}{x}$ 的定义域和值域均为不为零的所有实数．我们较早熟悉的还包括二次函数，即 $y = ax^2 + bx + c$，其中，a，b，c 均为实数．二次函数的定义域仍然是全体实数，但其值域和二次项系数 a 的符号有关系．这是因为当 $a > 0$ 时，有下列表达式：

$$y = a\left(x + \frac{b}{2a}\right)^2 + \frac{4ac - b^2}{4a} \geq \frac{4ac - b^2}{4a}$$

而在 $a < 0$ 时，有

$$y = a\left(x + \frac{b}{2a}\right)^2 + \frac{4ac - b^2}{4a} \leq \frac{4ac - b^2}{4a}$$

因而，二次函数 $y = ax^2 + bx + c$ 在 $a > 0$ 时的值域是 $y \geq \dfrac{4ac - b^2}{4a}$，而 $a < 0$ 的值域是 $y \leq \dfrac{4ac - b^2}{4a}$．尤其在 $a > 0$ 时，如果有 $4ac - b^2 \geq 0$ 或 $b^2 - 4ac \leq 0$ 时，即二次方程 $ax^2 + bx + c = 0$ 至多有一个根时，则恒有 $y \geq \dfrac{4ac - b^2}{4a} \geq 0$．此时的图像总是在 x 轴正上方，或与 x 轴相切．这种情形的结果可以用来得到一个著名的不等式，即

命题 1.4.1 对于任何实数 a_1，a_2，$\cdots$，a_n 和 b_1，b_2，$\cdots$，b_n，总有

$$(a_1b_1 + a_2b_2 + \cdots + a_nb_n)^2 \leq (a_1^2 + a_2^2 + \cdots + a_n^2)(b_1^2 + b_2^2 + \cdots + b_n^2)$$

注记 1.4.1 此不等式称为柯西—施瓦兹不等式，它有很多不同的版本，比如在高等数学课程和线性代数课程中有积分形式的不等式和以内积表达的不等式形式，但这些不等式形式都可以统一地通过二次函数的简单性质得到．

我们现在就给出一个以二次函数简单性质提供的证明方法．构造如下 x 的二次函数：

$$(a_1^2 x^2 + 2a_1 b_1 x + b_1^2) + (a_2^2 x^2 + 2a_2 b_2 x + b_2^2) + \cdots + (a_n^2 x^2 + 2a_n b_n x + b_n^2)$$

一方面，对于 x 的任何取值

$$(a_1^2 x^2 + 2a_1 b_1 x + b_1^2) + (a_2^2 x^2 + 2a_2 b_2 x + b_2^2) + \cdots + (a_n^2 x^2 + 2a_n b_n x + b_n^2)$$

$$= (a_1 x + b_1)^2 + (a_2 x + b_2)^2 + \cdots + (a_n x + b_n)^2 \geq 0$$

另一方面

$$(a_1^2 x^2 + 2a_1 b_1 x + b_1^2) + (a_2^2 x^2 + 2a_2 b_2 x + b_2^2) + \cdots + (a_n^2 x^2 + 2a_n b_n x + b_n^2)$$
$$= (a_1^2 + a_2^2 + \cdots + a_n^2) x^2 + (2a_1 b_1 + 2a_2 b_2 + \cdots + 2a_n b_n) x +$$
$$(b_1^2 + b_2^2 + \cdots + b_n^2)$$

这两个方面结合起来，利用已叙述的二次函数的结果可知：二次函数

$$(a_1^2 + a_2^2 + \cdots + a_n^2) x^2 + (2a_1 b_1 + 2a_2 b_2 + \cdots + 2a_n b_n) x +$$
$$(b_1^2 + b_2^2 + \cdots + b_n^2)$$

的判别式应该小于或等于零，即

$$(2a_1 b_1 + 2a_2 b_2 + \cdots + 2a_n b_n)^2 - 4(a_1^2 + a_2^2 + \cdots + a_n^2)(b_1^2 + b_2^2 + \cdots + b_n^2) \leqslant 0$$

即

$$(a_1 b_1 + a_2 b_2 + \cdots + a_n b_n)^2 \leqslant (a_1^2 + a_2^2 + \cdots + a_n^2)(b_1^2 + b_2^2 + \cdots + b_n^2)$$

我们熟悉的其他函数还包括幂函数即 $y = x^t$，其中 t 是个实数。该函数的基本性质和幂 t 的取值密切相关，几个典型的取值比如：$t = 2$ 就是前文的二次函数，其在 $x > 0$ 时是严格单调增加的，而在 $x < 0$ 时是严格单调减少的。如果 $t = \dfrac{1}{2}$，则 $y = x^{\frac{1}{2}}$ 的定义域和值域都是大于等于零的实数，在整个定义域上严格递增。当 $t = -\dfrac{1}{2}$ 时，此函数的定义域和值域都是严格大于零的所有实数，在整个定义域上严格递减。

另外的一个函数是指数函数，表达式为 $y = a^x$，其中的底数 $a > 0$，$a \neq 1$。该函数的性质和底数 a 相关，当 $0 < a < 1$ 时，其定义域是全体实数，在整个定义域上严格单调递减，值域是大于零的所有实数。当 $a > 1$ 时，定义域仍为全体实数，单调性改变为整个定义域上严格递增，值域仍是所有大于零的实数。

指数函数的反函数就是对数函数。所谓反函数，是指把原来自变量和函数值变量的角色互换，即反过来看，给定一个原来的函数值，在自变量中寻找和这个函数值对应的那个自变量，从而把原来的自变量作为函数值，而把原来的函数值作为自变量。所以，一个函数和其反函数的关系是互相的，函数的定义域和值域在其反函数里正好是反函数的值域和定义域。当然，并不是每个函数都有反函数，但根据反函数的定义，一个定义域上严格单调的函数一定有反函数。比如：把指数函数的值域中的每个值取对数，自然就得到指数函数的反函数，即对数函数：$y = \log_a x$。因而，对数函数的定义域总是大于零的所有实数，而值域是指数函数的定义域，即所有实数。对数函数由于和指数函数是一对反函数，因此单调性也完全一样，即当 $0 < a < 1$ 时，对数函数单调减少，而 $a > 1$ 时，对数函数严格单调增加。

对数函数的另外一个性质也很重要，有很多应用，就是其凹凸性．我们先给出凹凸性的定义．

定义 1.4.2 在自变量的取值范围内，如果对任意两点 x_1 和 x_2，函数 $f(x)$ 均满足

$$f\left(\frac{x_1 + x_2}{2}\right) \geqslant (\leqslant) \frac{f(x_1) + f(x_2)}{2}$$

则称函数是向上凸（凹）函数．

例 1.4.1 对于二次函数 $y = ax^2 + bx + c$，当 $a > 0$ 时，是凹函数；而当 $a < 0$ 时，是凸函数．

在后续的微积分课程中，会讲到连续的概念，一个连续函数的凹凸性会有更多的判别方法，我们熟悉的上面这些函数在其定义域中都是连续的，所以可以应用这些等价的凹凸性判别方法．我们以上凸性质为例说明这些等价条件，但对于上凹性质，这些说法也同样有等价性．

定理 1.4.1 如果函数 $f(x)$ 连续，则对于自变量变化的某个范围，以下的说法等价：

1) $f\left(\frac{x_1 + x_2}{2}\right) \geqslant \frac{f(x_1) + f(x_2)}{2}$；

2) $f(\lambda_1 x_1 + \lambda_2 x_2) \geqslant \lambda_1 f(x_1) + \lambda_2 f(x_2)$，其中 λ_1，$\lambda_2 \geqslant 0$，且 $\lambda_1 + \lambda_2 = 1$；

3) $f(\lambda_1 x_1 + \cdots + \lambda_n x_n) \geqslant \lambda_1 f(x_1) + \cdots + \lambda_n f(x_n)$，其中 λ_1，$\cdots$，$\lambda_n \geqslant 0$，且 $\lambda_1 + \cdots + \lambda_n = 1$．

证 上述定理中，由 2) 推出 1) 是显然的，但 1) 推出 2) 需要用一些微积分的概念．我们暂时不去叙述过程．关于 2) 和 3) 的等价性，我们现在可以给出验证过程．首先，由 3) 得到 2) 也显然．我们说明 2) 推出 3) 的过程．

假设 2) 成立，也假设 3) 对于 $n-1$ 成立，我们用数学归纳法说明 3) 对于 n 也成立．注意到 $\lambda_n = 0$ 时就是归纳假设 $n-1$ 的情形．当 $\lambda_n \neq 0$ 时

$$f(\lambda_1 x_1 + \cdots + \lambda_n x_n)$$

$$= f\left[(1-\lambda_n)\left(\frac{\lambda_1}{1-\lambda_n}x_1 + \cdots + \frac{\lambda_{n-1}}{1-\lambda_n}x_{n-1}\right) + \lambda_n x_n\right]$$

$$\geqslant (1-\lambda_n) f\left(\frac{\lambda_1}{1-\lambda_n}x_1 + \cdots + \frac{\lambda_{n-1}}{1-\lambda_n}x_{n-1}\right) + \lambda_n f(x_n)$$

（利用 2) 成立这个事实）

$$\geqslant (1-\lambda_n)\left(\frac{\lambda_1}{1-\lambda_n}f(x_1) + \cdots + \frac{\lambda_{n-1}}{1-\lambda_n}f(x_{n-1})\right) + \lambda_n f(x_n)$$

（利用归纳假设）

$$= \lambda_1 f(x_1) + \cdots + \lambda_{n-1} f(x_{n-1}) + \lambda_n f(x_n)$$

定义 1.4.3 满足定理 1.4.1 中任一条件的函数称为（上）凸函数；如果这些条件中的不等式方向相反，则称函数为（上）凹函数.

如果把定理 1.4.1 中条件 3）的参数 λ_1，$\cdots$，λ_n 取成 $\lambda_1 = \lambda_2 = \cdots = \lambda_n = \dfrac{1}{n}$，则（连续）凸函数也可用以下等价条件描述：

命题 1.4.2 $f(x)$ 是凸函数当且仅当其对任意正整数 n 和自变量值 x_1，$\cdots$，x_n 满足

$$f\left(\frac{x_1 + x_2 + \cdots + x_n}{n}\right) \geqslant \frac{f(x_1) + f(x_2) + \cdots + f(x_n)}{n}$$

当然，用这些定义判断一个函数的凹凸性是非常麻烦和不现实的，在后续的课程微积分中，如果函数有可导性，往往通过函数导数的特性给出函数凹凸性的判别. 函数的凸性在图像上的表现是图像往上凸起，凹函数则正好相反.

根据图像，上文介绍的底数大于 1 的对数函数就是凸函数，而底数大于零小于 1 的对数函数是凹函数. 所以，对于任何一组不全为零的非负实数 a_1，a_2，$\cdots$，a_n 和底数大于 1 的对数函数，都有

$$\log\left(\frac{a_1 + a_2 + \cdots + a_n}{n}\right) \geqslant \frac{\log a_1 + \log a_2 + \cdots + \log a_n}{n}$$

$$= \frac{\log(a_1 a_2 \cdots a_n)}{n}$$

$$= \log \sqrt[n]{a_1 a_2 \cdots a_n}$$

又因为底数大于 1 的对数函数是严格单调递增的，因此我们得到

$$\frac{a_1 + a_2 + \cdots + a_n}{n} \geqslant \sqrt[n]{a_1 a_2 \cdots a_n}$$

且等号成立当且仅当 $a_1 = a_2 = \cdots = a_n$，由此也给出了式（1.5）的一个证明，即任意多个数的算术平均数总不小于其几何平均数.

很多函数的表达式会根据自变量取值范围的变化而有不同的函数表达式，这种函数形式叫分段函数. 分段函数在生活中常常遇到，比如，商家在出售商品时经常以薄利多销的方式进行. 比如，一种商品出售，如果顾客购买数量不超过 5 件，则按单价 10 元计算；如果购买数量多于 5 件，则单价按 8 元计算；如果购买数量达到或超过 100 件，则单价按 3 元计算. 如果购买的数量用 x 表示，单价用字母 y 表示，则单价 y 即可用一个分段函数表示如下：

$$y = f(x) = \begin{cases} 10, & x \leqslant 5 \\ 8, & 5 < x < 100 \\ 3, & 100 \leqslant x \end{cases}$$

有些表面上的分段函数，实际上却可以用一个统一的函数来表达，所以实际上不是分段函数. 比如：绝对值函数

$$y = f(x) = |x| = \begin{cases} x, & x > 0 \\ 0, & x = 0 \\ -x, & x < 0 \end{cases}$$

可以写成

$$y = \sqrt{x^2}$$

在数字和字母的表达式中，有时经常用到多个项相加甚至无穷个项相加、相乘这种运算，为了书写方便，我们经常用求和号和求积号. 求和号为 $\sum$，多个项乘积的符号为 $\prod$. 简单解释下这两个常用的符号的含义. 求和号 $\sum$ 代表多个项相加，相加时要指明是哪些项在做加法运算，通常相加的项带有指标，通过指标的变化而指出相加的那些项. 比如：表达式

$$\sum_{i=1}^{i=100} i$$

的含义是指把那些等于 i 的数值相加，而 i 由 1 变化到 100，所以上式的含义就是 $1 + \cdots + 100$. 表达式

$$\sum_{i=1}^{i=100} i^2$$

的含义又变成对 i^2 那些项相加，i 仍由 1 变化到 100，所以上式具体含义就是

$$1^2 + 2^2 + \cdots + 100^2$$

类似地，表达式

$$\sum_{i=1}^{i=100} \frac{1}{i}$$

表示把那些等于 $\frac{1}{i}$ 的项相加，而 i 由 1 变化到 100. 具体写出来就是

$$\frac{1}{1} + \frac{1}{2} + \cdots + \frac{1}{100}$$

符号 $\prod$ 的含义是类似的，只是把相关的项相乘. 比如

$$\prod_{i=1}^{i=100} \frac{1}{i}$$

就代表把那些等于 $\frac{1}{i}$ 的那些项相乘，而 i 从 1 变到 100，所以明确写出来就是

$$\frac{1}{1} \times \frac{1}{2} \times \cdots \times \frac{1}{100} = \frac{1}{1 \times 2 \times \cdots \times 100} = \frac{1}{100!}$$

熟练地应用上述符号可以帮助我们很好地掌握相关知识点. 我们通过给出柯西—施瓦兹不等式（见注记 1.4.1）的另一个证明来说明这些符号的应用. 首先，以求和号形式改写柯西—施瓦兹不等式

$$(a_1 b_1 + a_2 b_2 + \cdots + a_n b_n)^2 \leqslant (a_1^2 + a_2^2 + \cdots + a_n^2)(b_1^2 + b_2^2 + \cdots + b_n^2)$$

为

$$\left(\sum_{i=1}^n a_i b_i \right)^2 \leqslant \left(\sum_{i=1}^n a_i^2 \right) \left(\sum_{j=1}^n b_j^2 \right)$$

接下来计算：

$$\left(\sum_{i=1}^n a_i^2 \right) \left(\sum_{j=1}^n b_j^2 \right) - \left(\sum_{i=1}^n a_i b_i \right)^2$$

$$= \sum_{i=1}^n \sum_{j=1}^n a_i^2 b_j^2 - \left(\sum_{i=1}^n a_i b_i \right) \left(\sum_{j=1}^n a_j b_j \right)$$

$$= \frac{1}{2} \sum_{i=1}^n \sum_{j=1}^n a_i^2 b_j^2 + \frac{1}{2} \sum_{i=1}^n \sum_{j=1}^n a_j^2 b_i^2 - \sum_{i=1}^n \sum_{j=1}^n a_i b_j a_j b_i$$

$$= \frac{1}{2} \left(\sum_{i=1}^n \sum_{j=1}^n a_i^2 b_j^2 + \sum_{i=1}^n \sum_{j=1}^n a_j^2 b_i^2 - 2 \sum_{i=1}^n \sum_{j=1}^n a_i b_j a_j b_i \right)$$

$$= \frac{1}{2} \sum_{i=1}^n \sum_{j=1}^n (a_i^2 b_j^2 + a_j^2 b_i^2 - 2 a_i b_j a_j b_i)$$

$$= \frac{1}{2} \sum_{i=1}^n \sum_{j=1}^n (a_i b_j - a_j b_i)^2$$

$$\geqslant 0$$

由此即得柯西—施瓦兹不等式.

注记 1.4.2　从上面的论证进一步可以看出，柯西—施瓦兹不等式等号成立的充要条件是：对于任意的指标 i 和 j，$a_i b_j - a_j b_i = 0$ 总成立，即 $\dfrac{a_i}{b_i} = \dfrac{a_j}{b_j}$ 总成立. 从后续课程"线性代数"观点看，这也意味着两个 n 维向量 $(a_1, a_2, \cdots, a_n)$ 和 $(b_1, b_2, \cdots, b_n)$ 线性相关或共线. 所以，当且仅当这两个向量线性相关时，柯西—施瓦兹不等式等号成立. 柯西—施瓦兹不等式也可通过数学归纳法证明，我们把它留作本章的习题.

字母表达式的多个项的连续乘积的展开式中，往往可以用组合数来表示其相关系数. 比如熟知的表达式 $(a+b)^n$. 如果观察表达式 $(a+b)^2$，$(a+b)^3$，$(a+b)^4$ 的展开式的特点，会发现这些展开式按 a 的降幂排列时，系数有一定的规律，分别是

$$1 \quad 2 \quad 1$$
$$1 \quad 3 \quad 3 \quad 1$$
$$1 \quad 4 \quad 6 \quad 4 \quad 1$$
$$1 \quad 5 \quad 10 \quad 10 \quad 5 \quad 1$$

这就是所谓的杨辉三角，其特点是下一行中的每个数是上一行中相邻两数之和. 实际上

$$(a+b)^n = (a+b) \cdot (a+b) \cdots (a+b)$$

代表了 n 个 $(a+b)$ 相乘，按照分配律，乘积中的项 $a^k b^{n-k}$ 的系数可以简单根据组合数得到，既然该项由 k 个因子 a 和 $n-k$ 个因子 b 相乘得到，我们就必须在展开中的 n 个因子里取出 k 个 a，从而该项的系数应该为

$$\binom{n}{k}$$

类似地，如果要计算

$$(a+b+c)^n$$

则其 $a^{k_1} b^{k_2} c^{n-k_1-k_2}$ 的系数应该是 $\binom{n}{k_1}\binom{n-k_1}{k_2}$，含义就是在 n 个因子 $(a+b+c)$ 的乘积中需要在 k_1 个因子中取出 a，之后在剩下的 $n-k_1$ 个因子的 k_2 个因子中取出 b.

更一般地，可以用组合数表示

$$(a_1 + \cdots + a_t)^n$$

展开式中 $a_1^{k_1} a_2^{k_2} \cdots a_t^{n-k_1-k_2-\cdots-k_{t-1}}$ 的系数. 该系数为

$$\binom{n}{k_1}\binom{n-k_1}{k_2}\cdots\binom{n-k_1-\cdots-k_{t-2}}{k_{t-1}}$$

上述运算表达式的展开式的系数以组合数表示的方法在实际计算中非常有用. 比如：当在 $(a+b)^n$ 中取 $a=b=1$ 时，该展开式即写成

$$(1+1)^n = 2^n = \sum_{i=0}^{n}\binom{n}{i} 1^{n-i} 1^i = \sum_{i=0}^{n}\binom{n}{i}$$

而当 $a=1$，$b=-1$ 时

$$(1-1)^n = 0 = \sum_{i=0}^{n}\binom{n}{i} 1^{n-i} (-1)^i = \sum_{i=0}^{n}(-1)^i\binom{n}{i}$$

以上表达式都是常用的公式.

$(a+b)^n$ 的展开式还可以用来给出 n 个正数的算术平均值不小于几何平均值的一个

新的证明方法. 这只需利用下列基本事实: 对于两个非负实数 a 和 b, 下列算式成立

$$(a+b)^n \geqslant a^n + na^{n-1}b \tag{1.6}$$

接下来, 我们利用式 (1.6) 证明:

$$\frac{x_1 + x_2 + \cdots + x_n}{n} \geqslant \sqrt[n]{x_1 x_2 \cdots x_n} \tag{1.7}$$

对于任意 n 个正数 x_1, $\cdots$, x_n 成立.

选取 x_1, $\cdots$, x_n 中最大者, 不妨设为 x_n. 令

$$a = \frac{x_1 + x_2 + \cdots + x_{n-1}}{n-1}, \quad b = \frac{1}{n}(x_n - a)$$

则

$$a + b$$
$$= a + \frac{1}{n}(x_n - a)$$
$$= \frac{(n-1)a}{n} + \frac{x_n}{n}$$
$$= \frac{x_1 + x_2 + \cdots + x_{n-1}}{n} + \frac{x_n}{n}$$
$$= \frac{x_1 + x_2 + \cdots + x_n}{n}$$

于是, 由不等式 (1.6) 及数学归纳法, 即假设不等式 (1.7) 对任意 $n-1$ 个正数成立, 得

$$\left(\frac{x_1 + x_2 + \cdots + x_n}{n}\right)^n$$
$$= (a+b)^n$$
$$\geqslant a^n + na^{n-1}b$$
$$= a^{n-1}(a + nb)$$
$$= \left(\frac{x_1 + x_2 + \cdots + x_{n-1}}{n-1}\right)^{n-1}\left[a + n \cdot \frac{1}{n}(x_n - a)\right]$$
$$\geqslant (\sqrt[n-1]{x_1 x_2 \cdots x_{n-1}})^{n-1} x_n$$
$$= x_1 x_2 \cdots x_{n-1} x_n$$

由上述推导过程和归纳法假设还可以知道当且仅当 $x_1 = x_2 = \cdots = x_{n-1} = a$ 且 $b = \frac{1}{n}(x_n - a) = 0$ 时, 不等式 (1.7) 等号成立. 即当且仅当 $x_1 = x_2 = \cdots = x_{n-1} = a = x_n$ 时, 不等式 (1.7) 等号成立.

另外，根据 $\begin{pmatrix} n \\ k \end{pmatrix} = \begin{pmatrix} n \\ n-k \end{pmatrix}$，我们很容易得出 $(a+b)^n$ 展开式中系数按杨辉三角法则排布的规律.

排列和组合在高等数学类课程中可以用来计算古典概型事件的概率，在高等数学类的学习中是常用的基本计数方法. 我们再介绍一个常用的组合恒等式：

$$\begin{pmatrix} n \\ k \end{pmatrix} = \begin{pmatrix} n-1 \\ k-1 \end{pmatrix} + \begin{pmatrix} n-1 \\ k \end{pmatrix}$$

该常用的组合公式可以解释为：从 n 个对象中要取出 k 个，则可以把 n 个对象分成两组，一组含 $n-1$ 个对象，另外一组含一个对象，则取出的 k 个对象要么都来自第一组的 $n-1$ 个对象，要么其中 $k-1$ 个对象来自第一组再加上第二组的那一个对象，从而得到此恒等式.

1.5 人物小传：欧几里得

欧几里得生长于巴尔干半岛的雅典，接受了希腊古典数学及各种科学文化教育，30 岁就成了有名的学者. 应当时埃及国王的邀请，他客居亚历山大城，一边教学，一边从事研究.

他的生平，后人所知甚少. 大概早年在雅典就读，深悉柏拉图的学说. 公元前 300 年左右，欧几里得接受托勒密王（公元前 364—公元前 283）的邀请，来到亚历山大城，长期在那里工作.

欧几里得将公元前 7 世纪以来希腊几何积累起来的既丰富又纷纭庞杂的结果整理在一个严密统一的体系中，从最原始的定义开始，列出 5 条公理和 5 条公设为基础，以此推导出 48 个命题（第一卷）. 他首次对公理和公设作了适当的选择（这是非常困难的工作，需要超乎寻常的判断力和洞察力）. 然后，他仔细地将这些定理作了安排，使每一个定理与以前的定理在逻辑上前后一致. 在需要的地方，他对缺少的步骤和不足的证明也作了补充. 值得一提的是，《几何原本》虽然基本上是平面和立体几何的发展，但也包括大量代数和数论的内容. 通过逻辑推理，演绎出一系列定理和推论，从而建立了被称为欧几里得几何的第一个公理化的数学体系.

古希腊的数学研究有着十分悠久的历史，曾经出过一些几何学著作，但都是讨论某一方面的问题，内容不够系统. 欧几里得汇集了前人的成果，采用前所未有的独特编写方式，先提出定义、公理、公设，然后由简到繁地证明了一系列定理，讨论了平面图形和立体图形，还讨论了整数、分数、比例等，终于完成了《几何原本》这部巨著.《几何原本》问世后，它的手抄本流传了 1 800 多年. 1482 年印刷发行以后，重版了大约一千版次，还被译为世界各主要语种，广为流传和普及，以至在 19 世纪成了中学教科书. 13 世纪时曾传入中国，但不久就失传了.

欧几里得善于用简单的方法解决复杂的问题. 他在人的身影与身高正好相等的时刻，测量了金字塔影的长度，解决了当时无人能解的金字塔高度的大难题. 他说："此时塔影的长度就是金字塔的高度." 欧几里得是位温良敦厚的教育家. 欧几里得也是一位治学严谨的学者，他反对在做学问时投机取巧和追求名利. 尽管欧几里得简化了他的几何学，但国王（托勒密王）还是不理解，希望找一条学习几何的捷径. 欧几里得却说："在几何学里，大家只能走一条路，没有专为国王铺设的大道." 这句话成为千古传诵的学习箴言.

1.《几何原本》介绍

欧几里得以他的主要著作《几何原本》而著称于世，他的工作重大意义在于把前人的数学成果加以系统地整理和总结，以严密的演绎逻辑，把建立在一些公理之上的初等几何学知识构成为一个严整的体系. 欧几里得建立起来的几何学体系之严谨和完整，就连 20 世纪最杰出的大科学家爱因斯坦也对他另眼相看. 爱因斯坦说："一个人当他最初接触欧几里得几何学时，如果不曾为它的明晰性和可靠性所感动，那么他是不会成为一个科学家的."

《几何原本》中的数学内容也许没有多少为他所创，但是关于公理的选择，定理的排列以及一些严密的证明无疑是他的功劳，在这方面，他的工作出色无比. 欧几里得的《几何原本》共有 13 篇，首先给出的是定义和公理. 比如他首先定义了点、线、面的概念. 他整理了多条公理，其中包括：（1）从一点到另一任意点作直线是可能的；（2）所有的直角都相等；（3）$a = b$，$b = c$，则 $a = c$；（4）若 $a = b$，则 $a + c = b + c$，等等. 这里面还有一条公理是欧几里得自己提出的，即整体大于部分. 虽然这条公理不像别的公理那么一望便知，不那么容易为人所接受，但这是欧氏几何中必需的，必不可少的. 他能提出来，这恰恰显示了他的天才.

《几何原本》第 1~4 篇主要讲多边形和圆的基本性质，像全等多边形的定理、平行线定理、勾股弦定理等. 第 2 篇讲几何代数，用几何线段来代替数，这就解决了希腊人不承认无理数的矛盾，因为有些无理数可以用作图的方法，来把它们表示出来. 第 3 篇讨论圆的性质，如弦、切线、割线，圆心角等. 第 4 篇讨论圆的内接和外接图形. 第 5 篇是比例论. 这一篇对以后数学发展史有重大关系. 第 6 篇讲的是相似形. 其中有一个命题是：直角三角形斜边上的矩形，其面积等于两直角边上的两个与这相似的矩形面积之和. 读者不妨一试. 第 7、8、9 篇是数论，即讲述整数和整数之比的性质. 第 10 篇是对无理数进行分类. 第 11~13 篇讲的是立体几何. 全部 13 篇共包含 467 个命题.《几何原本》的出现说明人类在几何学方面已经达到了科学状态, 在经验和直觉的基础上建立了科学的、逻辑的理论. 欧几里得, 这位亚历山大大学的数学教授, 已经把大地和苍天转化为一幅由错综复杂的图形所构成的庞大图案. 他又运用他的惊人才智, 指挥灵巧的手指将这个图案拆开, 分为简单的组成部分: 点、线、角、平面、立体——把一幅无边无垠的图, 译成初等数学的有限语言. 尽管欧几里得简化了他的几何学, 但他坚持对几何学的原则进行透彻的研究, 以便他的学生们能充分理解它.

2. 生活和教学

关于欧几里得的一生的细节, 我们知道得很少. 有一个故事说的是欧几里得和妻子吵架, 妻子很为恼火. 妻子说:"收起你的乱七八糟的几何图形, 它难道为你带来了面包和牛肉?" 欧几里得天生是个憨脾气, 只是笑了笑, 说道:"妇人之见, 你知道吗? 我现在所写的, 到后世将价值连城!" 妻子嘲笑道:"难道让我们来世再结合在一起吗? 你这书呆子." 欧几里得刚要分辩, 只见妻子拿起他写的《几何原本》的一部分投入火炉. 欧几里得连忙来抢, 可是已经来不及了. 据说他妻子烧掉的是《几何原本》中最后最精彩的一章. 但这个遗憾是无法弥补的, 她烧的不仅仅是一些有用的书, 她烧的是欧几里得血汗和智慧的结晶.

由于欧几里得知识的渊博, 他的学生们把他当作偶像来崇拜. 欧几里得在教授学生时, 像一个真正的父亲那样引导他们, 关心他们. 然而有时, 他也用辛辣的讽刺来鞭挞学生中比较傲慢的学生, 使他们驯服. 有一个学生在学习了第一定理之后, 便问道:"学习几何, 究竟会有什么好处?" 于是, 欧几里得转身吩咐佣人说:"格鲁米阿, 拿三个钱币给这位先生, 因为他想在学习中获得实利."

欧几里得主张学习必须循序渐进、刻苦钻研, 不赞成投机取巧的作风, 更反对狭隘的实用观念. 后来者帕波斯就特别赞赏他这谦逊的品德. 像古希腊的大多数学者一样, 欧几里得对于他的科学研究的"实际"价值是不大在乎的. 他喜爱为研究而研究. 他羞怯谦恭, 与世无争, 平静地生活在自己的家里. 在那个到处充满勾心斗角的世界里, 对于人们吵吵闹闹所作出的俗不可耐的表演, 则听之任之. 他说:"这些浮光掠影的东西终究会过去, 但是, 星罗棋布的天体图案, 却是永恒地岿然不动."

欧几里得是古代希腊最负盛名、最有影响的数学家之一, 他是亚历山大里亚学派的成员.

3. 突出贡献

欧几里得将公元前 7 世纪以来希腊几何积累起来的丰富成果整理在严密的逻辑系

统之中，使几何学成为一门独立的、演绎的科学．除了《几何原本》外，欧几里得还著有《数据》《图形的分割》《论数学的伪结论》《光学》《反射光学之书》《已知数》等著作．可惜大都失传．《已知数》是除《几何原本》唯一保存下来的他的希腊文纯粹几何著作，写作方式和《几何原本》前 6 卷相近，包括 94 个命题，指出若图形中某些元素已知，则另外一些元素也可以确定．《图形的分割》现存拉丁文本与阿拉伯文本，论述用直线将已知图形分为相等的部分或成比例的部分．《光学》是早期几何光学著作之一，研究透视问题，叙述光的入射角等于反射角，认为视觉是眼睛发出光线到达物体的结果．还有一些著作未能确定是否属于欧几里得所著，而且已经散失．

在训练人的逻辑推理思维方面，《几何原本》比亚里士多德的任何一本有关逻辑的著作影响都大得多．在完整的演绎推理结构方面，这是一个十分杰出的典范．正因为如此，自本书问世以来，思想家们纷纷为之倾倒．公正地说，欧几里得的这本著作是现代科学产生的一个主要因素．科学绝不仅仅是把经过细心观察的东西和小心概括出来的东西收集在一起而已．科学上的伟大成就，就其原因而言，一方面是将经验同试验进行结合；另一方面，需要细心地分析和演绎推理．我们不清楚为什么科学产生在欧洲而不是在中国或日本，但可以肯定地说，这并非偶然．毫无疑问，像牛顿、伽利略、白尼和开普勒这样的卓越人物所起的作用是极为重要的．也许一些基本的原因，可以解释为什么这些出类拔萃的人物都出现在欧洲，而不是东方．或许，使欧洲人易于理解科学的一个明显的历史因素，是希腊的理性主义以及从希腊人那里流传下来的数学知识．对于欧洲人来讲，只要有了几个基本的物理原理，其他都可以由此推演而来的想法似乎是很自然的事．因为在他们之前有欧几里得作为典范（总的来讲，欧洲人不把欧几里得的几何学仅仅看作抽象的体系；他们认为欧几里得的公设，以及由此而来的定理都是建立在客观现实之上的）．

上面提到的所有人物都接受了欧几里得的严格演绎推理传统．他们的确都认真地学习过欧几里得的《几何原本》，并成为他们数学知识的基础．欧几里得对牛顿的影响尤为明显．牛顿的《数学原理》一书，就是按照类似于《几何原本》的"几何学"的形式写成的．自那以后，许多西方的科学家都效仿欧几里得，说明他们的结论是如何从最初的几个假设逻辑推导出来的．如罗素，拉格朗日，柯西等．而中国和同时代的欧洲相比较，数学几乎没有大的发展，中国社会当时选拔的人才是通过传统的科举实现的，但科举考试中没有数学相关的科目，因而数学的价值没有得到社会的普遍认同．

多少个世纪以来，中国在技术方面一直领先于欧洲．但是从来没有出现一个可以同欧几里得对应的中国数学家．其结果是，中国从未拥有过欧洲那样的数学理论体系（中国人对实际的几何知识理解得不错，但他们的几何知识从未被提高到演绎体系的高度）. 直到 1600 年，欧几里得相关著作才被介绍到中国来. 此后，又用了几个世纪的时间，他的演绎几何体系才在受过教育的中国人之中普遍知晓. 在这之前，中国人并没有从事实质性的科学工作. 在日本，情况也是如此. 直到 18 世纪，日本人才知道欧几里得的著作，并且用了很多年才理解了该书的主要思想. 尽管今天日本有许多著名的科学家，但在欧几里得之前却没有一个. 人们不禁会问，如果没欧几里得的奠基性工作，科学会在欧洲产生吗？如今，数学家们已经意识到，欧几里得的几何学并不是能够设计出来的唯一的内在统一的几何体系. 在过去的 150 年间，人们已经创立出许多非欧几里得几何体系. 自从爱因斯坦的广义相对论被接受以来，人们的确已经认识到，在实际的宇宙之中，欧几里得的几何学并非总是正确的. 例如，在黑洞和中子星的周围，引力场极为强烈. 在这种情况下，欧几里得的几何学无法准确地描述宇宙的情况. 但是，这些情况是相当特殊的. 在大多数情况下，欧几里得的几何学可以给出十分近似于现实世界的结论.

人类知识的最新进展不会削弱欧几里得学术成就的光芒. 也不会因此贬低他在数学发展和建立现代科学成长必不可少的逻辑框架方面的历史重要性. 欧几里得的《几何原本》起到了锻炼人们逻辑思维的作用，它是严谨的逻辑推理体系的杰作，因此自从问世以来对任何伟大的思想家都具有巨大的魔力.

练习题

1. 寻找被 4 整除的判别方法，并以此为基础，再找到被 12 整除的整数的特点.

2. 用欧几里得算法计算 60 和 48 的最大公约数，63 和 105 的最大公约数.

3. 满足被 4 除余 2，被 3 除余 1，被 7 除余 6，被 11 除余 3 的最小自然数是多少？

4. 试计算 $\dfrac{1}{2 \times 6} + \dfrac{1}{6 \times 10} + \dfrac{1}{10 \times 14} + \dfrac{1}{14 \times 18} + \dfrac{1}{18 \times 22}$.

5. 试直接验证 $n = 2$ 和 $n = 3$ 时的柯西—施瓦兹不等式.

6. 给出两个数的几何平均数小于算数平均数的一个新的图形上的解释.

7. 给出公式 $a^3 + b^3 = (a + b)(a^2 + b^2 - ab)$ 的一个几何解释.

8. 通过图像指出函数 $y = x^{\frac{1}{2}}$，$y = \dfrac{1}{x}$，$y = x^3$，$y = a^x$ 的凹凸性.

9. 说明长、宽、高三条棱长之和固定的长方体的体积最大值，并指出什么情况下取到该最大值.

10. 请给出几个分段函数表达式.

11. 用和号 $\sum$ 表示表达式 $\dfrac{1}{1\times2}+\dfrac{1}{2\times3}+\dfrac{1}{3\times4}+\cdots+\dfrac{1}{(n-1)\times n}$，并计算该表达式的值.

12. 计算方程 $x_1+x_2+x_3+x_4+x_5=100$ 的正整数解的个数.

13. 计算方程 $x_1+x_2+x_3+x_4+x_5=100$ 的非负整数解的个数.

14. 计算 $x_1+x_2+x_3+x_4+x_5=100$ 中每个未知量都不小于 2 的整数解的个数.

15. 展开 $(a+b-c)^n$.

16. 讨论组合数 $\dbinom{n}{k}$ 对 $0\leqslant k\leqslant n$ 的单调性.

17. 已知一个班级有 50 人，期末考试中有两门课程数学和语文，考试结束后数学及格的人有 46 人，语文及格的人有 48 人，试计算数学、语文两门课程都及格的人.

18. 试寻找模 n 同余类中任何非零代表元都可逆的条件，并说明所找的条件是否为充要条件.

19. 试判断模 6 同余类中哪些代表元所在的同余类可逆，并求出其逆元.

20. 计算模 54 同余类中可逆元的个数，并列出可逆的代表元.

21. 计算模 45 同余类中可逆元的个数，并列出可逆的代表元.

22. 计算 30 和 45 的最大公约数，并把最大公约数表示成 30 和 45 的组合形式.

23. n 个正数 a_1，a_2，$\cdots$，a_n 的调和平均数定义为

$$\dfrac{n}{\dfrac{1}{a_1}+\dfrac{1}{a_2}+\cdots+\dfrac{1}{a_n}}$$

证明：n 个数的调和平均数不大于其几何平均数.

24. 设 a，b，c，d 是四个正数，证明：

$$(ab+cd)(ac+bd)\geqslant 4abcd$$

给出上式取等号的充要条件.

25. 应用数学归纳法给出柯西—施瓦兹不等式的证明.

26. 判断方程 $12x+15y=1$ 是否有整数解，并说明理由.

27. 对任意给定的整系数 a，b，c，试给出一种检验法以决定是否存在整数 x 和 y，使得

$$ax+by=c$$

28. 对任意正数 a_1，$\cdots$，a_n，证明以下不等式成立：

$$\dfrac{a_1+a_2+\cdots+a_n}{n}\leqslant\sqrt{\dfrac{a_1^2+a_2^2+\cdots+a_n^2}{n}}$$

29. 班级学生分组，如果每 3 个人一组，则余下两个人；如果每 4 个人一组，则余下 1 人；如果每 7 个人一组，则余下 3 人. 试计算该班级学生的最少人数.

30. 已知一整数，如果放在模 7 的同余类中，则与 2 在同一个同余类；如果放在模 11 的同余类中，则与 3 在同一个同余类；如果放在 17 的同余类中，则在 4 所在的同余类. 试计算满足这个条件的最小正整数. 是否还有其他正整数满足上述条件，如果有，和找到的满足要求的最小正整数是什么关系？

31. 设 p，q 和 r 是正整数，验证 $a = (p^2 - q^2)r$，$b = 2pqr$，$c = (p^2 + q^2)r$ 构成直角三角形的三条边.

32. 分别给出表达式 $(a+b)^2 = a^2 + b^2 + 2ab$ 和表达式 $(a-b)^2 = a^2 + b^2 - 2ab$ 的一个图形解释.

33. 设 $h > -1$，n 为自然数，证明：$(1 + h)^n \geqslant 1 + nh$. 这个结论称为伯努利不等式.

34. 设 a，b，c 为三个任意正实数. 证明：

$$\left| \sqrt{a^2 + b^2} - \sqrt{a^2 + c^2} \right| \leqslant |b - c|$$

说明此不等式的几何意义.

35. 设 p 为自然数. 证明：若 p 不是完全平方数，则 $\sqrt{p}$ 是无理数.

36. 利用几何平均值和算术平均值关系证明不等式：

$$\left(1 + \frac{1}{n}\right)^n < \left(1 + \frac{1}{n+1}\right)^{n+1}, \quad n = 1, 2, \cdots$$

37. a，b 为实数，证明：

$$\max\{a, b\} = \frac{1}{2}(a + b + |a - b|)$$

$$\min\{a, b\} = \frac{1}{2}(a + b - |a - b|)$$

38. 已知函数 f 和 g 的图形，试作下列函数的图形：

$$y = \max\{f(x), g(x)\}; \quad y = \min\{f(x), g(x)\}$$

39. 设 f，g，h 为递增函数，证明：若

$$f(x) \leqslant g(x) \leqslant h(x), \quad x \in (-\infty, +\infty)$$

则

$$f[f(x)] \leqslant g[g(x)] \leqslant h[h(x)]$$

40. f，g 为区间 (a, b) 内的递增函数，证明：

$$\varphi(x) = \max\{f(x), g(x)\}; \quad \psi(x) = \min\{f(x), g(x)\}$$

都是 (a, b) 内的递增函数.

41. 设 f 为 $[-a, a]$ 上的奇（偶）函数. 证明：若 f 在 $[0, a]$ 上递增，则 f 在 $[-a, 0]$ 上递增（递减）.

42.（三角形中线性质）设三角形三条边长度分别为 a，b，c，a 边上的中线记作 d（见图 1.7），利用勾股定理证明：

$$4d^2 = 2b^2 + 2c^2 - a^2$$

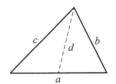

图 1.7　练习题 42 图

第2章

正弦定理、余弦定理及一般角的三角函数

要介绍正弦定理，首先要介绍直角三角形中角的正弦、余弦、正切、余切这些概念. 在一个直角三角形中，我们定义其一个锐角 α 的正弦 $\sin\alpha$ 为 α 的对边和直角三角形的斜边之比. 而 α 的余弦 $\cos\alpha$ 定义为 α 的邻边和三角形的斜边之比. 其正切是对边和邻边之比，而余切是邻边和对边之比（见图2.1）. 角的正弦也可以等价地由在坐标轴上画出的角的终边上一点的纵坐标比上这点到坐标原点的距离. 而余弦由角上终边一点的横坐标比上这点到原点的距离. 正切可用角终边上一点的纵坐标比上横坐标，余切则用角终边上一点的横坐标比上纵坐标（见图2.2）. 这些基本数值统称为角 α 的三角函数值.

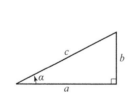

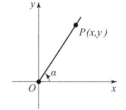

图2.1　锐角三角函数定义　　　　图2.2　三角函数坐标定义

根据这些熟知的定义，马上可以得知以下这些基本关系：

$$(\sin\alpha)^2 + (\cos\alpha)^2 = 1$$

$$\tan\alpha = \frac{\sin\alpha}{\cos\alpha}$$

$$\cot\alpha = \frac{\cos\alpha}{\sin\alpha}$$

$$\cot\alpha = \frac{1}{\tan\alpha}$$

$$\sin(90° - \alpha) = \cos \alpha$$

$$\cos(90° - \alpha) = \sin \alpha$$

$$\tan(90° - \alpha) = \cot \alpha$$

$$\sin(180° - \alpha) = \sin \alpha$$

$$\cos(180° - \alpha) = -\cos \alpha$$

$$\tan(180° - \alpha) = -\tan \alpha$$

$$\cot(180° - \alpha) = -\cot \alpha$$

习惯上也将三角函数的方幂写作 $\sin^n\alpha$, $\cos^n\alpha$, $\tan^n\alpha$, $\cot^n\alpha$ 等. 因而 $(\sin\alpha)^2 +$ $(\cos\alpha)^2 = 1$ 也可写作 $\sin^2\alpha + \cos^2\alpha = 1$. 利用熟知的直角三角形中的性质, 我们还可得到以下特殊角的正弦、余弦、正切、余切等基本数值:

$$\sin 30° = \cos 60° = \frac{1}{2}$$

$$\tan 30° = \frac{\sqrt{3}}{3} = \cot 60°$$

$$\sin 45° = \cos 45° = \frac{\sqrt{2}}{2}$$

$$\tan 45° = \cot 45° = 1$$

另外, 上述这些角的互补角 $150°$, $120°$, $145°$ 的三角函数值也可根据上文的公式得出.

利用直角三角形中的这些定义以及平面几何中角平分线定理, 我们可以找出 2α 的正弦、余弦和角 α 的正弦和余弦的基本关系. 现假设直角三角形中的一个角等于 2α, 其邻边为 a, 对边为 b, 直角三角形的斜边为 c. 作角 2α 的角平分线, 并设角平分线分 2α 的对边 b 为 x 和 y 两部分 (见图 2.3).

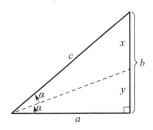

图 2.3　倍角三角函数示意图

则这些参数满足以下系列关系:

$$\begin{cases} \dfrac{c}{a} = \dfrac{x}{y} \\ x + y = b \\ c^2 = a^2 + b^2 \end{cases}$$

其中，第一式源于角平分线定理，而第三个等式源于勾股定理. 从以上方程组中，可以解出

$$\begin{cases} x = \dfrac{bc}{a+c} \\ y = \dfrac{ab}{a+c} \end{cases}$$

由此可得

$$\sin \alpha = \frac{y}{\sqrt{a^2 + y^2}}$$

$$= \frac{\dfrac{ab}{a+c}}{\sqrt{a^2 + \left(\dfrac{ab}{a+c}\right)^2}}$$

$$= \frac{b}{\sqrt{2c(a+c)}}$$

$$\cos \alpha = \frac{a}{\sqrt{a^2 + y^2}}$$

$$= \frac{a}{\sqrt{a^2 + \left(\dfrac{ab}{a+c}\right)^2}}$$

$$= \frac{a+c}{\sqrt{2c(a+c)}}$$

而由定义

$$\sin 2\alpha = \frac{b}{c}$$

$$\cos 2\alpha = \frac{a}{c}$$

因而，可以验证

$$\sin 2\alpha = 2\sin \alpha \cos \alpha$$

$$\cos 2\alpha = 2(\cos \alpha)^2 - 1$$

2.1　正弦定理

正弦定理是三角形面积的一个表达式，是三角形的一个重要结论. 常用的三角形

面积的计算方法是用三角形的任何一条边乘以其上的高，然后再乘以 $\frac{1}{2}$．但根据正弦定义，我们完全可以等价地用三角形中一个角的正弦表示三角形的面积．假设三角形的任意一个角是 α，其两条夹边是 b 和 c，则 b 上的高自然可表示为 $c\sin\alpha$，而 c 上的高可表示为 $b\sin\alpha$（见图 2.4）．

不管采用哪种表示方式，我们均可得到三角形的面积是

$$S = \frac{1}{2}bc\sin\alpha$$

所以，三角形的面积总可表述为三角形的两边之积乘以其夹角正弦值的一半．这就是三角形的正弦定理．

三角形的正弦定理除帮助计算三角形的面积外，也可提供一个计算二倍角正弦的方法．我们可以考虑一个腰长等于 1 的等腰三角形，并假设其顶角为 2α．我们作此顶角的角平分线，则该平分线也是底边的垂直平分线（见图 2.5）．

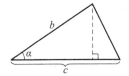

图 2.4　正弦定理示意图

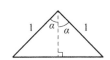

图 2.5　正弦二倍角证明

这样，自然也把等腰三角形平分成两个相同的直角三角形．容易观察到，每一个直角三角形的两条直角边一条就是底边上的高，另外一条直角边是底边的一半．两条直角边可以很容易用腰长 1 表示成

$$1 \times \sin\alpha,\ 1 \times \cos\alpha$$

因而，任意一个直角三角形的面积都是

$$\frac{1}{2}(1 \times \sin\alpha)(1 \times \cos\alpha)$$

所以，等腰三角形的面积可以表示成这两个相同的直角三角形的面积之和，即

等腰三角形的面积 $= 2 \times$ 直角三角形的面积

$$= 2 \times \left[\frac{1}{2}(1 \times \sin\alpha)(1 \times \cos\alpha) \right]$$

$$= \sin\alpha\cos\alpha$$

但根据正弦定理，等腰三角形的面积又可表达成

等腰三角形的面积 $= \frac{1}{2} \times 1 \times 1 \times \sin 2\alpha$

$$= \frac{1}{2}\sin 2\alpha$$

由上即推得

$$\sin 2\alpha = 2\sin \alpha \cos \alpha$$

2.2 余弦定理

余弦定理将表达三角形中三条边的长度和三个角度的三角函数值的基本关系. 设三角形的一个角是 α, 其两条夹边记为 b 和 c, 角 α 的对边记为 a. 记边 c 上的高为 h, 则边 b, 高 h, 及高 h 把边 c 分出的部分 x 构成了直角三角形（见图 2.6）.

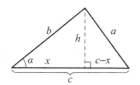

图 2.6 余弦定理证明示意图

在该直角三角形中

$$x = b\cos \alpha$$

$$h = b\sin \alpha$$

边 c 被高 h 分出的另外一部分线段长度为

$$c - x = c - b\cos \alpha$$

在 $c - x$, h 和 a 形成的三角形中, 两条直角边为 $c - x$ 和 h, 斜边是 a, 于是, 在该直角三角形中利用勾股定理即得

$$h^2 + (c - x)^2 = a^2$$

即

$$(b\sin \alpha)^2 + (c - b\cos \alpha)^2 = a^2$$

上式进一步整理即得

$$a^2 = b^2 + c^2 - 2bc\cos \alpha$$

此表达式可叙述为: 三角形中任何一条边长的平方等于另外两条边长的平方和减去这两条边长的乘积与它们夹角的余弦的 2 倍. 以上就是余弦定理的内容.

例 2.2.1 余弦定理可用来证明三角形中线性质（见第 1 章练习题第 42 题）, 即

$$4d^2 = 2b^2 + 2c^2 - a^2 \text{（参见图 2.7）}$$

通过余弦定理可给出验证过程如下

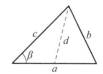

图 2.7 例 2.2.1 图

$$d^2 = \left(\frac{a}{2}\right)^2 + c^2 - 2 \cdot \frac{a}{2} \cdot c \cdot \cos\beta$$

$$= \frac{a^2}{4} + c^2 - a \cdot c \cdot \cos\beta$$

$$= \frac{a^2}{4} + c^2 - a \cdot c \cdot \frac{a^2 + c^2 - b^2}{2ac}$$

$$= \frac{b^2}{2} + \frac{c^2}{2} - \frac{a^2}{4}$$

由此推得

$$4d^2 = 2b^2 + 2c^2 - a^2$$

余弦定理也可用来推导二倍角的余弦公式. 我们仍假设一个腰长为 1，顶角为 2α 的等腰三角形. 作底边上的高，则高即为底边的垂直平分线，也是顶角的角平分线，此时，仍然分等腰三角形为两个相同的直角三角形（见图 2.8）.

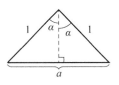

图 2.8 余弦二倍角公式证明

此时的底边长度可以用 α 的正弦表示. 在分成的任意一个直角三角形中，可以看到底边的一半是一条直角边，所以底边的一半可表示成 $1 \times \sin\alpha = \sin\alpha$. 如果设等腰三角形的底边为 a，则 a 的长度为

$$a = 2\sin\alpha$$

另外，对等腰三角形应用余弦定理得

$$a^2 = 1^2 + 1^2 - 2 \times 1 \times 1 \times \cos 2\alpha$$

$$= 2 - 2\cos 2\alpha$$

于是

$$(2\sin\alpha)^2 = 2 - 2\cos 2\alpha$$

进一步整理可得

$$\cos 2\alpha = 1 - 2(\sin\alpha)^2$$

2.3 海伦公式

正弦定理和余弦定理的结合可以给出著名的用三条边表达三角形面积的海伦公式. 我们这一小节的目的就是推导出这个公式. 这个公式的得出扩充了三角形面积的计算方法，在计算中无疑有重要意义. 假设三角形的一个角是 α，其两条夹边记为 b 和 c，α 的对边记为 a. 记三角形的面积为 S. 则根据正弦定理得

$$S = \frac{1}{2}bc\sin\alpha$$

注意到三角形的任何一个角的正弦值都大于零. 因而, 我们可以借助余弦定理中的 $\cos\alpha$ 以三边表示出 $\sin\alpha$, 从而根据上述正弦定理把三角形的面积用其三条边表达出来.
根据余弦定理:

$$\cos\alpha = \frac{b^2 + c^2 - a^2}{2bc}$$

从而利用 $(\sin\alpha)^2 + (\cos\alpha)^2 = 1$, 可得

$$\sin\alpha = \sqrt{1 - (\cos\alpha)^2}$$

$$= \sqrt{1 - \left(\frac{b^2 + c^2 - a^2}{2bc}\right)^2}$$

$$= \sqrt{\left(1 + \frac{b^2 + c^2 - a^2}{2bc}\right)\left(1 - \frac{b^2 + c^2 - a^2}{2bc}\right)}$$

$$= \sqrt{\frac{b^2 + c^2 + 2bc - a^2}{2bc} \cdot \frac{2bc - b^2 - c^2 + a^2}{2bc}}$$

$$= \sqrt{\frac{(b+c)^2 - a^2}{2bc} \cdot \frac{a^2 - (b-c)^2}{2bc}}$$

$$= \sqrt{\frac{(b+c+a)(b+c-a)}{2bc} \cdot \frac{(a+b-c)(a-b+c)}{2bc}}$$

将 $\sin\alpha$ 的这个表达式代入正弦公式即得

$$S = \frac{1}{2}bc\sin\alpha$$

$$= \frac{1}{2}bc\sqrt{\frac{(b+c+a)(b+c-a)}{2bc} \cdot \frac{(a+b-c)(a-b+c)}{2bc}}$$

$$= \sqrt{\frac{1}{4}b^2c^2 \frac{(b+c+a)(b+c-a)}{2bc} \cdot \frac{(a+b-c)(a-b+c)}{2bc}}$$

$$= \sqrt{\frac{(b+c+a)(b+c-a)}{2} \cdot \frac{(a+b-c)(a-b+c)}{2} \cdot \frac{1}{4}}$$

$$= \sqrt{\frac{b+c+a}{2} \cdot \frac{b+c-a}{2} \cdot \frac{a+b-c}{2} \cdot \frac{a-b+c}{2}}$$

$$= \sqrt{\frac{a+b+c}{2} \cdot \frac{a+b+c-2a}{2} \cdot \frac{a+b+c-2c}{2} \cdot \frac{a+b+c-2b}{2}}$$

$$= \sqrt{\frac{a+b+c}{2}\left(\frac{a+b+c}{2} - a\right)\left(\frac{a+b+c}{2} - b\right)\left(\frac{a+b+c}{2} - c\right)}$$

如果记 $s = \dfrac{a+b+c}{2}$，则上式又可写为

$$S = \sqrt{s(s-a)(s-b)(s-c)}$$

这个三角形面积的表达式的特点是完全由三角形的三边表示，称为三角形面积的海伦公式.

2.4　一般角的三角函数公式的推导

有了前几节的基础后，本节将推广角的范围，即所谓一般角. 推广的方式就是在坐标系里以原点为中心，让角的终边绕着原点逆时针或顺时针任意转动. 人为规定：一个角的终边按逆时针每绕一圈就代表这个角加上 $360°$，顺时针每绕一圈就代表这个角减去 $360°$. 以终边和 x 轴正半轴重合的角为 $0°$ 角（见图 2.9）. 任意角也经常以弧度表示，如 $360°$ 就是 2π 弧度，$180°$ 就是 π 弧度.

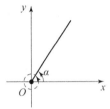

图 2.9　任意角示意图

上述方式自然推广了前文中角的范围，现在的角可以是任何（弧）度数. 如果仍以前文方式定义三角函数的值，则可以很快得到更多的三角函数的基本性质，如

$$\sin(-\alpha) = -\sin\alpha$$
$$\cos(-\alpha) = \cos\alpha$$
$$\tan(-\alpha) = -\tan\alpha$$
$$\cot(-\alpha) = -\cot\alpha$$
$$\sin(360°n + \alpha) = \sin\alpha$$
$$\cos(360°n + \alpha) = \cos\alpha$$
$$\tan(360°n + \alpha) = \tan\alpha$$
$$\cot(360°n + \alpha) = \cot\alpha$$

这里参数 n 代表任意整数.

当然，之前我们得到的三角函数公式对于现在的任意角仍然成立. 任意角的三角函数扩展了角的视野，在后续的微积分课程中将广泛应用. 本节的另外内容是复习和巩固任意角的和、差的三角函数值与这些角的基本关系. 这些关系是三角函数的核心内容. 两个角的和与差的三角函数展开式有许多种证明方法，我们这里列举一些，目的是让读者熟悉公式的来源，并能广泛应用它们. 首先，我们可以关注如何展开

$$\cos(\alpha - \beta)$$

这个公式的展开首先可以利用平面向量的内积. 为此, 我们介绍向量的内积概念. 向量的内积在几何和物理上广泛应用, 它是向量的一种重要运算. 给定两个向量 $\boldsymbol{\alpha}$ 和 $\boldsymbol{\beta}$ 后, 这两个向量的内积或点积定义为

$$\boldsymbol{\alpha} \cdot \boldsymbol{\beta} = |\boldsymbol{\alpha}| |\boldsymbol{\beta}| \cos \theta$$

其中, θ 代表这两个向量的夹角, 记号 $|\boldsymbol{\alpha}|$ 代表向量 $\boldsymbol{\alpha}$ 的模长 (或称长度). 一个典型的例子就是物理中力的做功运算, 一个力在一个位移上做的功就是力向量和位移向量的内积.

显然, 如果两个向量垂直, 即夹角为 $90°$, 则两个向量的内积为零, 所以, 内积运算可以用来判断两个向量是否垂直. 根据内积的定义以及向量加法运算的平行四边形法则, 我们可以列出向量内积的如下性质:

$$\boldsymbol{\alpha} \cdot \boldsymbol{\alpha} = |\boldsymbol{\alpha}|^2$$

$$\boldsymbol{\alpha} \cdot \boldsymbol{\beta} = \boldsymbol{\beta} \cdot \boldsymbol{\alpha}$$

$$\boldsymbol{\alpha} \cdot (\boldsymbol{\beta}_1 + \boldsymbol{\beta}_2) = \boldsymbol{\alpha} \cdot \boldsymbol{\beta}_1 + \boldsymbol{\alpha} \cdot \boldsymbol{\beta}_2$$

对于平面 (类似地, 空间) 向量 $\boldsymbol{\alpha}$, 可以在平面坐标系 (或空间立体坐标系) 下把它向 x 轴和 y 轴投影作分解, 从而得到 x 轴和 y 轴上的分量, 分别记为 $\boldsymbol{\alpha}_x$ 和 $\boldsymbol{\alpha}_y$. 从而,

$$\boldsymbol{\alpha} = \boldsymbol{\alpha}_x + \boldsymbol{\alpha}_y$$

如果记和 x 轴方向相同, 长度为 1 的向量为 $\boldsymbol{i}$, 则存在数字 s, 使得 $\boldsymbol{\alpha}_x = s\boldsymbol{i}$; 同样地, 如果记和 y 轴方向相同, 长度为 1 的向量为 $\boldsymbol{j}$, 则存在数字 t, 使得 $\boldsymbol{\alpha}_y = t\boldsymbol{j}$. 于是,

$$\boldsymbol{\alpha} = \boldsymbol{\alpha}_x + \boldsymbol{\alpha}_y = s\boldsymbol{i} + t\boldsymbol{j}$$

定义 2.4.1 称上述数对 (s, t) 为向量 $\boldsymbol{\alpha}$ 的 (横纵) 坐标.

建立平面坐标系 (或立体坐标系) 后, 平面中的向量都可以作分解而对应唯一的坐标. 如果两个向量有如下坐标表示:

$$\boldsymbol{\alpha} = x_1 \boldsymbol{i} + y_1 \boldsymbol{j}$$

$$\boldsymbol{\beta} = x_2 \boldsymbol{i} + y_2 \boldsymbol{j}$$

则可以用坐标运算内积如下:

$$
\begin{aligned}
\boldsymbol{\alpha} \cdot \boldsymbol{\beta} &= (x_1 \boldsymbol{i} + y_1 \boldsymbol{j}) \cdot (x_2 \boldsymbol{i} + y_2 \boldsymbol{j}) \\
&= (x_1 \boldsymbol{i}) \cdot (x_2 \boldsymbol{i}) + (x_1 \boldsymbol{i}) \cdot (y_2 \boldsymbol{j}) + (y_1 \boldsymbol{j}) \cdot (x_2 \boldsymbol{i}) + (y_1 \boldsymbol{j}) \cdot (y_2 \boldsymbol{j}) \\
&= x_1 x_2 \boldsymbol{i} \cdot \boldsymbol{i} + x_1 y_2 \boldsymbol{i} \cdot \boldsymbol{j} + x_2 y_1 \boldsymbol{j} \cdot \boldsymbol{i} + y_1 y_2 \boldsymbol{j} \cdot \boldsymbol{j} \\
&= x_1 x_2 + y_1 y_2 \quad \text{(因为 } \boldsymbol{i} \text{ 和 } \boldsymbol{j} \text{ 是互相垂直的长度均为 1 的向量)}
\end{aligned}
$$

此结论表明, 在两个向量为坐标表示的时候, 其内积可以通过其坐标计算, 并且

就是它们对应的坐标的乘积之和. 这一计算方法可以方便地得到 $\cos(\alpha - \beta)$ 的展开式.

考虑平面坐标系下的单位圆, 设单位圆上有以 x 轴正向为始边的角 α 和角 β, 不妨设 $\alpha > \beta$. 此时 α 角对应的单位向量的坐标等于 α 角在单位圆上对应点的坐标, 该坐标为 $(\cos \alpha, \ \sin \alpha)$, 类似地, 角 β 对应的单位向量的坐标为 $(\cos \beta, \ \sin \beta)$. 而这两个单位向量的夹角为 $\alpha - \beta$ (见图 2.10).

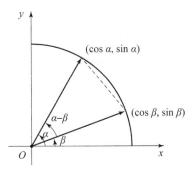

图 2.10　两角差余弦展开式

因此, 利用前述的向量坐标内积公式, 我们立刻得到这两个单位向量的内积为

$$\cos \alpha \cos \beta + \sin \alpha \sin \beta$$

但另一方面, 这两个单位向量的内积又可以按原始定义写为

$$1 \times 1 \times \cos(\alpha - \beta) = \cos(\alpha - \beta)$$

因而, 我们得到

$$\cos(\alpha - \beta) = \cos \alpha \cos \beta + \sin \alpha \sin \beta$$

除以上方法外, 也可通过余弦定理得到 $\cos(\alpha - \beta)$ 的展开式. 考虑上文中由点 $(\cos \alpha, \sin \alpha)$, $(\cos \beta, \sin \beta)$ 及原点构成的三角形, 这个三角形中, 点 $(\cos \alpha, \ \sin \alpha)$ 和 $(\cos \beta, \sin \beta)$ 构成的边长度平方可用两点间距离公式表达, 即

$$(\cos \alpha - \cos \beta)^2 + (\sin \alpha - \sin \beta)^2 = 2 - 2\cos \alpha \cos \beta - 2\sin \alpha \sin \beta$$

另外两边的长度均为 1, 而这两条长度均为 1 的边的夹角是 $\alpha - \beta$, 于是, 对角 $\alpha - \beta$ 应用余弦定理得

$$2 - 2\cos \alpha \cos \beta - 2\sin \alpha \sin \beta = 1^2 + 1^2 - 2 \times 1 \times 1 \times \cos(\alpha - \beta)$$
$$= 2 - 2\cos(\alpha - \beta)$$

由此也得到

$$\cos(\alpha - \beta) = \cos \alpha \cos \beta + \sin \alpha \sin \beta$$

有了上述展开式, 我们又可进一步得到 $\cos(\alpha + \beta)$ 的展开式, 这只需令 $\cos(\alpha - \beta)$ 中的 β 为 $-\beta$ 即可, 即

$$\cos(\alpha+\beta)=\cos\left[\alpha-(-\beta)\right]$$
$$=\cos\alpha\cos(-\beta)+\sin\alpha\sin(-\beta)$$
$$=\cos\alpha\cos\beta-\sin\alpha\sin\beta$$

我们也可以利用坐标系中的单位圆独立地推出 $\cos(\alpha+\beta)$ 的展开式. 方法是考虑以坐标原点为圆心作单位圆,并以 x 轴正半轴为始边逆时针作出一个角 α,然后,再以 α 的终边为始边逆时针继续作出角 β,则现在得到一个角 $\alpha+\beta$. 该角在单位圆上对应的点 A 的坐标为 $(\cos(\alpha+\beta),\ \sin(\alpha+\beta))$,类似地,角 α 对应的单位圆上的点 B 的坐标为 $(\cos\alpha,\ \sin\alpha)$. 我们再作出以 x 轴正半轴为始边的角 $-\beta$,则其对应的单位圆上的点 C 的坐标是 $(\cos(-\beta),\ \sin(-\beta))=(\cos\beta,\ -\sin\beta)$. 再以点 D 代表点 $(1,0)$ (见图 2.11).

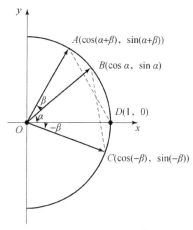

图 2.11　两角和余弦展开

则根据作图的过程知:A 点和 D 点的距离等于 B 点到 C 点的距离. 于是由两点间距离公式得

$$\left[\cos(\alpha+\beta)-1\right]^2+\left[\sin(\alpha+\beta)-0\right]^2=(\cos\alpha-\cos\beta)^2+\left[\sin\alpha-(-\sin\beta)\right]^2$$

整理上面的等式即得

$$\cos(\alpha+\beta)=\cos\alpha\cos\beta-\sin\alpha\sin\beta$$

利用 $\cos(\alpha\pm\beta)$ 的展开式,又可得出 $\sin(\alpha\pm\beta)$ 的展开式. 这可通过以下方式进行

$$\sin(\alpha\pm\beta)=\cos\left[90°-(\alpha\pm\beta)\right]$$
$$=\cos\left[(90°-\alpha)\mp\beta\right]$$
$$=\cos(90°-\alpha)\cos\beta\pm\sin(90°-\alpha)\sin\beta$$
$$=\sin\alpha\cos\beta\pm\cos\alpha\sin\beta$$

利用以上两角和与差的展开式,可以反过来求解出乘积形式的表示式,即所谓的积化和差公式. 比如,由

$$\cos(\alpha+\beta)=\cos\alpha\cos\beta-\sin\alpha\sin\beta$$

$$\cos(\alpha-\beta)=\cos\alpha\cos\beta+\sin\alpha\sin\beta$$

可解出

$$\cos\alpha\cos\beta=\frac{1}{2}\big[\cos(\alpha+\beta)+\cos(\alpha-\beta)\big]$$

$$\sin\alpha\sin\beta=\frac{1}{2}\big[\cos(\alpha-\beta)-\cos(\alpha+\beta)\big]$$

同样地，由

$$\sin(\alpha\pm\beta)=\sin\alpha\cos\beta\pm\cos\alpha\sin\beta$$

可解出

$$\sin\alpha\cos\beta=\frac{1}{2}\big[\sin(\alpha+\beta)+\sin(\alpha-\beta)\big]$$

$$\cos\alpha\sin\beta=\frac{1}{2}\big[\sin(\alpha+\beta)-\sin(\alpha-\beta)\big]$$

这些计算公式使得角的三角函数值往往以多种方式可以计算，丰富了三角函数的计算方法. 另外，和差化积的展开式与积化和差的公式在微积分的计算尤其积分的计算中将广泛使用.

例 2.4.1　计算 $\cos 75°$.

解　计算方法不唯一，一种方法是

$$\cos 75°=\cos(45°+30°)$$

$$=\cos 45°\cos 30°-\sin 45°\sin 30°$$

$$=\frac{\sqrt{2}}{2}\times\frac{\sqrt{3}}{2}-\frac{\sqrt{2}}{2}\times\frac{1}{2}$$

$$=\frac{\sqrt{6}-\sqrt{2}}{4}$$

另一种方法是注意到 $150°$ 是 $75°$ 的 2 倍，所以，可以用余弦二倍角公式

$$\cos(2\times75°)=2(\cos75°)^2-1$$

即

$$\cos(150°)=-\frac{\sqrt{3}}{2}=2(\cos75°)^2-1$$

由此同样可得

$$\cos 75°=\frac{\sqrt{6}-\sqrt{2}}{4}$$

2.5　反三角函数

反三角函数是三角函数的反函数，由之前叙述的反函数存在的充分条件，为使三角函数有反函数，须找到每个三角函数一个严格单调的区间，然后在此区间上才能取反函数.

对于正弦函数来说，考虑到满足单调性的区间很多，可以选择尽量简单且性质较好的一个单调区间，人为约定取 $\left[-\dfrac{\pi}{2},\ \dfrac{\pi}{2}\right]$. 这个区间上 $\sin x$ 不但单调递增，并且图像关于原点对称，是个奇函数，值域为 $[-1,\ 1]$. 因此，$\sin x$ 有反函数，此反函数称作反正弦函数，记为 $y=\arcsin x$. 由反函数定义，$y=\arcsin x$ 等价于 $x=\sin y$. $y=\arcsin x$ 的定义域为 $[-1,\ 1]$，而值域就是我们约定的 $\left[-\dfrac{\pi}{2},\ \dfrac{\pi}{2}\right]$. 在同一个坐标系中，一个函数和它的反函数的图像是关于直线 $y=x$ 对称的，因而，$y=\arcsin x$ 和 $y=\sin x$ 的图像关于 $y=x$ 对称.

类似地，定义余弦函数的反函数为 $y=\arccos x$. $y=\arccos x$ 和 $x=\cos y$ 等价，其定义域是 $[-1,\ 1]$，值域人为约定为 $[0,\ \pi]$. 在各自约定的区间上余弦函数和反余弦函数均为严格单调递减函数.

反正切函数 $y=\arctan x$ 和正切函数 $x=\tan y$ 等价，其定义域为 $(-\infty,\ +\infty)$，值域是 $\left(-\dfrac{\pi}{2},\ \dfrac{\pi}{2}\right)$. 反正切函数和正切函数在各自约定的区间上是严格递增函数，并以 $y=\dfrac{\pi}{2}$ 和 $y=-\dfrac{\pi}{2}$ 为渐近线.

反余切函数 $y=\operatorname{arccot} x$ 和余切函数 $x=\cot y$ 等价，其定义域是 $(-\infty,\ +\infty)$，值域是 $(0,\ \pi)$. 在各自约定的区间上，余切函数和反余切函数均为单调递减函数，并以 $y=0$ 和 $y=\pi$ 为渐近线.

总结前文介绍过的函数，把其中的幂函数、指数函数、对数函数、三角函数及反三角函数这五类函数称作基本初等函数. 这些函数是构造更广泛函数的基础，我们以这五类基本初等函数构造更复杂函数的方法有两种：其一是通过四则运算；其二是通过函数复合运算. 我们之后简单介绍下这两种运算.

2.6　初等函数

前节中已经说明，五类基本初等函数可以通过四则运算和复合运算构造更广泛的函数，这类函数就是初等函数．初等函数是微积分课程中重点研究的对象．因而，熟悉这些函数是进一步学习微积分的重要基础．

定义 2.6.1　初等函数是由五类基本初等函数经过有限次四则运算和有限次复合运算而得到的那些函数．

定义中尤其要注意的是有限次四则运算和复合运算．如果进行无限次这些运算就不是初等函数了，如表达式

$$\sum_{i=1}^{i=+\infty} \frac{1}{x^i}$$

由于经过了无限次加法运算，因而不满足初等函数定义，因而不再是初等函数．实际上，无限次加法运算这种表达式，微积分中称为级数，是初等函数以外的重要学习内容．级数和初等函数的性质差异很大，导致计算方面的区别是很大的．

需要注意的是经过无限次运算的结果和有限次运算的结果差异往往非常大．比如，考虑

$$\sum_{i=1}^{+\infty} \frac{1}{i}$$

可以看到单个相加的项 $\frac{1}{i}$ 在 i 非常大时，会非常小，当 i 趋向无穷时，这个项就接近零了．所以，如果是有限个项相加，其和不会太大．但如果考虑以上无限个项相加，会得出一个无限大的和．要说明这个事实，可以利用

$$\sum_{i=k+1}^{i=2k} \frac{1}{i}$$

$$= \frac{1}{k+1} + \frac{1}{k+2} + \cdots + \frac{1}{2k}$$

$$> \frac{1}{2k} + \frac{1}{2k} + \cdots + \frac{1}{2k}$$

$$= k \times \frac{1}{2k}$$

$$= \frac{1}{2}$$

并且上面的不等式和 k 的取值无关．这样，可以把

$$\sum_{i=1}^{+\infty} \frac{1}{i}$$

中的项进行分组，使得每个分组都是前述形式，即

$$\sum_{i=1}^{+\infty} \frac{1}{i}$$

$$= 1 + \frac{1}{2} + \left(\frac{1}{2+1} + \frac{1}{2 \times 2} \right) + \left(\frac{1}{4+1} + \cdots + \frac{1}{2 \times 4} \right) + \cdots$$

$$> \frac{1}{2} + \frac{1}{2} + \cdots$$

$$= + \infty$$

实际上这个级数就是微积分课程中的所谓调和级数，在后续内容中，我们还要继续详细讲解这个级数.

接下来对复合运算做一个简单解释. 复合运算是指两个或两个以上函数，把前一个函数的值域变量作为后一个函数的自变量，因而，几个函数复合后就可以看成最初的自变量和最后的值域变量或最后的因变量之间的一个对应关系. 这个对应关系，就是复合运算.

根据复合运算的含义，第一个函数的值域范围只有和其后的函数的自变量范围有交集时，即交集非空时，复合才有实际意义；否则，这种复合没有实际的对应关系，构不成函数. 如函数

$$y = 2^{x^2+x}$$

就可以看成函数 $u = x^2 + x$ 和 $y = 2^u$ 的复合. 显然，最初的函数 $u = x^2 + x$ 的值域是 $u \geqslant -\frac{1}{4}$，而 u 又作为后面的函数 $y = 2^u$ 的自变量，其中 $y = 2^u$ 的定义域为全体实数，因而，第一个函数 $u = x^2 + x$ 的值域中的每一点都落在后面函数的定义域取值范围里. 所以，最初的函数的值域范围和后面函数定义域的交集就是 $u \geqslant -\frac{1}{4}$，因而这样一个复合就有意义. 而下面这个例子

$$y = \arcsin(x^2 + 2)$$

仍然是个复合函数，可以看成函数 $u = x^2 + 2$ 和 $y = \arcsin u$ 的复合. 但这个复合没有意义，原因在于函数 $u = x^2 + 2$ 的值域范围是 $u \geqslant 2$，而之后的函数 $y = \arcsin u$ 的定义域范围是 $-1 \leqslant u \leqslant 1$，此时前一个函数的值域和后一个函数的定义域交集为空集，所以复合后形成不了 x 和 y 的函数关系，复合是没有实际意义的.

因此，确定复合是否有意义，本质上就是确定复合函数的定义域是否是空集. 复合函数的定义域只有使得每一层复合都有意义的前提下是非空集合，这个复合函数才有意义. 定义域的确定也是遵循这样的原则进行计算的.

2.7　人物小传：毕达哥拉斯

公元前 580 年，毕达哥拉斯出生在米利都附近的萨摩斯岛（今希腊东部的小岛）——爱奥尼亚群岛的主要岛屿城市之一，此时群岛正处于极盛时期，在经济、文化等各方面都远远领先于希腊本土的各个城邦.

毕达哥拉斯的父亲是一个富商，九岁时他被父亲送到提尔，在闪族叙利亚学者那里学习，在这里他接触了东方的宗教和文化. 以后他又多次随父亲作商务旅行到小亚细亚.

公元前 551 年，毕达哥拉斯来到米利都、得洛斯等地，拜访了泰勒斯、阿那克西曼德和菲尔库德斯，并成了他们的学生. 在此之前，他已经在萨摩斯的诗人克莱菲洛斯那里学习了诗歌和音乐.

公元前 550 年，30 岁的毕达哥拉斯因宣传理性神学，穿东方人服装，蓄上头发而引起当地人的反感，从此萨摩斯人一直对毕达哥拉斯有成见，认为他标新立异，鼓吹邪说. 毕达哥拉斯被迫于公元前 535 年离家前往埃及，途中他在腓尼基各沿海城市停留，学习当地神话和宗教，并在提尔一神庙中静修.

抵达埃及后，国王阿马西斯推荐他入神庙学习. 从公元前 535 年到公元前 525 年这十年中，毕达哥拉斯学习了象形文字与埃及神话历史和宗教，并宣传希腊哲学，受到许多希腊人尊敬，有不少人投到他的门下求学.

毕达哥拉斯在 49 岁时返回家乡萨摩斯，开始讲学并开办学校，但是没有达到他预期的成效. 公元前 520 年左右，为了摆脱当时君主的暴政，他与母亲和唯一的门徒离开萨摩斯，移居西西里岛，后来定居在克罗托内. 在那里他广收门徒，建立了一个宗教、政治、学术合一的团体.

他的演讲吸引了各阶层的人士，很多上层社会的人士来参加演讲会. 按当时的风俗，妇女是被禁止出席公开的会议的，毕达哥拉斯打破了这个成规，允许她们也来听讲. 热心的听众中就有他后来的妻子西雅娜，她年轻漂亮，曾给他写过传记，可惜传记已经失传了.

毕达哥拉斯在意大利南部的希腊属地克劳东成立了一个秘密结社，这个社团里有男有女，地位一律平等，一切财产都归公有. 社团的组织纪律很严密，甚至带有浓厚的宗教色彩. 每个学员都要在学术上达到一定的水平，加入组织还要经历一系列神秘的仪式，以求达到"心灵的净化".

他们要接受长期的训练和考核，遵守很多的规范和戒律，并且宣誓永不泄露学派的秘密和学说. 他们相信依靠数学可使灵魂升华, 与上帝融为一体, 万物都包含数, 甚至万物都是数, 上帝通过数来统治宇宙. 这是毕达哥拉斯学派和其他教派的主要区别.

学派的成员有着共同的哲学信仰和政治理想, 他们吃着简单的食物, 进行着严格的训练. 学派的教义鼓励人们自制、节欲、纯洁、服从. 他们开始在大希腊 (今意大利南部一带) 赢得了很高的声誉, 产生过相当大的影响, 也因此引起了敌对派的嫉恨.

后来他们受到民主运动的冲击, 社团在克罗托内的活动场所遭到了严重的破坏. 毕达哥拉斯被迫移居他林敦 (今意大利南部塔兰托), 并于公元前 500 年去世, 享年 80 岁. 许多门徒逃回希腊本土, 在弗利奥斯重新建立了据点, 另一些人则到了塔兰托, 继续进行数学哲学研究, 以及政治方面的活动, 直到公元前 4 世纪中叶. 毕达哥拉斯学派持续繁荣了两个世纪之久.

1. 提高数的地位

最早把数的概念提到突出地位的是毕达哥拉斯学派. 他们很重视数学, 企图用数来解释一切. 宣称数是宇宙万物的本原, 研究数学的目的并不在于使用而是探索自然的奥秘. 他们从五个苹果、五个手指等事物中抽象出了 "5" 这个数. 这在今天看来很平常的事, 但在当时的哲学和实用数学界, 这算是一个巨大的进步. 在实用数学方面, 它使得算术成为可能. 在哲学方面, 这个发现促使人们相信数是构成实物世界的基础.

2. 勾股定理

毕达哥拉斯本人以发现勾股定理 (西方称毕达哥拉斯定理) 著称于世. 这定理早已为巴比伦人和中国人所知 (在中国古代大约是战国时期西汉的数学著作《周髀算经》中记录着商高同周公的一段对话. 商高说: "···故折矩, 勾广三, 股修四, 径隅五." 商高那段话的意思就是说: 当直角三角形的两条直角边分别为 3 (短边) 和 4 (长边) 时, 径隅 (就是弦) 则为 5. 以后人们就简单地把这个事实说成 "勾三股四弦五". 这就是中国著名的勾股定理), 不过最早的证明大概可归功于毕达哥拉斯. 他是用演绎法证明了直角三角形斜边方等于两直角边平方之和, 即毕达哥拉斯定理 (勾股定理).

3. 数论

毕达哥拉斯对数论作了许多研究, 将自然数区分为奇数、偶数、素数、完全数、平方数、三角数和五角数等. 在毕达哥拉斯学派看来, 数为宇宙提供了一个概念模型, 数量和形状决定一切自然物体的形式, 数不但有量的多寡, 而且也具有几何形状. 在这个意义上, 他们把数理解为自然物体的形式和形象, 是一切事物的总根源. 因为有了数, 才有了几何学上的点, 有了点才有线、面和立体, 有了立体才有了火、气、水、土这四种元素，从而构成万物，所以数在物之先. 自然界的一切现象和规律都是由数决定的，都必须服从"数的和谐"，即服从数的关系.

毕达哥拉斯还通过说明数和物理现象间的联系，来进一步证明自己的理论. 他曾证明用三条弦发出某一个乐音，以及它的第五度音和第八度音时，这三条弦的长度之比为 6：4：3. 他从球形是最完美几何体的观点出发，认为大地是球形的，提出了太阳、月亮和行星做均匀圆运动的思想. 他还认为十是最完美的数，所以天上运动的发光体必然有十个.

4. 整数的变化

毕达哥拉斯和他的学派在数学上有很多创造，尤其对整数的变化规律感兴趣. 例如，把（除其本身以外）全部因数之和等于本身的数称为完全数（如 6，28，496 等），而将本身大于其因数之和的数称为盈数；将本身小于其因数之和的数称为亏数.

5. 其他贡献

在几何学方面，毕达哥拉斯学派证明了"三角形内角之和等于两个直角"的论断；研究了黄金分割；发现了正五角形和相似多边形的作法；还证明了正多面体只有五种：正四面体、正六面体、正八面体、正十二面体和正二十面体.

6. 万物皆数

他同时任意地把非物质的、抽象的数夸大为宇宙的本原，认为"万物皆数"，"数是万物的本质"，是"存在由之构成的原则"，而整个宇宙是数及其关系的和谐的体系. 毕达哥拉斯将数神秘化，说数是"众神之母"，是普遍的始原，是自然界中对立性和否定性的原则.

7. 得到的伦理观

在早年的治学时期，毕达哥拉斯经常到各地演讲，以向人们阐明经过他深思熟虑的见解，除了"数是万物的本质"的主题外，他还常常谈起有关道德伦理的问题.

他对议事厅的权贵们说，"一定要公正. 不公正，就破坏了秩序，破坏了和谐，这是最大的恶. 起誓是很严重的行为，不到关键时刻不要随便起誓，每个官员应能立下保证，保证自己不说谎话."

在谈到治家时，他认为对儿女的爱是不能指望有回报的，但做父亲的应当努力用自己的言行去获得子女由衷的敬爱. 父母的爱是神圣的，做子女的应当珍惜. 子女应是父母的朋友，兄弟姐妹之间也应该彼此互敬互爱. 当提到夫妻关系时，他说彼此尊重是最重要的，双方都应忠实于配偶.

谈到自律的问题时他说，自律是对人个性的一种考验，对儿童、少年、老人、妇女来说，能自律是一种美德，但对年轻人来说，则是必要. 自律使人身体健康，心灵洁净，意志坚强．毕达哥拉斯从如何培养自律讲到教育的重要性，他认为人的自律只能在理性和知识的指导下才能培养起来，而知识只能通过教育才能获得，所以教育的重要性是不容忽视的．

他形象地描述了教育的特性："你能通过学习从别人那里获得知识，但教授你的人却不会因此失去了知识．这就是教育的特性．世界上有许多美好的东西．好的禀赋可以从遗传中获得，如健康的身体，娇好的容颜，勇武的个性；有的东西很宝贵，但一经授予他人就不再归你所有，如财富、权力．而比这一切都宝贵的是知识，只要你努力学习，你就能得到而又不会损害他人，并可能改变你的天性．"

诚然，作为一种唯心主义的世界观，毕达哥拉斯和他的学派的科学探索无法找到正确的方向，甚至在某种程度上给后来的自然哲学以及科学的发展带来了很大的消极影响．但是，这些失误，并不能掩盖毕达哥拉斯在自然科学形成和发展过程中起到的积极作用．列宁告诉我们，毕达哥拉斯是"科学思维的萌芽同宗教神话之类幻想间的一种联系"．

8. 小故事

毕达哥拉斯有次应邀参加一位富有政要的餐会，这位主人豪华宫殿般的餐厅铺着正方形美丽的大理石地砖，由于大餐迟迟不上桌，这些饥肠辘辘的贵宾颇有怨言；这位善于观察和理解的数学家却凝视脚下这些排列规则、美丽的方形瓷砖，但毕达哥拉斯不只是欣赏瓷砖的美丽，而是想到它们和［数］之间的关系，于是拿了画笔并且蹲在地板上，选了一块瓷砖以它的对角线 AB 为边画一个正方形，他发现这个正方形面积恰好等于两块瓷砖的面积和．他很好奇，于是再以两块瓷砖拼成的矩形之对角线作另一个正方形，他发现这个正方形之面积等于 5 块瓷砖的面积，也就是以两股为边作正方形面积之和．至此毕达哥拉斯作了大胆的假设：任何直角三角形，其斜边的平方恰好等于另两边平方之和．那一顿饭，这位古希腊数学大师，视线都一直没有离开地面．

练习题

1. 求下列函数的定义域：

（1）$\log_2(x^2 - 3x + 2)$；（2）$\arcsin(2x^2 - 1)$；（3）$\dfrac{x-3}{\log_2(2x-5)}$.

2. 两个平面向量的坐标为 $(-1, 3)$，$(2, 5)$，试计算这两个向量的夹角．

3. 推导三维空间中两个向量的坐标内积公式．

4. 利用向量内积推导展开式 $\cos(\alpha + \beta)$.

5. 已知三角形的三边之长为 4，5，6，计算这个三角形的面积.

6. 试用两种方法计算 $\sin 15°$，$\cos 15°$，$\tan 15°$ 和 $\cot 15°$.

7. 计算

（1）$\sin \dfrac{\alpha}{2} \sum\limits_{i=1}^{i=n} \sin \dfrac{(2i-1)\alpha}{2}$；

（2）$\sin \dfrac{\alpha}{2} \sum\limits_{i=1}^{i=n} \cos \dfrac{(2i-1)\alpha}{2}$.

8. 计算 $\sin \arccos \dfrac{1}{2}$，$\tan \arccos \left(-\dfrac{1}{2}\right)$.

9. 计算 $\arcsin x + \arccos x$.

10. 试分析 $\sum\limits_{i=1}^{\infty} (-1)^{i+1} \dfrac{1}{i}$ 是否为 ∞.

11. 对于任一边长为 a，b，c，且 c 边上的高为 h 的三角形，必存在实数 u，v 和 w，使得

$$a = \frac{u^2 + v^2}{v}, \quad b = \frac{u^2 + w^2}{w}$$

$$c = \frac{u^2 - v^2}{v} + \frac{u^2 - w^2}{w}$$

$$h = 2u$$

且边 c 被高 h 分成的两部分分别为

$$\frac{u^2 - v^2}{v} \text{和} \frac{u^2 - w^2}{w}$$

12. 设 a，b，c 是三角形的三条边的长度，定义 $s = \dfrac{a+b+c}{2}$，用上一题的记号，证明：

$$s(s-a)(s-b)(s-c) = u^2 (v+w)^2 \left(\frac{u^2}{vw} - 1\right)^2$$

13. 从上题导出

$$\sqrt{s(s-a)(s-b)(s-c)} = u \left(\frac{u^2 - v^2}{v} + \frac{u^2 - w^2}{w}\right)$$

是边长为 a，b，c 的三角形面积，即海伦公式.

14. 设直角三角形的两条直角边长度为 a，b，斜边为 c. 说明：和此直角三角形相似的所有直角三角形和长度为 1 的单位圆上的正有理坐标点形成一一对应.

15. 对于 11 题中给定的三角形，如果假设三角形的三条边长度及其面积均为有理数，证明：u，v，w 也都是有理数.

第 3 章

直线和圆的方程

在本章及下一章将学习初等数学中的直线与二次曲线，这些图形在生产实际和科学研究中都有重要应用. 我们将在平面坐标系中用代数的方法对其进行研究. 这种方式可以精确地刻画直线与曲线的位置及形状，并且为讨论直线与曲线间的位置关系提供便利，例如曲线的交可以由方程组刻画. 这些思想及方法可以作为空间解析几何课程的引入.

本章先对直线与圆进行讨论.

3.1 曲线与方程

在平面坐标系中，点 P 与有序数对 (x, y) 一一对应，(x, y) 称为点 P 的坐标. 假设 $A(x_1, y_1)$，$B(x_2, y_2)$ 为坐标平面中两点，由勾股定理，易得平面中两点间的距离公式：

$$|AB| = \sqrt{(x_1 - x_2)^2 + (y_1 - y_2)^2}$$

特别地，平面中任一点 $P(x, y)$ 到原点的距离为 $\sqrt{x^2 + y^2}$.

对于平面中的线段，另一个我们关心的问题是，线段上某一定比分点的坐标. 仍假设 $A(x_1, y_1)$，$B(x_2, y_2)$ 为平面上两点，点 M 分 AB 的比为 $\lambda = AM : MB$（见图 3.1）. 假设 M 的坐标为 (x, y)，则由相似三角形的性质，有

$$\frac{|AM|}{|AB|} = \frac{|DM|}{|BC|} = \frac{|AD|}{|AC|}$$

$$= \frac{y - y_1}{y_2 - y_1} = \frac{x - x_1}{x_2 - x_1}$$

$$= \frac{\lambda}{1 + \lambda}$$

解该方程，可得分点 M 的坐标为

$$x = \frac{x_1 + \lambda x_2}{1 + \lambda}$$

$$y = \frac{y_1 + \lambda y_2}{1 + \lambda}$$

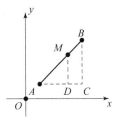

该公式称为定比分点公式. 当 $\lambda = 1$，即 M 为 AB 中点时，

易得 M 的坐标为 $\left(\dfrac{x_1 + x_2}{2}, \dfrac{y_1 + y_2}{2}\right)$. 这两个公式在求解曲线

图 3.1　定比分点
公式示意图

方程的过程中有广泛应用.

在平面解析几何中，一般把曲线看作具有某种性质或符合某种条件的点的轨迹（或集合）.

定义 3.1.1　设 C 是坐标平面中具有某种性质的点组成的曲线，$F(x, y) = 0$ 是关于 x，y 的二元方程. 若

（1）C 上的点都满足方程 $F(x, y) = 0$；

（2）满足方程 $F(x, y) = 0$ 的点都在 C 上.

则 $F(x, y) = 0$ 称为曲线 C 的直角坐标方程（或简称方程），曲线 C 称为方程 $F(x, y) = 0$ 的曲线（或称图像）.

由定义可以看到曲线与方程之间的一一对应关系，这提供了求已知曲线的方程的方法：一般取曲线上的任一点 $M(x, y)$，将点满足的性质用 x 与 y 满足的关系式表达，再将表达式化简即得到该曲线的方程. 若求方程的步骤中，将曲线的性质转化为 x 与 y 的关系及表达式的化简过程都是等价的转化与变换，最终得到的化简后的方程即为所求曲线方程. 若不是等价变换，则需要验证得到的方程是否为曲线的方程，本书暂不涉及这种情况.

例 3.1.1　假设 $A(1, 2)$，$B(3, -1)$，$P(x, y)$，$\overrightarrow{AB} \cdot \overrightarrow{AP} = 3$，求点 P 的轨迹方程.

解　由 A，B，P 的坐标，直接可得

$$\overrightarrow{AB} = (2, -3)$$

$$\overrightarrow{AP} = (x - 1, y - 2)$$

于是有

$$\overrightarrow{AB} \cdot \overrightarrow{AP} = (2, -3) \cdot (x - 1, y - 2) = 2(x - 1) - 3(y - 2) = 3$$

整理可得 P 的轨迹方程为

$$2x - 3y + 1 = 0$$

例 3.1.2 已知曲线 $x^2 + y^2 = 4$ 和点 $A(4, 0)$，从 A 向曲线引线段 AB，AB 线段上 M 分 AB 为 $AM : MB = 2$（见图 3.2）. 假设 M 坐标为 (x, y)，则由定比分点公式可以反推 B 的坐标为 $\left(\dfrac{3}{2}x - 2, \dfrac{3}{2}y\right)$，且 B 在已知曲线上，则可知 B 的坐标满足方程

$$\left(\frac{3}{2}x - 2\right)^2 + \left(\frac{3}{2}y\right)^2 = 4$$

即

$$\left(x - \frac{4}{3}\right)^2 + y^2 = \frac{16}{9} \tag{3.1}$$

由于确定线段某一端点后，定比分点与另一端点的关系也是确定的，且根据曲线方程的定义，由 B 满足的条件转化为 x 与 y 的关系表达式这一步也是等价的，故式（3.1）为 M 的轨迹方程.

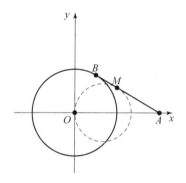

图 3.2 M 分 AB 为 $AM : MB = 2$

研究多条曲线时，一个关心的问题是曲线的交的情况. 有了曲线方程后，根据定义，曲线的交点应同时满足多条曲线的方程. 具体来说，假设曲线 C_1 的方程为 $F(x, y) = 0$，曲线 C_2 的方程为 $G(x, y) = 0$，则 C_1 与 C_2 交点的情况及坐标由方程组

$$\begin{cases} F(x, y) = 0 \\ G(x, y) = 0 \end{cases}$$

确定. 方程组解的个数即为 C_1 与 C_2 交点的个数，方程组的解为交点的坐标；若方程组无解，则对应 C_1 与 C_2 没有交点. 这样，曲线交点的问题被转化为方程组解的问题. 多条曲线相交同理.

3.2 直线

我们先研究最简单的曲线——直线. 直线可以看作从一定点出发，纵坐标变化与

横坐标变化比值固定的点的轨迹.

如图 3.3 所示，一般定义直线在 x 轴上方的部分与 x 轴正方向的夹角为直线的倾斜角. 由于夹角每增加或减少 360°仍为夹角，故我们约定任何直线的倾斜角 α 满足 $0° \leqslant \alpha < 180°$. 特别地，当直线与 x 轴平行或重合时，直线的倾斜角为 0°.

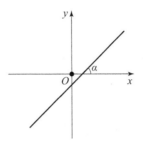

图 3.3　直线的倾斜角

相应地，一条直线的倾斜角的正切称为这条直线的斜率. 当直线的倾斜角为 90°时，称直线的斜率不存在. 从定义容易得到，经过 $A(x_1,y_1)$ 与 $B(x_2,y_2)$ 两点的直线的斜率为

$$k_{AB} = \frac{y_1 - y_2}{x_1 - x_2}(x_1 \neq x_2)$$

根据这个公式，即可得到过定点 (x_0,y_0)，斜率为 k 的直线的方程为

$$y - y_0 = k(x - x_0)$$

直线的这种形式的方程称为直线的点斜式方程. 从方程可以看到，斜率与一个定点可以确定一条直线，这在后面求直线方程时经常用到. 特别地，当 $k = 0$，即直线与 x 轴平行或重合时，直线方程为 $y - y_0 = 0$. 这代表了所有纵坐标为 y_0 的点的集合. 该形式不能描述倾斜角为 90°（即与 y 轴平行）的直线的方程. 但由直线方程的定义可以得到平行于 y 轴的直线的方程为 $x = x_0$，其中 x_0 代表直线上点的横坐标.

观察图 3.3，可以看到直线与 x 轴与 y 轴分别有一个交点. 称直线与 y 轴的交点的纵坐标为直线的纵截距，与 x 轴的交点的横坐标为直线的横截距. 基于此，可以得到斜率为 k、纵截距为 b 的直线的方程为

$$y = kx + b$$

这种形式称为直线的斜截式方程. 同样，这种形式也无法描述直线与 y 轴平行的情况.

依赖于截距，我们可以给出横截距为 a、纵截距为 b 的直线的方程为

$$\frac{x}{a} + \frac{y}{b} = 1 \quad (a \neq 0, \ b \neq 0)$$

这种形式称为直线的截距式方程. 截距式方程无法描述 $a=0$ 或 $b=0$ 及截距不存在的情况. 当 $a=0$ 或 $b=0$ 时, 直线经过原点, 从点斜式方程可以看到, 经过原点的直线的方程没有常数项, 这是有常数项的截距式方程无法描述的情况. 当截距不存在时, 直线与坐标轴平行, 方程为一元一次方程, 而截距式方程并不能刻画这一情况. 从方程可以看到, 纵截距与横截距也可以确定一条直线.

另外, 过两点可以确定一条直线, 于是直线方程也可以由两个定点坐标进行表示. 经过已知不同两点 (x_1, y_1) 与 (y_1, y_2) 的直线的方程为

$$\frac{y-y_1}{y_2-y_1}=\frac{x-x_1}{x_2-x_1} \tag{3.2}$$

这种形式称为直线的两点式方程. 使用公式时, 限制 $x_1 \neq x_2$ 及 $y_1 \neq y_2$. 不过在式 (3.2) 中, 若一个分母为 0, 此时约定式 (3.2) 仅作为记号: 当 $x_1=x_2$ 时表示 $x=x_1$, 当 $y_1=y_2$ 时表示 $y=y_1$. 在此约定下, 式 (3.2) 即具有一般意义, 不受两点关系的限制.

以上所有形式的方程都可化为关于 x 与 y 的一次方程

$$Ax+By+C=0$$

其中, x 与 y 不同时为 0. 此形式称为直线的一般式方程, 可以描述平面上的任何直线. 由于其形式简单, 且不受限制, 因此在空间解析几何中, 也一般用一次方程的形式描述空间中的任意平面.

本书主要使用斜截式与一般式方程对直线进行刻画, 求直线方程时常用点斜式列出方程, 再化简为斜截式. 每种形式有自己的特点, 在后面的章节读者可以体会到.

例 3.2.1 证明: 不同的三条直线

$$\begin{cases} x\sin 3\alpha + y\sin \alpha = a \\ x\sin 3\beta + y\sin \beta = a \quad (a \neq 0) \\ x\sin 3\gamma + y\sin \gamma = a \end{cases}$$

有公共点的条件是

$$\sin \alpha + \sin \beta + \sin \gamma = 0$$

证 若三条直线有公共点, 假设为 (h, k), 则 α, β, γ 满足

$$h\sin 3\theta + k\sin \theta = a$$

即

$$h(3\sin \theta - 4\sin^3 \theta) + k\sin \theta = a$$

整理得

$$-4h\sin^3 \theta + (k+3h)\sin \theta - a = 0$$

上式是关于 $\sin\theta$ 的三次方程，且三根为 $\sin\alpha$，$\sin\beta$，$\sin\gamma$. 由于三次方程没有二次项，根据韦达定理，有

$$\sin\alpha + \sin\beta + \sin\gamma = 0$$

例题得证. 若将题目中正弦改为余弦，同样可证得

$$\cos\alpha + \cos\beta + \cos\gamma = 0$$

对于给定点及直线，我们可以计算该点到直线的距离.

定理 3.2.1　点 $P(x_0,\ y_0)$ 到直线 $Ax + By + C = 0$ 的距离为

$$h = \frac{|Ax_0 + By_0 + C|}{\sqrt{A^2 + B^2}} \tag{3.3}$$

证　先考虑 A，B 均不为 0 的情况. 为了证明这个定理，我们从 P 引到 l 的垂线，记交点为 Q，过 P 作平行于 x 轴的直线，交 l 于 M，过 P 作平行于 y 轴的直线，交 l 于 N（见图 3.4），则 $|PQ|$ 即为所求.

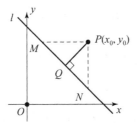

图 3.4　点到直线的距离

我们可以通过 $\triangle PMN$ 的两种面积计算方式，得到 $|PQ|$ 的值. 根据 M，N 的构造，有

$$M\left(\frac{-By_0 - C}{A}, y_0\right)$$

$$N\left(x_0, \frac{-Ax_0 - C}{B}\right)$$

则

$$|MN| = \sqrt{\left(\frac{Ax_0 + By_0 + C}{A}\right)^2 + \left(\frac{Ax_0 + By_0 + C}{B}\right)^2}$$

$$= \frac{|Ax_0 + By_0 + C|}{|AB|}\sqrt{A^2 + B^2}$$

$$S_{\triangle PMN} = \frac{1}{2}|PM||PN| = \frac{1}{2}\left|\frac{Ax_0 + By_0 + C}{A}\right|\left|\frac{Ax_0 + By_0 + C}{B}\right|$$

$$= \frac{1}{2}|MN||PQ|$$

化简即可得到式 (3.3). 可以验证,当 $A = 0$ 或 $B = 0$ 时,式 (3.3) 也成立. 这就证明了定理 3.2.1. 特别地,当直线方程为 $y = kx + b$,点 (x_0, y_0) 到该直线的距离为 $\dfrac{\mid y_0 - kx_0 - b \mid}{\sqrt{1 + k^2}}$.

我们也可以对平面上两条直线的关系进行讨论. 根据交的情况分类,平面上两条直线有三种位置关系:平行、重合、相交. 假设有直线 $l_1 : A_1 x + B_1 y + C_1 = 0$ 与直线 $l_2 : A_2 x + B_2 y + C_2 = 0$,不难证明以下结论:

(1) l_1 与 l_2 重合当且仅当 $\dfrac{A_1}{A_2} = \dfrac{B_1}{B_2} = \dfrac{C_1}{C_2}$;

(2) l_1 与 l_2 平行当且仅当 $\dfrac{A_1}{A_2} = \dfrac{B_1}{B_2} \neq \dfrac{C_1}{C_2}$;

(3) l_1 与 l_2 相交当且仅当 $\dfrac{A_1}{A_2} \neq \dfrac{B_1}{B_2}$.

我们约定,当 $A_1 = 0$,$A_2 \neq 0$,$B_1 \neq 0$,$B_2 \neq 0$ 时,$\dfrac{A_1}{A_2} \neq \dfrac{B_1}{B_2}$;当 $A_1 = 0$,$A_2 = 0$,$B_1 \neq 0$,$B_2 \neq 0$ 时,$\dfrac{A_1}{A_2} = \dfrac{B_1}{B_2}$. 其他情况类似. 考虑直线平行于 x 轴或 y 轴以及直线通过原点的情况,可以发现这种约定是很自然的.

例 3.2.2 设三个互不相等的锐角 α,β,γ 满足 $2\beta = \alpha + \gamma$,求证:直线

$$x\tan\beta + y(\sin\alpha + \sin\gamma) + \frac{1}{2}(\alpha + \gamma) = 0$$

和直线

$$x\tan(\beta - \gamma) + y(\sin\alpha - \sin\gamma) + \frac{1}{2}(\alpha - \gamma) = 0$$

平行.

证 由题意,有

$$\beta = \frac{1}{2}(\alpha + \gamma)$$

从而

$$\beta - \gamma = \frac{1}{2}(\alpha - \gamma)$$

于是

$$\frac{\tan\beta}{\tan(\beta - \gamma)} = \frac{\tan\dfrac{1}{2}(\alpha + \gamma)}{\tan\dfrac{1}{2}(\alpha - \gamma)}$$

$$= \frac{\sin \frac{1}{2}(\alpha + \gamma) \cdot \cos \frac{1}{2}(\alpha - \gamma)}{\cos \frac{1}{2}(\alpha + \gamma) \cdot \sin \frac{1}{2}(\alpha - \gamma)}$$

$$= \frac{\sin \alpha + \sin \gamma}{\sin \alpha - \sin \gamma}$$

而

$$\frac{\tan \beta}{\tan(\beta - \gamma)} = \frac{\tan \frac{1}{2}(\alpha + \gamma)}{\tan \frac{1}{2}(\alpha - \gamma)} \neq \frac{\alpha + \gamma}{\alpha - \gamma}$$

所以两已知直线平行，证毕.

当两直线相交时，我们称两直线所夹较小的一角为两直线的夹角，如图 3.5 所示，则夹角 θ 满足 $0° \leqslant \theta \leqslant 90°$. 假设两直线斜率存在，分别为 k_1，k_2. 根据三角函数公式，易得夹角的余弦为

$$\tan \theta = \left| \tan(\alpha_1 - \alpha_2) \right|$$

$$= \left| \frac{\tan \alpha_1 - \tan \alpha_2}{1 + \tan \alpha_1 \tan \alpha_2} \right|$$

$$= \left| \frac{k_1 - k_2}{1 + k_1 k_2} \right| \tag{3.4}$$

其中 $k_1 k_2 \neq -1$. 若两直线互相垂直且斜率存在，由斜率的定义，可以直接得到

$$k_1 k_2 = -1 \tag{3.5}$$

对应式（3.4）不适用的情形.

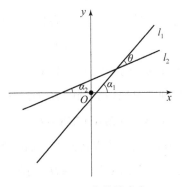

图 3.5　两直线的夹角

例 3.2.3　给定点 $O(0,0)$ 和 $B(4,0)$，分别过这两点作直线 l_1，l_2，使得两条直线互相垂直，交点记为 P，求 P 的轨迹方程.

解　先考虑两直线斜率均存在的情况，不妨假设 l_1 的斜率为 k，则由式（3.5）可

得 l_2 的斜率为 $-\dfrac{1}{k}$. 假设 $P(x, y)$, 则 x, y 满足

$$\begin{cases} y = kx \\ y = -\dfrac{1}{k}(x-4) \end{cases}$$

化简该方程, 可得

$$\begin{cases} k = \dfrac{y}{x} \\ k = -\dfrac{x-4}{y} \end{cases}$$

将两个等式右端划等, 再化简, 可以得到方程

$$x^2 + y^2 - 4x = 0 \tag{3.6}$$

观察 l_1 与 l_2 中一条直线斜率不存在的情况, 可以验证交点均在方程 (3.6) 上. 我们断言 P 的轨迹为方程 (3.6).

在下一节可以看到方程 (3.6) 是圆心在 $(2, 0)$、半径为 2 的圆的方程. 事实上, 对任意两个定点, 点 P 的轨迹都是圆, 感兴趣的读者可以自行验证. 我们已经知道从圆上任一点向圆的直径与圆交的两点引两条直线, 这两条直线相互垂直. 现在我们证明了这是充分必要的.

3.3　圆

圆可以看作到一定点距离恒定的点的轨迹. 这一定点称作圆心, 圆上任意一点到圆心的距离称为半径. 根据定义, 即可以给出圆心为 (a, b)、半径为 r 的圆的方程为

$$(x-a)^2 + (y-b)^2 = r^2 \tag{3.7}$$

特别地, 圆心在原点、半径为 r 的圆的方程为 $x^2 + y^2 = r^2$. 形如方程 (3.7) 的方程称为圆的标准方程. 通过整理, 可以得到圆的方程的一般形式:

$$x^2 + y^2 + 2Dx + 2Ey + F = 0 \tag{3.8}$$

这种形式称为圆的一般方程. 通过配方, 可以将方程 (3.8) 转化为方程 (3.7) 的形式:

$$(x+D)^2 + (y+E)^2 = D^2 + E^2 - F \tag{3.9}$$

当 $D^2 + E^2 - F > 0$ 时, 方程 (3.9) 表示圆心为 $(-D, -E)$、半径为 $\sqrt{D^2 + E^2 - F}$ 的圆. 两种形式的转换需要熟练掌握.

平面上任一点与圆的位置关系有三种: 点在圆内、点在圆上、点在圆外, 这种关系可以由点到圆心的距离与半径的大小关系得到. 假设圆的方程为 $(x-a)^2 + (y-b)^2 = r^2$,

点 P 的坐标为 (x_0, y_0)，则有以下结论：

(1) 点在圆内等价于 $(x_0 - a)^2 + (y_0 - b)^2 < r^2$；

(2) 点在圆上等价于 $(x_0 - a)^2 + (y_0 - b)^2 = r^2$；

(3) 点在圆外等价于 $(x_0 - a)^2 + (y_0 - b)^2 > r^2$.

若将圆的方程转化为一般式方程，也有类似的结论. 一般地，对于任意曲线方程 $F(x, y) = 0$，曲线与平面上任一点 (x_0, y_0) 的位置关系可以由 $F(x_0, y_0)$ 与 0 的大小关系判断. 例如对于直线 $x - y + 1 = 0$，不难发现 (x_0, y_0) 在直线下方当且仅当 $x_0 - y_0 + 1 > 0$. 这样的结论应用广泛，比如在线性规划中求可行域. 读者可以针对具体情况进行分析.

平面上的直线与圆的位置也有三种：相交、相切、相离. 这种位置关系是直接由直线与圆的相交点个数确定的，因此我们可以直接通过求解方程组确定直线与圆的交点个数，从而确定两者的位置关系.

假设直线方程为 $Ax + By + C = 0$（A，B 不同时为 0），圆的方程为 $x^2 + y^2 + 2Dx + 2Ey + F = 0$，则两者交点应满足以下方程组：

$$\begin{cases} Ax + By + C = 0 \\ x^2 + y^2 + 2Dx + 2Ey + F = 0 \end{cases}$$

消去 y，稍加整理可得关于 x 的一元二次方程：

$$(A^2 + B^2)x^2 + 2(AC + B^2D - ABE)x + C^2 - 2BCE + B^2F = 0$$

于是，可以通过一元二次方程根的判别式判断根的存在情况及个数. 通过整理，计算判别式为

$$\Delta = 4B^2(A^2E^2 + B^2D - B^2F - A^2F - 2ABDE + 2ACD + 2BCE - C^2)$$

直线与圆的位置关系可以由判别式确定：直线与圆相交等价于 $\Delta > 0$；直线与圆相切等价于 $\Delta = 0$；直线与圆相离等价于 $\Delta < 0$.

另外，我们也可以通过圆心到直线的距离与半径的关系判断直线和圆的位置关系. 对上述直线与圆的方程，可得圆心到直线的距离 h 与半径 r 为

$$h = \frac{|-AD - BE + C|}{\sqrt{A^2 + B^2}}$$

$$r = \sqrt{D^2 + E^2 - F}$$

记 $\delta = h^2 - r^2$，则直线与圆相交等价于 $\delta < 0$；直线与圆相切等价于 $\delta = 0$；直线与圆相离等价于 $\delta > 0$. 通过整理可得与判别式方法所得相同结论.

根据交的情况，平面上圆与圆的位置关系也有三种：相交、相切、相离. 圆与圆

的位置关系可以通过联立方程组、消元、计算根的判别式进行判断，也可以根据两圆心之间的距离与两圆半径和的关系进行判断，做法与直线与圆的位置关系的判断类似，这里不再赘述．读者可以根据便利选择使用的方法．

一般地，点与图形、图形与图形的位置关系总可以通过联立方程组解的情况进行判断．若图形有一些额外的好的性质，也可以利用性质进行判断，这往往更加便利．

例 3.3.1 通过坐标原点作圆 $(x-8)^2 + y^2 = 64$ 上所有可能的弦，求弦中点的轨迹方程．

解 要求解弦中点的轨迹方程，我们可以假设中点的坐标为 (x, y)，再利用条件推导出 x，y 应该满足的关系；也可以利用已知条件得到弦中点的横、纵坐标，再推导得到弦中点横、纵坐标应该满足的关系．针对两种思路，我们分别提供一种解法．

方法一 假设弦中点的坐标为 (x, y)，易验证原点在圆上，由中点公式可得直线与圆的另一交点坐标为

$$(2x, 2y)$$

由该点在圆上可得

$$(2x-8)^2 + (2y)^2 = 64$$

化简即得弦中点的轨迹方程为

$$(x-4)^2 + y^2 = 16$$

方法二 易知该圆是圆心在 $(8, 0)$，半径为 8 的圆，则过原点与圆有交点的直线斜率总是存在，假设直线的方程为

$$y = kx$$

则直线与圆的交点由以下方程组确定：

$$\begin{cases} (x-8)^2 + y^2 = 64 \\ y = kx \end{cases}$$

消去 y，化简得到

$$(1+k^2)x^2 - 16x = 0$$

假设方程的两个根为 x_1，x_2，根据韦达定理，有

$$x_1 + x_2 = \frac{16}{1+k^2}$$

则弦中点的坐标 (x, y) 满足

$$x = \frac{x_1 + x_2}{2} = \frac{8}{1+k^2}$$

$$y = kx = \frac{8k}{1+k^2}$$

根据关于 k 的等式关系，有

$$\left(\frac{y}{8}\right)^2 - \frac{x}{8} + \left(\frac{x}{8}\right)^2 = 0$$

化简得到弦中点的轨迹方程为

$$(x-4)^2 + y^2 = 0$$

注记 3.3.1　（1）在求解点的轨迹方程时，可以直接设该点为 (x, y)，再利用已知条件寻找 x，y 的关系，或者由已知条件推导出所求点的参数坐标，再利用参数满足的关系获得点的横、纵坐标满足的关系，这两种方法在求解轨迹方程时都经常用到；

（2）在求解弦中点相关问题时，可以假设交点为 (x_1, y_1)，(x_2, y_2)，联立方程组、消元得到关于 x 或 y 的二次方程，再利用韦达定理得到 $x_1 + x_2$ 的值，从而得到中点的一个坐标，另一个坐标可由中点在直线上确定。另外，由韦达定理可以得到 $x_1 x_2$ 的值，则可用于求 $(x_1 - x_2)^2 = (x_1 + x_2)^2 - 4x_1 x_2$ 的值，该值可用于求两点间的距离。这种方法一般称为设而不求，在求解二次曲线相关问题时经常用到。

在直线与圆的位置关系中，相切是性质很好的一种关系。从几何角度看，切点所在的半径与切线互相垂直。从确定切线方程的角度来看，一般确定一条直线，我们需要点、斜率、截距中两个条件（两个点也算作两个条件）。而给定圆外一个定点，可以向圆引两条切线并确定方程；或者给定斜率，可以求出斜率与给定斜率相同的两条切线；当给定圆上一点，我们可以唯一地给出经过该点的切线。事实上，"切线"这一条件提供了直线的参数满足的等式关系，这便是隐藏的第二条件。本书列出一些与切线相关形式漂亮的定理，并举一些例子，证明及计算过程中使用的方法，读者可以多加体会。

定理 3.3.1　假设圆的方程为 $x^2 + y^2 + 2Dx + 2Ey + F = 0$，点 $P(x_0, y_0)$ 在该圆上，则经过该点的切线方程为

$$x_0 x + y_0 y + D(x_0 + x) + E(y_0 + y) + F = 0 \tag{3.10}$$

证　要证明该定理，可以假设直线方程，通过直线与圆相切的条件找到直线参数间的关系，再代入直线通过 (x_0, y_0) 这一条件，即可以求得切线方程，感兴趣的读者可以自行尝试。这里我们介绍另一种证明方式。

已知过圆上一点的切线与该点所在的半径垂直，则可以计算该半径的斜率从而确定切线的斜率，最后用点斜式得到直线的方程。我们先假设该半径的斜率存在且不为 0，则该半径的斜率为

$$\frac{y_0 + E}{x_0 + D}$$

根据直线垂直时两斜率的关系，可得切线的斜率为

$$-\frac{x_0 + D}{y_0 + E}$$

代入方程的点斜式形式，得直线方程

$$y - y_0 = -\frac{x_0 + D}{y_0 + E}(x - x_0)$$

经过化简整理可得方程（3.10）.

当半径平行于 y 轴时，过圆上该点的切线平行于 x 轴，方程为 $y = y_0$；另外，此时有 $x_0 = -D$，且 $x_0^2 + y_0^2 + 2Dx_0 + 2Ey_0 + F = 0$，则方程（3.10）可化简为

$$(y_0 + E)(y - y_0) = 0 \tag{3.11}$$

注意到此时 $y_0 + E$ 是点 (x_0, y_0) 到圆心的距离，即半径，而我们约定圆的半径大于 0，于是方程（3.11）等价于方程 $y = y_0$. 同理，可以验证 (x_0, y_0) 与圆心的连线与 x 轴平行时方程（3.11）也成立，该证明留给读者. 这就证明了定理 3.3.1.

方程（3.10）可由将 x^2 替换为 $x_0 x$，y^2 替换为 $y_0 y$，x 替换为 $\frac{1}{2}(x + x_0)$，y 替换为 $\frac{1}{2}(y + y_0)$ 得到，这称为替换法则，在习题中面对一般式方程可以直接使用该法则.

对于已知圆外一点或斜率的情况，我们用一个例子来展示已知斜率求切线方程的两种方法，已知圆外一点的情况留作习题.

例 3.3.2 假设圆的方程为 $x^2 + y^2 = 4$，切线斜率为 1，求切线的方程.

解 方法一 假设切线方程为 $y = x + b$，则切点应满足方程组

$$\begin{cases} y = x + b \\ x^2 + y^2 = 4 \end{cases}$$

消去 y，化简得到关于 x 的二次方程

$$2x^2 + 2bx + b^2 - 4 = 0$$

此方程应有两个相同的根，故有判别式

$$\Delta = 4b^2 - 8(b^2 - 4) = 0$$

解得 $b = \pm 2\sqrt{2}$，于是斜率为 1 的两条切线方程为

$$y = x \pm 2\sqrt{2}$$

方法二 假设切点为 (x_0, y_0)，利用定理 3.3.1，得切线方程为

$$x_0 x + y_0 y = 4$$

则该切线的斜率为 $-\dfrac{x_0}{y_0}$，由题意有

$$-\frac{x_0}{y_0} = 1 \qquad\qquad (3.12)$$

又 (x_0, y_0) 在圆上，有

$$x_0^2 + y_0^2 = 4 \qquad\qquad (3.13)$$

解方程 (3.12) 和方程 (3.13) 可得两个解 $(-\sqrt{2}, \sqrt{2})$ 和 $(\sqrt{2}, -\sqrt{2})$，进一步可得切线的点斜式方程为

$$y \mp \sqrt{2} = x \pm \sqrt{2}$$

整理可得切线方程为

$$y = x \pm 2\sqrt{2}$$

我们提供了两种常规的解法，事实上求解的方法有很多，也可以灵活应用图形的性质. 例如在本题中，可以通过切线斜率得到切点与圆心（原点）连线的斜率，进而确定倾斜角以及连线与 y 轴的夹角，此时切点、切线、原点构成一个直角三角形，并且知道一边长度为半径长，以及一角的角度（或三角函数值），则可以直接得到切线的截距，从而得到切线的方程. 读者可以自己尝试新的解法.

下面计算从已知点到已知圆引的切线的长.

定理 3.3.2　假设圆的方程为 $x^2 + y^2 + 2Dx + 2Ey + F = 0$，从圆外一点 $P(x_0, y_0)$ 引到该圆的切线长为

$$\sqrt{x_0^2 + y_0^2 + 2Dx_0 + 2Ey_0 + F}$$

证　假设切点为 Q，圆心为 O，易知 O 的坐标为 $(-D, -E)$，且 P, Q, O 构成直角三角形，其中

$$|OP| = \sqrt{(x_0 + D)^2 + (y_0 + E)^2}$$

$$|OQ| = \sqrt{D^2 + E^2 - F}$$

由勾股定理，可得

$$|PQ| = \sqrt{x_0^2 + y_0^2 + 2Dx_0 + 2Ey_0 + F}$$

例 3.3.3　已知直线 $x + 6y - 10 = 0$ 是圆 $x^2 + y^2 - 6x + 10y - 3 = 0$ 的切线，求切点坐标.

解　方法一　解方程组

$$\begin{cases} x + 6y - 10 = 0 \\ x^2 + y^2 - 6x + 10y - 3 = 0 \end{cases}$$

可得切点坐标为 $(4, 1)$.

方法二　设切点为(x_0, y_0)，则圆在该点的切线方程为

$$x_0x + y_0y - 3(x_0 + x) + 5(y_0 + y) - 3 = 0$$

即

$$(x_0 - 3)x + (y_0 + 5)y - 3x_0 + 5y_0 - 3 = 0$$

该直线与$x + 6y - 10 = 0$是同一条直线，于是有

$$\frac{x_0 - 3}{1} = \frac{y_0 + 5}{6} = \frac{-3x_0 + 5y_0 - 3}{-10}$$

解得切点的坐标为（4，1）.

我们介绍切点弦与极线的概念与方程，其内容不必掌握，但其使用的求曲线方程的方法读者应当了解.

定义 3.3.1　从圆外一点 P 引到圆的两条切线，切点为 Q，R，称通过 Q，R 的直线 QR 为点 P 关于圆的切点弦.

假设圆的方程为 $x^2 + y^2 + 2Dx + 2Ey + F = 0$，$P$ 的坐标为(x_0, y_0)，Q 的坐标为(x_1, y_1)，R 的坐标为(x_2, y_2)（见图3.6）. 由定理3.3.1得经过 Q，R 的切线方程分别为

$$x_1x + y_1y + D(x_1 + x) + E(y_1 + y) + F = 0 \tag{3.14}$$

$$x_2x + y_2y + D(x_2 + x) + E(y_2 + y) + F = 0 \tag{3.15}$$

由点 P 在这两条直线上可得(x_0, y_0)满足方程（3.14）和方程（3.15），即

$$x_1x_0 + y_1y_0 + D(x_1 + x_0) + E(y_1 + y_0) + F = 0 \tag{3.16}$$

$$x_2x_0 + y_2y_0 + D(x_2 + x_0) + E(y_2 + y_0) + F = 0 \tag{3.17}$$

已知 QR 为一直线，Q，R 均在该直线上且有 Q，R 满足方程（3.16）和方程（3.17），于是可以推断 QR 的方程为

$$x_0x + y_0y + D(x + x_0) + E(y + y_0) + F = 0$$

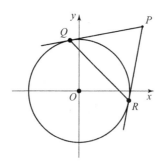

图3.6　点 P 关于圆的切点弦

定理 3.3.3　假设圆的方程为 $x^2 + y^2 + 2Dx + 2Ey + F = 0$，圆外一点 P 的坐标为(x_0, y_0)，则 P 关于这个圆的切点弦方程为

$$x_0 x + y_0 y + D(x + x_0) + E(y + y_0) + F = 0$$

定义 3.3.2　通过平面上一点 P，作圆的割线，交圆于两点，过这两点分别作圆的切线，记两切线的交点为 T，称 T 的轨迹为点 P 关于这个圆的极线.

假设圆的方程为 $x^2 + y^2 + 2Dx + 2Ey + F = 0$，点 P 的坐标为 $(x_0,\ y_0)$，通过 P 的割线交圆于 Q，R，过 Q，R 分别作圆的切线，交于 T，则 QR 为 T 关于这个圆的切点弦. 假设 T 的坐标为 $(X,\ Y)$，由定理 3.3.3 可得 QR 的方程为

$$xX + yY + D(x + X) + E(y + Y) + F = 0$$

又由 P 在 QR 上有

$$x_0 X + y_0 Y + D(x_0 + X) + E(y_0 + Y) + F = 0$$

T 是极线上任一点，于是有以下定理：

定理 3.3.4　假设圆的方程为 $x^2 + y^2 + 2Dx + 2Ey + F = 0$，点 P 的坐标为 $(x_0,\ y_0)$，则点 P 关于这个圆的极线的方程为

$$x_0 x + y_0 y + D(x_0 + x) + E(y_0 + y) + F = 0$$

注意到极线方程与圆外一点的切点弦方程、过圆上一点的切线方程形式相同，可知：当 P 在圆外，点 P 关于这个圆的极线为点 P 关于这个圆的切点弦；当 P 在圆上，点 P 关于这个圆的极线为过点 P 的切线；当点 P 在圆内，点 P 关于这个圆的极线为一条与圆相离的直线.

圆的极线有很好的性质，感兴趣的读者可以参考平面解析几何的相关书籍进一步学习.

练习题

1. 已知点 $M_1(2,\ -2)$，$M_2(2,\ 2)$，$M_3(1,\ 4)$，$M_4(-3,\ 3)$，$M_5(0,\ 7)$，判定哪些点在由方程 $x + y = 0$ 确定的曲线上，哪些点不在该曲线上.

2. 下列直线是否通过原点？

（1）$x - y + 1 = 0$；

（2）$x^2 + 4y^2 - 2x - y = 0$；

（3）$x \sin x - \cos y = 0$；

（4）$x^2 + 2xy + y^2 - 1 = 0$.

3. 判断下列各三点是否共线：

（1）$(2,\ 4)$，$(1,\ 3)$，$(-5,\ -3)$；

（2）$(1,\ 3)$，$(3,\ 7)$，$(-2,\ -3)$.

4. 求下列曲线与 x 轴，y 轴的交点：

（1）$x^2 + y^2 = 4$；

（2）$16x^2 + 9y^2 = 1$；

（3）$2x^2 + 3y^2 + 2y - 1 = 0$；

（4）$x^2 - y^2 = 4$.

5. a，b 取何值，直线

$$ax - 2y + 1 = 0 \quad 与 \quad 6x - 3y - b = 0$$

（1）相交于一点；（2）平行；（3）重合.

6. 已知直线 $y = kx + 13$ 和圆 $x^2 + y^2 = 25$，当 k 取什么值时，两条曲线：

（1）有两个不同的交点？

（2）有且仅有一个交点？

（3）没有交点？

7. 设 C 以定比 λ 分 AB，若已知：

（1）$A(0，0)$，$B(3，5)$，$\lambda = 1$，求点 C；

（2）$B(-4，3)$，$C(2，1)$，$\lambda = -2$，求点 A.

8. 计算直线 $y = 3x$ 和 $5x + y + 6 = 0$ 之间的夹角.

9. 已知三角形三个顶点为 $A(x_1，y_1)$，$B(x_2，y_2)$，$C(x_3，y_3)$，证明：该三角形的三条中线相交于一点，即三角形的重心，并写出该点的坐标.

10. 已知两点 $P(1，2)$，$Q(4，3)$，求通过点 Q 且垂直于 PQ 的直线方程.

11. 已知三角形 ABC 的边 AB，BC，AC 的方程分别为

$$x + y + 1 = 0，\quad x - 2y - 5 = 0，\quad y = 3$$

求三个顶点坐标.

12. 已知三角形三条边上中点为 $(0，2)$，$(1，0)$，$(-1，-2)$，求三角形各边的方程.

13. 在直线 $x + y - 1 = 0$ 上求一点 P，使其到点 $A(1，2)$，$B(3，4)$ 的距离之和最短.

14. 已知 $A(-2，0)$，$B(1，0)$，P 为平面上一点，满足 $\dfrac{|PA|}{|PB|} = 2$，求 P 的轨迹方程.

15. 已知圆的方程为 $x^2 + y^2 - 10x + 9 = 0$，当 k 为何值，直线 $y = kx$ 与已知圆：

（1）相切；（2）相交；（3）相离.

16. 写出半径为 $\sqrt{5}$，与直线 $x - 2y - 1 = 0$ 切于点 $(3，1)$ 的圆的方程.

17. 写出与三条直线 $3x + 4y - 35 = 0$，$3x - 4y - 35 = 0$，$x = 1$ 相切的圆的方程.

18. 已知圆 $x^2 + y^2 = 25$：

（1）求过点（3，4）的圆的切线；

（2）求过点（0，8）的圆的切线；

（3）求斜率为 $\dfrac{1}{2}$ 的圆的切线.

19. 从圆 $x^2 + y^2 = 9$ 外一点 $M(4，2)$ 引这个圆的两条切线，求这两条切线的夹角.

20. 从 $P(2，-3)$ 向圆 $(x-1)^2 + (y-4)^2 = 9$ 引两条切线，求切点弦的方程.

21. 从点 $A(-2，-3)$ 向圆 $x^2 + y^2 - 4y - 4 = 0$ 引一条切线，计算切线长.

22. 已知动点 P 到定点（4，0）的距离与到直线 $x = \dfrac{25}{4}$ 的距离之比为 $\dfrac{4}{5}$，求点 P 的轨迹方程.

23. 已知动点 P 到定点（3，0）的距离与到直线 $y = x$ 的距离之比为 $\dfrac{3}{5}$，求点 P 的轨迹方程.

24. 导出到两已知圆 $(x-4)^2 + y^2 = 16$ 与 $(x+4)^2 + y^2 = 1$ 最短距离相等的动点的轨迹方程.

25. 导出到圆 $(x+5)^+ y^2 = 9$ 的最近距离与到已知直线 $x = 2$ 的距离相等的动点的轨迹方程.

26. 导出到两已知点 $F_1(-c，0)$ 与 $F_2(c，0)$ 的距离之积为定值 a^2 的动点的轨迹方程.

27. 导出到两已知点 $F_1(-c，0)$ 与 $F_2(c，0)$ 的距离之比为常量 k 的动点的轨迹方程.

28. 求证：两点 $M_1(x_1，y_1)$ 和 $M_2(x_2，y_2)$ 关于直线 l_1：$Ax + By + C = 0$ 对称的条件为：

（1）$Ax_1 + By_1 + C = -(Ax_2 + By_2 + C)$；

（2）$B(y_1 - y_2) = A(x_1 - x_2)$.

29. 建立合适坐标系，证明三角形中线性质（见第 1 章练习题第 42 题）.

第 4 章

二次曲线

本章将复习初等数学中介绍的三类二次曲线，二次曲线是简单一次曲线也就是直线的推广，它们的性质比直线要复杂得多．所复习的三类二次曲线分别是椭圆、双曲线和抛物线．这些二次曲线都以点的轨迹来描述．在现实生活中，应用广泛．

4.1 椭圆

椭圆之所以重要，是因为天体运行的轨道都可以归结为这样的曲线．一些生活中的物体的截面也是椭圆形状，比如：橄榄球．人们熟悉的圆也可看成椭圆的特例．椭圆虽然有不同的定义方式，但常用的定义是以点的轨迹来描述的．

定义 4.1.1 到平面上两个定点的距离之和为常数的点构成的轨迹，称为椭圆．这两个定点称为椭圆的焦点．

以下我们常规地建立平面坐标系以确定椭圆的方程．以 F_1，F_2 表示两个焦点，以这两个焦点的中点作为原点，以两个焦点的连线作为 x 轴，则两个焦点的坐标可以记为 $F_1 = (-c, 0)$，$F_2 = (c, 0)$．假设动点为 $P(x, y)$．设动点 P 到两个焦点的距离之和为 $2a$（见图 4.1）．

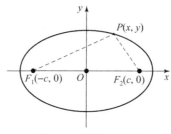

图 4.1 椭圆示意图

我们要求 $2a > 2c$，即 $a > c$．于是，根据定义有

$$|PF_1| + |PF_2| = 2a$$

此式在坐标系下可写成等式

$$\sqrt{[x - (-c)]^2 + (y - 0)^2} + \sqrt{(x - c)^2 + (y - 0)^2} = 2a$$

即

$$\sqrt{(x + c)^2 + y^2} + \sqrt{(x - c)^2 + y^2} = 2a$$

上式两边平方即得

$$(x + c)^2 + y^2 + (x - c)^2 + y^2 +$$
$$2\sqrt{[(x + c)^2 + y^2][(x - c)^2 + y^2]} = 4a^2$$

于是

$$2x^2 + 2y^2 + 2c^2 + 2\sqrt{[(x + c)^2 + y^2][(x - c)^2 + y^2]} = 4a^2$$

即

$$\sqrt{[(x + c)^2 + y^2][(x - c)^2 + y^2]} = 2a^2 - x^2 - y^2 - c^2$$

两边再次平方得

$$[(x + c)^2 + y^2][(x - c)^2 + y^2] = (2a^2 - x^2 - y^2 - c^2)^2$$

于是

$$[(x + c)(x - c)]^2 + [(x + c)y]^2 + [(x - c)y]^2 + y^4 =$$
$$[2a^2 - (x^2 + y^2 + c^2)]^2 = 4a^4 + (x^2 + y^2 + c^2)^2 - 4a^2(x^2 + y^2 + c^2)$$

进一步整理，得

$$(x^2 - c^2)^2 + (xy + cy)^2 + (xy - cy)^2 + y^4 =$$
$$= 4a^4 + x^4 + y^4 + c^4 + 2x^2 y^2 + 2x^2 c^2 + 2y^2 c^2 - 4a^2 x^2 - 4a^2 y^2 - 4a^2 c^2$$

即

$$x^4 + c^4 - 2x^2 c^2 + x^2 y^2 + c^2 y^2 + 2cxy^2 + x^2 y^2 + c^2 y^2 - 2cxy^2 + y^4$$
$$= 4a^4 + x^4 + y^4 + c^4 + 2x^2 y^2 + 2x^2 c^2 + 2y^2 c^2 - 4a^2 x^2 - 4a^2 y^2 - 4a^2 c^2$$

即

$$(a^2 - c^2)x^2 + a^2 y^2 = a^4 - a^2 c^2$$

注意到条件 $a > c$，所以可令 $a^2 - c^2 = b^2$，于是

$$b^2 x^2 + a^2 y^2 = a^2 b^2$$

此式再进一步改写，即得

$$\frac{x^2}{a^2} + \frac{y^2}{b^2} = 1$$

此式即是常见的椭圆方程，在推导过程中引进的参数 $b = \sqrt{a^2 - c^2}$ 常称为椭圆的短

轴长，而 a 称为长轴长. $\frac{c}{a}$ 称为椭圆的离心率，一般记为 e，且由于 $a^2 - c^2 = b^2$，有 $0 < e < 1$. 也可注意到当建立坐标系时，如果把两个焦点的连线作为 y 轴（见图 4.2），则推导出的方程将是：

$$\frac{x^2}{b^2} + \frac{y^2}{a^2} = 1$$

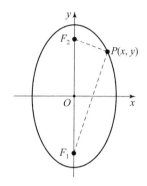

所以，从椭圆的方程可以得到焦点的位置，也就是，焦点始终在长轴所在的坐标轴上. 看到椭圆方程后，最重要的一点就是首先判断其焦点在哪个坐标轴上，这样才能了解它的位置，对于椭圆的相关计算才能正确.

对于椭圆方程，当 $c = 0$，即两个椭圆焦点重合时，到两个焦点的距离之和也就退化成到一个定点的距离为常数，所以，此时，椭圆方程就变成了圆的方程. 实际

图 4.2 焦点在 y 轴上的椭圆

上，$c = 0$ 时，我们立刻得到 $a = b$，所以，椭圆的方程也确实成为圆的方程. 另外一个极端就是 $b = 0$，或者说，$a = c$，此时，动点的轨迹将退化成两个焦点连线上所有的点，所以，椭圆将退化成两个焦点的连线这条线段. 一般情况下，为防止退化，我们总假定 $a > c$. 所以，椭圆上的点即使在两个焦点的连线上，也是在两个焦点构成的线段之外.

根据椭圆方程，椭圆总是一个有界的图形，实际上，如果我们以长轴 a 和短轴 b 为边画一个矩形，椭圆是其内切的一个图像.

例 4.1.1 假设椭圆方程为 $\frac{x^2}{a^2} + \frac{y^2}{b^2} = 1$，$P(x_0, y_0)$ 是椭圆上一点，椭圆长轴两端点为 $A_1(-a, 0)$，$A_2(a, 0)$，求 $k_{A_1P} \cdot k_{A_2P}$.

解 由于 $P(x_0, y_0)$ 在椭圆上，于是有

$$\frac{x_0^2}{a^2} + \frac{y_0^2}{b^2} = 1$$

整理可得

$$x_0^2 - a^2 = -\frac{a^2}{b^2} y_0^2 \tag{4.1}$$

又

$$k_{A_1P} \cdot k_{A_2P} = \frac{y_0}{x_0 + a} \cdot \frac{y_0}{x_0 - a} = \frac{y_0^2}{x_0^2 - a^2}$$

将方程（4.1）代入，整理可得

$$k_{A_1P} \cdot k_{A_2P} = -\frac{b^2}{a^2}$$

这就证明了椭圆上任意一点与长轴两端点的连线的斜率之积为 $-\dfrac{b^2}{a^2}$. 事实上我们可以证明这对通过原点的任意直线与椭圆相交的两点都成立.

先考虑直线斜率存在的情况, 假设直线方程为 $y = kx$(P 不在该直线上), 与椭圆的交点为 $A(x_1, y_1)$, $B(x_2, y_2)$ 两点, 则 A, B 由方程组

$$\begin{cases} y = kx \\ \dfrac{x^2}{a^2} + \dfrac{y^2}{b^2} = 1 \end{cases}$$

确定, 消去 y 整理得到

$$(b^2 + a^2k^2)x^2 - a^2b^2 = 0$$

于是由韦达定理, 有

$$x_1 + x_2 = 0 \tag{4.2}$$

$$x_1x_2 = -\frac{a^2b^2}{b^2 + a^2k^2} \tag{4.3}$$

由方程 (4.2) 可得 $x_1 = -x_2$, 则方程 (4.3) 可化为

$$x_1^2 = \frac{a^2b^2}{b^2 + a^2k^2}$$

又 A, B 在直线 $y = kx$ 上, 有

$$y_1 = -y_2$$

$$y_1^2 = \frac{a^2b^2k^2}{b^2 + a^2k^2}$$

于是

$$
\begin{aligned}
k_{AP} \cdot k_{BP} &= \frac{y_0 - y_1}{x_0 - x_1} \cdot \frac{y_0 - y_2}{x_0 - x_2} \\
&= \frac{y_0^2 - y_1^2}{x_0^2 - x_1^2} \\
&= \frac{y_0^2 - \dfrac{a^2b^2k^2}{b^2 + a^2k^2}}{-\dfrac{a^2}{b^2}y_0^2 + a^2 - \dfrac{a^2b^2}{b^2 + a^2k^2}} \\
&= \frac{(b^2 + a^2k^2)y_0^2 - a^2b^2k^2}{-\dfrac{a^2}{b^2}(b^2 + a^2k^2)y_0^2 + a^4k^2}
\end{aligned}
$$

$$= \frac{(b^2 + a^2 k^2) y_0^2 - a^2 b^2 k^2}{-\frac{a^2}{b^2}[(b^2 + a^2 k^2) y_0^2 - a^2 b^2 k^2]}$$

$$= -\frac{b^2}{a^2}$$

对于 $x = 0$ 的情况也可以证明得到同样结论，读者可以自行证明. 特别地，若椭圆退化为圆，$a = b$，则 $k_{AP} \cdot k_{BP} = -1$，即圆上任意一点与直径两端点的连线相互垂直.

例 4.1.2 已知圆 $x^2 + y^2 = \frac{8}{3}$ 的切线 l 交椭圆 $\frac{x^2}{8} + \frac{y^2}{4} = 1$ 于 A，B 两点，O 为坐标原点，求 $\overrightarrow{OA} \cdot \overrightarrow{OB}$.

解 假设 A 的坐标为 (x_1, y_1)，B 的坐标为 (x_2, y_2). 当 l 斜率存在，假设 l 的方程为

$$y = kx + m$$

由于 l 与圆相切，有圆心到该直线的距离 $\frac{|m|}{\sqrt{1 + k^2}} = \sqrt{\frac{8}{3}}$，即

$$8k^2 - 3m^2 + 8 = 0$$

A，B 的坐标由方程组

$$\begin{cases} \dfrac{x^2}{8} + \dfrac{y^2}{4} = 1 \\ y = kx + m \end{cases}$$

决定，消去 y，整理方程组得到

$$(1 + 2k^2) x^2 + 4kmx + 2m^2 - 8 = 0$$

x_1，x_2 为方程组两根. 由韦达定理，有

$$x_1 + x_2 = -\frac{4km}{1 + 2k^2}, \quad x_1 x_2 = \frac{2m^2 - 8}{1 + 2k^2} \tag{4.4}$$

又

$$\overrightarrow{OA} \cdot \overrightarrow{OB} = x_1 x_2 + y_1 y_2$$
$$= x_1 x_2 + (kx_1 + m)(kx_2 + m)$$
$$= (1 + k^2) x_1 x_2 + km(x_1 + x_2) + m^2$$

将式（4.4）代入上式，整理可得

$$\overrightarrow{OA} \cdot \overrightarrow{OB} = \frac{3m^2 - 8k^2 - 8}{1 + 2k^2} = 0$$

当 l 斜率不存在，易得 l 的方程为 $x = \pm \frac{2}{3}\sqrt{6}$，可分别求得此时 l 与椭圆的交点

$$A_1\left(-\frac{2}{3}\sqrt{6},\ \frac{2}{3}\sqrt{6}\right),\ B_1\left(-\frac{2}{3}\sqrt{6},\ -\frac{2}{3}\sqrt{6}\right)$$

$$A_2\left(\frac{2}{3}\sqrt{6},\frac{2}{3}\sqrt{6}\right),\ B_2\left(\frac{2}{3}\sqrt{6},-\frac{2}{3}\sqrt{6}\right)$$

此时亦有 $\overrightarrow{OA}\cdot\overrightarrow{OB}=0$. 综上所述，有

$$\overrightarrow{OA}\cdot\overrightarrow{OB}=0$$

例 4.1.3　假设椭圆方程为 $\dfrac{x^2}{a^2}+\dfrac{y^2}{b^2}=1$，$A(x_1,\ y_1)$，$B(x_2,\ y_2)$ 为椭圆上不同两

点. 由于 A，B 在椭圆上，有

$$\frac{x_1^2}{a^2}+\frac{y_1^2}{b^2}=1 \tag{4.5}$$

$$\frac{x_2^2}{a^2}+\frac{y_2^2}{b^2}=1 \tag{4.6}$$

将方程（4.5）与方程（4.6）作差，有

$$\frac{(x_1-x_2)(x_1+x_2)}{a^2}+\frac{(y_1-y_2)(y_1+y_2)}{b^2}=0$$

整理得

$$\frac{y_1-y_2}{x_1-x_2}=-\frac{b^2}{a^2}\cdot\frac{x_1+x_2}{y_1+y_2}$$

其中，$\dfrac{y_1-y_2}{x_1-x_2}$ 为 AB 斜率；$\dfrac{b^2}{a^2}$ 与椭圆参数有关；$\dfrac{x_1+x_2}{y_1+y_2}$ 与 AB 中点有关. 这种方法称为点

差法，可以将前述三个量联系起来.

假设椭圆方程为 $\dfrac{x^2}{4}+\dfrac{y^2}{3}=1$，$A$，$B$ 为线上两点，AB 中点为 $P(1,\ 1)$，则

$$k_{AB}=\frac{y_1-y_2}{x_1-x_2}=-\frac{3}{4}\cdot\frac{1}{1}=-\frac{3}{4}$$

于是 AB 的方程为

$$y-1=-\frac{3}{4}(x-1)$$

点差法与使用韦达定理的方法都是求二次曲线与直线、二次曲线的交点以及相关直线、点的常用方法. 这种方法省去解出交点的繁琐，而直接将所求的量用已知信息表示，读者可以在习题中灵活使用.

P 为椭圆上一点，F_1，F_2 为椭圆的两个焦点，P、F_1、F_2 构成的三角形称为焦点三角形. 假设 $\angle F_1PF_2=\alpha$，利用三角形面积公式、余弦定理及椭圆的性质，则可以得

到焦点三角形面积的简洁公式.

由于 P 在椭圆上，F_1，F_2 为焦点，则有

$$|PF_1| + |PF_2| = 2a, \quad |F_1F_2| = 2c$$

由余弦定理，有

$$\cos \alpha = \frac{|PF_1|^2 + |PF_2|^2 - |F_1F_2|^2}{2|PF_1||PF_2|}$$

$$= \frac{(|PF_1| + |PF_2|)^2 - |F_1F_2|^2 - 2|PF_1||PF_2|}{2|PF_1||PF_2|}$$

$$= \frac{4a^2 - 4c^2}{2|PF_1||PF_2|} - 1$$

$$= \frac{2b^2}{|PF_1||PF_2|} - 1$$

而

$$S_{\triangle PF_1F_2} = \frac{1}{2}|PF_1||PF_2|\sin \alpha$$

$$= \frac{1}{2}|PF_1||PF_2|\sqrt{1 - \cos^2 \alpha}$$

$$= \frac{1}{2}|PF_1||PF_2|\sqrt{1 - \left(\frac{2b^2}{|PF_1||PF_2|} - 1\right)^2}$$

$$= b^2\sqrt{\frac{|PF_1||PF_2|}{b^2} - 1}$$

注意到

$$\cos \alpha = \frac{\cos^2 \dfrac{\alpha}{2} - \sin^2 \dfrac{\alpha}{2}}{\cos^2 \dfrac{\alpha}{2} + \sin^2 \dfrac{\alpha}{2}}$$

$$= \frac{1 - \tan^2 \dfrac{\alpha}{2}}{1 + \tan^2 \dfrac{\alpha}{2}}$$

可以解出

$$\tan^2 \frac{\alpha}{2} = \frac{|PF_1||PF_2|}{b^2} - 1$$

由于 $0 < \alpha < 180°$，则 $0 < \dfrac{\alpha}{2} < 90°$，所以 $\tan \dfrac{\alpha}{2} > 0$，于是有

$$S_{\triangle PF_1F_2} = b^2 \tan \frac{\alpha}{2}$$

该公式形式简洁，若已知条件充足，读者可以在习题时直接使用.

接下来介绍椭圆的第二定义，首先我们引入以下结论：

定理 4.1.1　已知椭圆方程为 $\dfrac{x^2}{a^2}+\dfrac{y^2}{b^2}=1\,(a>b)$，焦点为 $F_1(-c,0)$ 和 $F_2(c,0)$，假设 $M(x_0,y_0)$ 是椭圆上任意一点，则 F_1M 和 F_2M 的长度分别为

$$|F_1M|=a+ex_0,\quad |F_2M|=a-ex_0 \tag{4.7}$$

证　以 $|F_1M|=a+ex_0$ 为例. 由于点 $M(x_0,y_0)$ 在椭圆上，因此有 $\dfrac{x_0^2}{a^2}+\dfrac{y_0^2}{b^2}=1$，由此得

$$y_0^2=b^2\left(1-\frac{x_0^2}{a^2}\right)$$

从而

$$
\begin{aligned}
|F_1M| &= \sqrt{(x_0+c)^2+y_0^2} \\
&= \sqrt{(x_0+c)^2+b^2\left(1-\frac{x_0^2}{a^2}\right)} \\
&= \sqrt{(b^2+c^2)+2cx_0+\left(1-\frac{b^2}{a^2}\right)x_0^2} \\
&= \sqrt{a^2+2cx_0+\frac{c^2}{a^2}x_0^2} \\
&= \sqrt{\left(a+\frac{c}{a}x_0\right)^2} \\
&= |a+ex_0|
\end{aligned}
$$

由于 $0<e<1$，$|x_0|\leqslant a$，因此 $|ex_0|<a$，从而

$$|F_1M|=a+ex_0$$

$$|F_2M|=2a-|F_1M|=a-ex_0$$

对于焦点在 y 轴的情况，相应地

$$|F_1M|=a+ey_0,\quad |F_2M|=a-ey_0$$

从公式可以看到，椭圆上的点到焦点的距离，最大值与最小值分别为 $a+c$，$a-c$，分别在长轴两端取到.

对式（4.7），由于

$$|F_1M|=a+ex_0=e\left(\frac{a}{e}+x_0\right)$$

于是

$$\frac{|F_1M|}{\dfrac{a}{e}+x_0}=e \tag{4.8}$$

分母 $\dfrac{a}{e}+x_0$ 代表 $(x_0,\ y_0)$ 到直线 $x=-\dfrac{a}{e}$ 的距离，则式（4.8）表示椭圆上任一点

到焦点 $(-c,\ 0)$ 的距离与该点到直线 $x=-\dfrac{a}{e}$ 的距离之比为离心率 e．对于焦点

F_2，相应地，有

$$\frac{|F_2M|}{\dfrac{a}{e}-x_0}=e$$

即椭圆上任意一点到焦点 $(c,\ 0)$ 的距离与该点到直线 $x=\dfrac{a}{e}$ 的距离之比为离心率 e

（见图 4.3）．

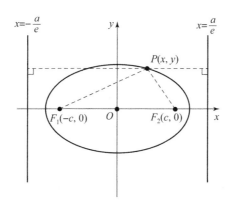

图 4.3 椭圆上一点到焦点的距离与其到准线的距离（焦点在 x 轴上）

直线 $x=-\dfrac{a}{e}$ 和 $x=\dfrac{a}{e}$ 为这个椭圆的准线，分别称为左准线与右准线．对于焦点在

y 轴上的椭圆，准线为直线 $y=-\dfrac{a}{e}$ 与 $y=\dfrac{a}{e}$（见图 4.4）．则根据上面的讨论，平面上

到一个定点的距离与到一条定直线（定点不在该直线上）的距离之比为 0 到 1 之间的

某个常数的点的轨迹为椭圆．该定点称为椭圆的焦点，定直线称为椭圆的准线，0 到 1

之间的常数称为离心率．这便是椭圆的第二定义．可以证明，椭圆的两种定义是等

价的．

定理 4.1.1 后的讨论证明了：若一点与不重合两点的距离之和为定长，则该点到

其中一定点的距离与不通过该定点的一条定直线的距离之比为 0 到 1 之间的一个常数．

于是只需证明反过来也成立，便能证明椭圆的两种定义等价．

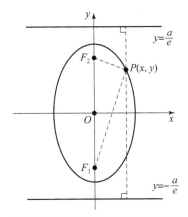

图 4.4　椭圆上一点到焦点的距离与其到准线的距离（焦点在 y 轴上）

设 F_1 为定点，l_1 为不经过该定点的定直线，$e(0 < e < 1)$ 为常数. 从 F_1 作 l_1 的垂线，垂足为 G. 取 $F_1 G$ 上一点 A_1，使得 A_1 分 $F_1 G$ 为 $|F_1 A_1| : |A_1 G| = e : 1$. 取 $F_1 G$ 延长线上一点 A_2，使得 $|F_1 A_2| : |A_2 G| = e : 1$. 则 A_1，A_2 也是定点. 令 $|A_1 A_2| = 2a$，取 $A_1 A_2$ 中点为 O（如图 4.5 所示）. 因 $|F_1 A_1| : |A_1 G| = e : 1$，于是 $|F_1 A_1| = \dfrac{e}{1 + e} |F_1 G|$. 因 $|F_1 A_2| : |A_2 G| = e : 1$，于是 $|F_1 A_2| = \dfrac{e}{1 - e} |F_1 G|$. 则有

$$2a = |F_1 A_1| + |F_1 A_2| = \frac{2e}{1 - e^2} |F_1 G|$$

于是

$$|F_1 G| = \frac{(1 - e^2) a}{e}$$

则有

$$|F_1 A_1| = \frac{e}{1 + e} |F_1 G| = (1 - e) a$$

$$|A_1 G| = \frac{1}{e} |F_1 A_1| = \frac{(1 - e) a}{e}$$

这样

$$|OF_1| = |OA_1| - |F_1 A| = a - (1 - e) a = ea$$

$$|OG| = |OA_1| + |A_1 G| = a + \frac{(1 - e) a}{e} = \frac{a}{e}$$

以 O 为原点，有向直线 $A_1 A_2$ 为横轴，作平面直线坐标系. 则 F_1 的坐标为 $(-ea, 0)$，l_1 的方程为 $x = -\dfrac{a}{e}$. 设 $M(x, y)$ 到 F_1 的距离与 M 到 $x = -\dfrac{a}{e}$ 的距离之比为 e，从 M 作 l_1 的垂线，垂足为 N，则

$$|F_1M| = \sqrt{(x+ea)^2 + y^2}$$

$$|MN| = \left| x + \frac{a}{e} \right|$$

由于 $\dfrac{|F_1M|}{MN} = e$，有

$$\sqrt{(x+ea)^2 + y^2} = e\left| x + \frac{a}{e} \right| = |ex+a|$$

两端平方，有

$$(x+ea)^2 + y^2 = (ex+a)^2$$

由于 $0 < e < 1$，因此 $1 - e^2 > 0$，整理以上方程可得

$$\frac{x^2}{a^2} + \frac{y^2}{a^2(1-e^2)} = 1$$

若令 $b = a\sqrt{1-e^2}$，则上式化为

$$\frac{x^2}{a^2} + \frac{y^2}{b^2} = 1$$

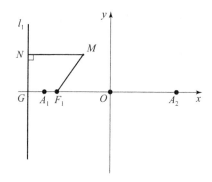

图 4.5 椭圆第二定义证明

这表明若一点到一定点的距离与该点到不经过定点的定直线的距离之比为 0 到 1 之间的一个常数，则该点在第一种定义下的椭圆上，即该点到两定点的距离之和为定值. 于是证明了椭圆两种定义的等价性. 需要注意，椭圆的第二定义不包括圆，椭圆的两种定义只在一般意义下等价.

根据椭圆的第二定义，可以解决许多椭圆上一点到焦点距离的相关问题.

例 4.1.4 假设椭圆方程为 $\dfrac{x^2}{4} + y^2 = 1$，焦点为 $F_1(-c, 0)$，$F_2(c, 0)$，P 在该椭圆上，求 $|F_1P||F_2P| + 2|F_1P|$ 的最值.

解 根据椭圆方程有 $a = 2$，$b = 1$，$c = \sqrt{3}$，设 $P(x_0, y_0)$，根据椭圆第二定义有

$$|F_1P| = a + \frac{c}{a}x_0 = 2 + \frac{\sqrt{3}}{2}x_0$$

$$|F_2P| = a - \frac{c}{a}x_0 = 2 - \frac{\sqrt{3}}{2}x_0$$

则

$$|F_1P||F_2P| + 2|F_1P| = -\frac{3}{4}x_0^2 + \sqrt{3}x_0 + 8, \quad x_0 \in [-2, 2]$$

于是由一元二次函数的性质可求得，$|F_1P||F_2P| + 2|F_1P|$：在 $x_0 = \frac{2}{3}\sqrt{3}$ 处取得最大值 9，在 $x_0 = -2$ 处取得最小值 $5 - 2\sqrt{3}$.

定理 4.1.2 过椭圆 $\frac{x^2}{a^2} + \frac{y^2}{b^2} = 1$ 上一点 (x_0, y_0) 的切线方程为

$$\frac{x_0 x}{a^2} + \frac{y_0 y}{b^2} = 1 \tag{4.9}$$

证 先考虑切线斜率存在的情况，假设切线方程为

$$y - y_0 = k(x - x_0)$$

则切点由方程组

$$\begin{cases} y - y_0 = k(x - x_0) \\ \dfrac{x^2}{a^2} + \dfrac{y^2}{b^2} = 1 \end{cases}$$

确定，消去 y 整理得到关于 x 的二次方程

$$(b^2 + a^2 k^2)x^2 + 2a^2 k(y_0 - kx_0)x + a^2(y_0 - kx_0)^2 - a^2 b^2 = 0$$

由于直线与椭圆相切，交点唯一，则该方程的判别式为 0，即

$$\frac{1}{4}\Delta = a^4 k^2 (y_0 - kx_0)^2 - (b^2 + a^2 k^2)[a^2(y_0 - kx_0)^2 - a^2 b^2] = 0$$

整理得到关于 k 的二次方程

$$(a^2 - x_0^2)k^2 + 2x_0 y_0 k + (b^2 - y_0^2) = 0 \tag{4.10}$$

计算该方程的判别式

$$\frac{1}{4}\Delta = x_0^2 y_0^2 - (a^2 - x_0^2)(b^2 - y_0^2) = -a^2 b^2 + a^2 y_0^2 + b^2 x_0^2$$

由于点 (x_0, y_0) 在椭圆上，因此有

$$\frac{x_0^2}{a^2} + \frac{y_0^2}{b^2} = 1$$

即

$$a^2 - x_0^2 = \frac{a^2 y_0^2}{b^2}$$

代入 Δ，得 $\Delta = 0$，于是方程 (4.10) 有重根

$$k = -\frac{x_0 y_0}{a^2 - x_0^2} = -\frac{b^2 x_0}{a^2 y_0}$$

于是切线方程为

$$y - y_0 = k(x - x_0) = -\frac{b^2 x_0}{a^2 y_0}(x - x_0)$$

$$\frac{(y - y_0)y_0}{b^2} + \frac{(x - x_0)x_0}{a^2} = 0$$

$$\frac{x_0 x}{a^2} + \frac{y_0 y}{b^2} = 1$$

当切线斜率不存在，则切点应为 $(\pm a, 0)$，切线方程为 $x = \pm a$，亦满足方程 (4.9).

观察方程 (4.9)，过椭圆上一点作椭圆的切线，切线方程可用替换法则简单得到.

例 4.1.5 如图 4.6 所示，设 P_1，P_2，$\cdots$，P_n 为椭圆

$$\frac{x^2}{a^2} + \frac{y^2}{b^2} = 1 (a > b > 0)$$

上 n 个点，且 OP_1，OP_2，$\cdots$，OP_n 将周角 n 等分，证明：$\displaystyle\sum_{i=1}^{n} \frac{1}{|OP_i|^2}$ 为定值.

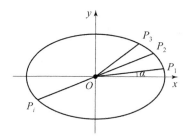

图 4.6 OP_i 将周角 n 等分

解 设 $|OP_i| = \rho_i (i = 1, 2, \cdots, n)$，$\angle xOP_1 = \alpha \left(0 < \alpha < \dfrac{\pi}{2}\right)$（$2\pi$ 是用弧度制表示的角度，代表周角），则

$$\angle xOP_i = \alpha + (i - 1)\frac{2\pi}{n}(i = 1, 2, \cdots, n)$$

$$P_i\left(\rho_i \cos\left[\alpha + (i - 1)\frac{2\pi}{n}\right], \ \rho_i \sin\left[\alpha + (i - 1)\frac{2\pi}{n}\right]\right)$$

代入椭圆方程，得

$$\rho_i^2\left[\frac{\cos^2\left[\alpha+(i-1)\dfrac{2\pi}{n}\right]}{a^2}+\frac{\sin^2\left[\alpha+(i-1)\dfrac{2\pi}{n}\right]}{b^2}\right]=1$$

则

$$\frac{1}{\rho_i^2}=\frac{\cos^2\left[\alpha+(i-1)\dfrac{2\pi}{n}\right]}{a^2}+\frac{\sin^2\left[\alpha+(i-1)\dfrac{2\pi}{n}\right]}{b^2}$$

于是

$$\sum_{i=1}^{n}\frac{1}{\rho_i^2}$$

$$=\sum_{i=1}^{n}\frac{\cos^2\left[\alpha+(i-1)\dfrac{2\pi}{n}\right]}{a^2}+\sum_{i=1}^{n}\frac{\sin^2\left[\alpha+(i-1)\dfrac{2\pi}{n}\right]}{b^2}$$

$$=\frac{1}{2a^2}\sum_{i=1}^{n}\left\{1+\cos\left[2\alpha+(i-1)\frac{4\pi}{n}\right]\right\}+$$

$$\frac{1}{2b^2}\sum_{i=1}^{n}\left\{1-\cos\left[2\alpha+(i-1)\frac{4\pi}{n}\right]\right\}$$

$$=\frac{n}{2}\left(\frac{1}{a^2}+\frac{1}{b^2}\right)+\frac{1}{2}\left(\frac{1}{a^2}-\frac{1}{b^2}\right)Q_n$$

其中

$$Q_n=\sum_{i=1}^{n}\left\{\cos\left[2\alpha+(i-1)\frac{4\pi}{n}\right]\right\}$$

$$=\csc\frac{2\pi}{n}\sum_{i=1}^{n}\left\{\cos\left[2\alpha+(i-1)\frac{4\pi}{n}\right]\right\}\sin\frac{2\pi}{n}$$

$$=\frac{1}{2}\csc\frac{2\pi}{n}\sum_{i=1}^{n}\left\{\sin\left[2\alpha+\frac{(2i-1)2\pi}{n}\right]-\sin\left[2\alpha+\frac{(2i-3)2\pi}{n}\right]\right\}$$

$$=\frac{1}{2}\csc\frac{2\pi}{n}\left[\sin\left(2\alpha-\frac{2\pi}{n}\right)-\sin\left(2\alpha-\frac{2\pi}{n}\right)\right]$$

$$=0$$

$\csc\alpha=\dfrac{1}{\sin\alpha}$，为 α 的余割，于是

$$\sum_{i=1}^{n}\frac{1}{|OP_i|^2}=\sum_{i=1}^{n}\frac{1}{\rho_i^2}=\frac{n}{2}\left(\frac{1}{a^2}+\frac{1}{b^2}\right)$$

问题得证. 特别地，当椭圆退化为圆时，$a=b=r=|OP_i|$，于是

$$\sum_{i=1}^{n}\frac{1}{|OP_i|^2}=\frac{n}{r^2}$$

例 4.1.6 假设椭圆方程为 $\dfrac{x^2}{a^2} + \dfrac{y^2}{b^2} = 1$，$F(c, 0)$ 为椭圆的右焦点，一直线经过 F 交椭圆于 $A(x_1, y_1)$，$B(x_2, y_2)$，求 $\dfrac{1}{|AF|} + \dfrac{1}{|BF|}$.

解 如图 4.7 所示，设 $\angle xFA = \beta$，则

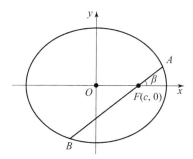

图 4.7 一直线经过 F，交椭圆于 A，B

$$x_1 = c + |AF| \cos\beta$$

由椭圆的第二定义，有

$$|AF| = a - ex_1 = a - e(c + |AF| \cos\beta)$$

整理得到

$$\frac{1}{|AF|} = \frac{1 + e\cos\beta}{a - ce}$$

相似地有

$$|BF| = a - ex_2 = a - e[c + |BF| \cos(\pi + \beta)]$$

$$\frac{1}{|BF|} = \frac{1 + e\cos(\pi + \beta)}{a - ce} = \frac{1 - e\cos\beta}{a - ce}$$

于是

$$\frac{1}{|AF|} + \frac{1}{|BF|} = \frac{2}{a - ec} = \frac{2a}{a^2 - c^2} = \frac{2a}{b^2}$$

4.2 双曲线

和椭圆的定义相对比，双曲线关心的动点是与平面上两个定点的距离之差的绝对值是个常数. 如果我们假设这个绝对值等于 $2a$，则由此定义可知，动点轨迹应该分成没有交集的两部分，一部分点满足和第一个定点的距离比到第二个定点的距离多出 $2a$，而另外一部分点正好相反，它们和第二个定点的距离比到第一个定点的距离多出 $2a$. 这两部分点也就是后来见到的双曲线的两个分支.

两个定点仍然命名为焦点，两个焦点的连线仍然作为 x 轴，并以两个焦点的中点为坐标原点. 设左焦点 F_1 坐标为 $(-c, 0)$，右焦点 F_2 坐标为 $(c, 0)$，动点 $P(x, y)$（见图 4.8）.

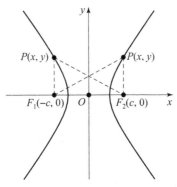

图 4.8　双曲线示意图

注意，动点 P 现在和两个焦点连成的三角形中，$2a$ 相当于两边之差的绝对值，而两个焦点构成的边的长度为 $2c$，因而 $2a < 2c$，即 $a < c$，这正好和椭圆的情形相反. 当 $a = c$ 时，动点将和两个焦点位于一条直线上，但分布在两个焦点形成的线段的两端外围部分，所以，$a = c$ 时，双曲线将退化为分别以两个焦点为端点的两条射线.

为避免双曲线退化，我们总假设 $a < c$，于是，由定义得

$$\big\| PF_1 \big| - \big| PF_2 \big\| = 2a$$

即

$$\left| \sqrt{[x - (-c)]^2 + (y - 0)^2} - \sqrt{(x - c)^2 + (y - 0)^2} \right| = 2a$$

两边平方后，得

$$(x + c)^2 + y^2 + (x - c)^2 + y^2 - 2\sqrt{[(x + c)^2 + y^2][(x - c)^2 + y^2)]} = 4a^2$$

进一步整理，得

$$2\sqrt{[(x + c)^2 + y^2][(x - c)^2 + y^2]} = 2x^2 + 2y^2 + 2c^2 - 4a^2$$

或

$$\sqrt{[(x + c)^2 + y^2][(x - c)^2 + y^2]} = x^2 + y^2 + c^2 - 2a^2$$

两边平方，得

$$[(x + c)^2 + y^2][(x - c)^2 + y^2] = (x^2 + y^2 + c^2 - 2a^2)^2$$

于是

$$(x^2 - c^2)^2 + (xy + cy)^2 + (xy - cy)^2 + y^4 = x^4 + y^4 + c^4 +$$
$$2x^2 y^2 + 2x^2 c^2 + 2y^2 c^2 + 4a^4 - 4a^2 x^2 - 4a^2 y^2 - 4a^2 c^2$$

进一步整理，得

$$(c^2 - a^2)x^2 - a^2y^2 = a^2(c^2 - a^2)$$

注意到 $c > a$，所以可令 $c^2 - a^2 = b^2$，于是上式可改写成

$$b^2x^2 - a^2y^2 = a^2b^2$$

或

$$\frac{x^2}{a^2} - \frac{y^2}{b^2} = 1$$

此即标准双曲线方程，$\frac{c}{a}$ 称为双曲线的离心率，一般记为 e，由 $c^2 - a^2 = b^2$，可得 $e > 1$．由方程可知变量 x，y 均无界，即 x 和 y 的取值均可以无限大，且图形关于 x，y 轴均有对称性．

双曲线的焦点位于哪个坐标轴上也是最重要的信息，当我们开始建立坐标系时，把焦点连线作为 y 轴（见图4.9），则由推导过程知，双曲线的方程将成为

$$\frac{y^2}{a^2} - \frac{x^2}{b^2} = 1$$

所以，焦点的位置总在正的平方项代表的坐标轴上．

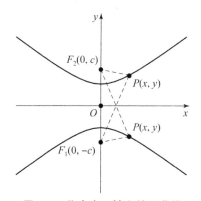

图 4.9　焦点在 y 轴上的双曲线

例 4.2.1　已知双曲线 $\dfrac{x^2}{a^2} - \dfrac{y^2}{b^2} = 1$，焦点为 $F_1(-c, 0)$，$F_2(c, 0)$，曲线上存在一点 P 使得 $\triangle PF_1F_2$ 满足 $|F_1F_2| - |PF_1| = 2a$，$\angle F_1PF_2 = 120°$，求双曲线的离心率．

解　由于双曲线具有对称性，不妨假设 P 在双曲线右支上（如图4.10所示）．由双曲线的性质，有 $|F_1F_2| = 2c$，$|PF_1| - |PF_2| = 2a$，于是

$$|F_1F_2| = 2c, \quad |PF_1| = 2c - 2a, \quad |PF_2| = 2c - 4a$$

另外，由余弦定理有

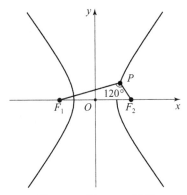

图 4.10 例 4.2.1 图解

$$\cos \angle F_1 P F_2 = \frac{|PF_1|^2 + |PF_2|^2 - |F_1 F_2|^2}{2|PF_1||PF_2|}$$

即

$$\cos 120° = -\frac{1}{2} = \frac{(2c-2a)^2 + (2c-4a)^2 - (2c)^2}{2(2c-2a)(2c-4a)}$$

整理得到

$$2c^2 - 9ac + 7a^2 = 0$$

等式两端同除以 a^2，得

$$2e^2 - 9e + 7 = 0$$

解得

$$e_1 = \frac{7}{2}, \quad e_2 = 1$$

由于双曲线 $e > 1$，所以得 $e = \frac{7}{2}$.

例 4.2.2 已知双曲线 $\dfrac{x^2}{a^2} - \dfrac{y^2}{b^2} = 1$，直线 l 通过原点交双曲线两支于 A，B 两点，P 是双曲线上异于 A，B 的任意一点且 k_{PA}，k_{PB} 存在，求 $k_{PA} \cdot k_{PB}$.

解 直线 l 与双曲线相交，则斜率一定存在，设直线方程为 $y = kx$，假设 $A(x_1, y_1)$，$B(x_2, y_2)$，$P(x_0, y_0)$，则 A，B 由方程组

$$\begin{cases} y = kx \\ \dfrac{x^2}{a^2} - \dfrac{y^2}{b^2} = 1 \end{cases}$$

确定，消去 y 整理可得

$$(b^2 - a^2 k^2) x^2 - a^2 b^2 = 0$$

由韦达定理有

$$x_1 + x_2 = 0, \quad x_1 x_2 = -\frac{a^2 b^2}{b^2 - a^2 k^2}$$

于是

$$y_1 = -y_2, \quad y_1 y_2 = -\frac{a^2 b^2 k^2}{b^2 - a^2 k^2}$$

另外，P 在双曲线上有

$$\frac{x_0^2}{a^2} - \frac{y_0^2}{b^2} = 1$$

整理得到

$$y_0^2 = \frac{b^2}{a^2} x_0^2 - b^2$$

于是

$$
\begin{aligned}
k_{PA} \cdot k_{PB} &= \frac{y_0 - y_1}{x_0 - x_1} \cdot \frac{y_0 - y_2}{x_0 - x_2} \\
&= \frac{y_0^2 - y_1^2}{x_0^2 - x_1^2} \\
&= \frac{\dfrac{b^2}{a^2} x_0^2 - b^2 - \dfrac{a^2 b^2 k^2}{b^2 - a^2 k^2}}{x_0^2 - \dfrac{a^2 b^2}{b^2 - a^2 k^2}} \\
&= \frac{\left(\dfrac{b^4}{a^2} - b^2 k^2\right) x_0^2 - b^4}{(b^2 - a^2 k^2) x_0^2 - a^2 b^2} \\
&= \frac{\dfrac{b^2}{a^2}\left[(b^2 - a^2 k^2) x_0^2 - a^2 b^2\right]}{(b^2 - a^2 k^2) x_0^2 - a^2 b^2} \\
&= \frac{b^2}{a^2}
\end{aligned}
$$

计算完毕.

设焦点在 x 轴上，现在考虑 x 正半轴对应的双曲线，即考虑 $x > 0$，此时双曲线如果写成函数形式，则有以下表达式：

$$y = \pm \sqrt{\frac{b^2}{a^2} x^2 - b^2}$$

于是，对于

$$y = \sqrt{\frac{b^2}{a^2}x^2 - b^2}$$

总有

$$y < \frac{b}{a}x$$

而对于

$$y = -\sqrt{\frac{b^2}{a^2}x^2 - b^2}$$

则有

$$y > -\frac{b}{a}x$$

以上关系表明双曲线在 $x > 0$ 方向上的图像被两条直线 $y = \pm\frac{b}{a}x$ 所夹.

直观地可以观察到函数

$$y = \pm\sqrt{\frac{b^2}{a^2}x^2 - b^2}$$

在 x 无限变大的过程中，根号里起决定性作用的项是：$\frac{b^2}{a^2}x^2$，$-b^2$ 相对可以忽略不计.

这个事实说明了双曲线

$$y = \pm\sqrt{\frac{b^2}{a^2}x^2 - b^2}$$

不但夹在两条直线 $y = \pm\frac{b}{a}x$ 之间，并且这两条直线还是双曲线在 x 正半轴方向上的图像的渐近线.

在 x 轴负半轴方向上，类似地可以观察到这些事实，即双曲线图像夹在两条直线 $y = \pm\frac{b}{a}x$ 之间，并以此两条直线为渐近线. 拥有渐近线是双曲线区别于椭圆的明显特征.

例 4.2.3　已知双曲线中心在原点，焦点在一条坐标轴上，它的一条渐近线为 $2x - y = 0$，且双曲线通过点 $(1, 1)$，求双曲线的方程.

解　由于双曲线中心在原点，焦点在一条坐标轴上，故此双曲线有我们所学过的标准方程. 已知一条渐近线为 $2x - y = 0$，则另一条渐近线的方程为 $2x + y = 0$. 于是两条渐近线的方程为

$$(2x - y)(2x + y) = 0$$

即

$$4x^2 - y^2 = 0$$

因此双曲线的方程为

$$4x^2 - y^2 = K$$

由于点（1，1）在双曲线上，故有

$$4 \times 1^2 - 1^2 = K$$

从而 $K = 3$，双曲线方程为

$$4x^2 - y^2 = 3$$

由双曲线上任一点 P 与双曲线的焦点 F_1，F_2 形成的三角形称为焦点三角形，假设 $\angle F_1 P F_2 = \alpha$，类似椭圆中的焦点三角形，利用双曲线性质、余弦公式及三角形的面积公式，有

$$S_{\triangle F_1 P F_2} = b^2 \cot \frac{\alpha}{2}$$

例 4.2.4 已知双曲线 $\dfrac{x^2}{16} - \dfrac{y^2}{9} = 1$，$\triangle F_1 P F_2$ 为焦点三角形，$\angle F_1 P F_2 = 120°$，求 P 到 x 轴的距离.

解 由双曲线方程知，$a = 4$，$b = 3$，$c = 5$. 假设 P 到 x 轴的距离为 h，则

$$S_{\triangle F_1 P F_2} = \frac{1}{2} \mid F_1 F_2 \mid \cdot h = 5h$$

由焦点三角形面积计算公式知

$$S_{\triangle F_1 P F_2} = b^2 \cot \frac{\angle F_1 P F_2}{2} = 9 \times \cot \frac{120°}{2} = 3\sqrt{3}$$

于是

$$S_{\triangle F_1 P F_2} = 5h = 3\sqrt{3}$$

$$h = \frac{3}{5}\sqrt{3}$$

在双曲线中，类似定理 4.1.1，以下结论成立：

定理 4.2.1 对于双曲线 $\dfrac{x^2}{a^2} - \dfrac{y^2}{b^2} = 1$，焦点为 $F_1(-c, 0)$，$F_2(c, 0)$，离心率为 e，$M(x_0, y_0)$ 是双曲线上任意一点，则 $F_1 M$ 与 $F_2 M$ 的长度分别为

$$\mid F_1 M \mid = \mid ex_0 + a \mid, \quad \mid F_2 M \mid = \mid ex_0 - a \mid \tag{4.11}$$

读者可以参考定理 4.1.1 的证明进行证明. 对于焦点在 y 轴上的双曲线，相应地有

$$\mid F_1 M \mid = \mid ey_0 + a \mid, \quad \mid F_2 M \mid = \mid ey_0 - a \mid$$

整理方程（4.11），有对于双曲线$\dfrac{x^2}{a^2} - \dfrac{y^2}{b^2} = 1$，$M(x_0, y_0)$是双曲线上任意一点，则$F_1M$与$F_2M$满足

$$\frac{|F_1M|}{\left|x_0 + \dfrac{a}{e}\right|} = e, \quad \frac{|F_2M|}{\left|x_0 - \dfrac{a}{e}\right|} = e$$

即双曲线$\dfrac{x^2}{a^2} - \dfrac{y^2}{b^2} = 1$上任一点$M$到焦点$F_1(-c, 0)$的距离与$M$到直线$l_1: x = -\dfrac{a}{e}$之

比为e；M到焦点$F_2(c, 0)$的距离与M到直线$l_2: x = \dfrac{a}{e}$之比为e（见图4.11）. 对于

双曲线$\dfrac{y^2}{a^2} - \dfrac{x^2}{b^2} = 1$，曲线上任一点$M$到焦点$F_1(0, -c)$的距离与$M$到直线$l_1: y = $

$-\dfrac{a}{e}$之比为e；M到焦点$F_2(0, c)$的距离与M到直线$l_2: y = \dfrac{a}{e}$之比为e（见图

4.12）.

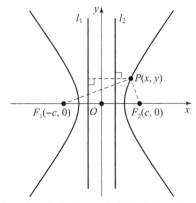

图 4.11　双曲线上一点到焦点的距离与其到准线的距离（焦点在 x 轴上）

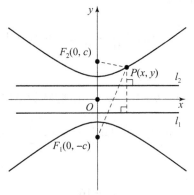

图 4.12　双曲线上一点到焦点的距离与其到准线的距离（焦点在 y 轴上）

对于双曲线$\dfrac{x^2}{a^2} - \dfrac{y^2}{b^2} = 1$，直线$l_1: x = -\dfrac{a}{e}$与$l_2: x = \dfrac{a}{e}$分别为该双曲线的左、右准线；对于双曲线$\dfrac{y^2}{a^2} - \dfrac{x^2}{b^2} = 1$，直线$l_1: y = -\dfrac{a}{e}$与$l_2: y = \dfrac{a}{e}$分别为该双曲线的上、下准线.

经过以上讨论，我们给出双曲线的第二定义：平面上到一个定点的距离与到一条定直线的距离之比为一个大于1的常数的点的轨迹为双曲线. 定点称为双曲线的焦点，定直线称为双曲线的准线，大于1的常数称为双曲线的离心率. 类似椭圆中的讨论，可以证明第一定义与第二定义在一般情形下等价，读者可以参考椭圆中的讨论与图4.13进行证明.

在第二定义中，若焦点F_1在准线l_1上，双曲线退化为通过F_1的两相交直线，两直线与l_1的夹角α满足$\sin\alpha = \dfrac{1}{e}$（见图4.14），此时图形称为退缩双曲线，它的两焦点重合，两准线重合. 双曲线的第一定义没有包括这种情形.

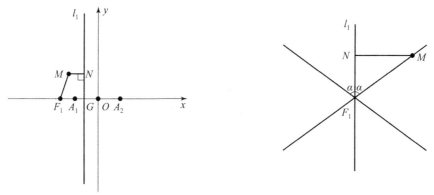

图 4.13　双曲线第一定义与

第二定义等价性证明

图 4.14　退缩双曲线

例 4.2.5　点$P(x_0, y_0)$在双曲线$\dfrac{x^2}{16} - \dfrac{y^2}{9} = 1$的右支上，$P$到右焦点$F_2$的距离为$x_0$，求$x_0$.

解　由椭圆方程可得$a = 4$，$b = 3$，$c = 5$，由椭圆的第二定义有

$$|PF_2| = e\left(x_0 - \frac{a}{e}\right) = \frac{c}{a}x_0 - a = \frac{5}{4}x_0 - 4 = x_0$$

解得

$$x_0 = 16$$

经过与定理 4.1.2 相似的计算，可得：

定理 4.2.2　经过双曲线 $\dfrac{x^2}{a^2} - \dfrac{y^2}{b^2} = \pm 1$ 上一点 (x_0, y_0) 的切线方程为

$$\frac{x_0 x}{a^2} - \frac{y_0 y}{b^2} = \pm 1$$

依然适用于替换法则.

例 4.2.6　经过双曲线上任一点 P，作切线交两条渐近线于 A，B 两点，证：P 为线段 AB 中点.

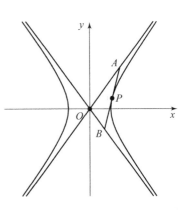

证　如图 4.15 所示，不妨假设双曲线方程为 $\dfrac{x^2}{a^2} - \dfrac{y^2}{b^2} = 1$，点 $P(x_0, y_0)$ 在双曲线右支上，则通过点 P 的切线方程与两渐近线方程为

$$\begin{cases} \dfrac{x_0 x}{a^2} - \dfrac{y_0 y}{b^2} = 1 \\[2mm] b^2 x^2 - a^2 y^2 = 0 \end{cases}$$

图 4.15　例 4.2.6 图

消去 y，且 x_0，y_0 满足 $\dfrac{x_0^2}{a^2} - \dfrac{y_0^2}{b^2} = 1$，整理得

$$x^2 - 2x_0 x + a^2 = 0$$

由韦达定理，有

$$x_1 + x_2 = 2x_0$$

同理，有

$$y^2 - 2y_0 y - b^2 = 0$$
$$y_1 + y_2 = 2y_0$$

其中 (x_1, y_1)，(x_2, y_2) 分别为切线与渐近线交点 A，B 的坐标. 由中点公式知 P 为 AB 中点.

例 4.2.7　一直线截一双曲线及它的渐近线，证明：夹于渐近线与双曲线间的线段相等.

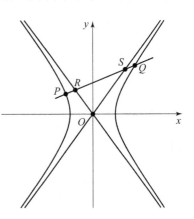

证　如图 4.16 所示，设直线 PQ 交双曲线于 P，Q，交两渐近线于 R，S，设 P，R，S，Q 对应的坐标为 $P(x_1, y_1)$，$R(x_2, y_2)$，$S(x_3, y_3)$，$Q(x_4, y_4)$，设双曲线的方程为

$$\frac{x^2}{a^2} - \frac{y^2}{b^2} = 1$$

则两渐近线的方程为

图 4.16　例 4.2.7 图

$$b^2 x^2 - a^2 y^2 = 0$$

设与两渐近线和双曲线相交的直线 l 的方程为

$$y = kx + m$$

于是 P，Q 满足

$$\begin{cases} y = kx + m \\ \dfrac{x^2}{a^2} - \dfrac{y^2}{b^2} = 1 \end{cases}$$

消去 y，整理得

$$(b^2 - a^2 k^2) x^2 - 2a^2 kmx - a^2(b^2 + m^2) = 0$$

由韦达定理，有

$$x_1 + x_4 = \frac{2a^2 km}{b^2 - a^2 k^2}$$

于是

$$\begin{aligned} y_1 + y_4 &= kx_1 + m + kx_4 + m \\ &= k(x_1 + x_4) + 2m \\ &= \frac{2b^2 m}{b^2 - a^2 k^2} \end{aligned}$$

同时，R，S 满足

$$\begin{cases} y = kx + m \\ b^2 x^2 - a^2 y^2 = 0 \end{cases}$$

消去 y，整理得

$$(b^2 - a^2 k^2) x^2 - 2a^2 kmx - a^2 m^2 = 0$$

由韦达定理，有

$$x_2 + x_3 = \frac{2a^2 km}{b^2 - a^2 k^2}$$

$$\begin{aligned} y_2 + y_3 &= kx_2 + m + kx_3 + m \\ &= k(x_2 + x_3) + 2m \\ &= \frac{2b^2 m}{b^2 - a^2 k^2} \end{aligned}$$

所以

$$x_1 + x_4 = x_2 + x_3$$

$$y_1 + y_4 = y_2 + y_3$$

于是

$$x_1 - x_2 = x_3 - x_4$$

$$y_1 - y_2 = y_3 - y_4$$

$$(x_1 - x_2)^2 + (y_1 - y_2)^2 = (x_3 - x_4)^2 + (y_3 - y_4)^2$$

即

$$|PR|^2 = |SQ|^2$$

$$|PR| = |SQ|$$

4.3　抛物线

抛物线是常用的第三类二次曲线，实际上，以前介绍的二次函数就是一类抛物线，我们现在提到的抛物线是更一般的概念．抛物线也可以用点的轨迹来描述．抛物线关注的是到平面上一个定点的距离和到一条定直线的距离相等的那些点的轨迹．

要得到这些点的轨迹，我们仍然建立一个坐标系．坐标系的建立是以定点到定直线的垂直线为 x 轴，以定点到定直线的垂直线段的中点作为坐标原点．假设定点到定直线的距离为 p，定点被称为焦点，定直线被称作准线．设动点为 $P(x, y)$．由于此时焦点坐标为 $\left(\dfrac{p}{2}, 0\right)$，准线的方程为 $x = -\dfrac{p}{2}$（见图 4.17（a））．

因而，点的轨迹特点可由下式表达：

$$\left| x - \left(-\frac{p}{2} \right) \right| = \sqrt{\left(x - \frac{p}{2} \right)^2 + (y - 0)^2}$$

整理得

$$y^2 = 2px$$

以上是定点在定直线的右侧建立的方程，如果定点在定直线的左侧（见图 4.17（b）），则以上方程的计算将变为

$$y^2 = -2px$$

以上两个方程的特点是焦点都位于 x 轴上，但抛物线的开口方向相反．$y^2 = 2px$ 开口朝右，而 $y^2 = -2px$ 开口朝左．这样的特征从方程也可得出．

方程和坐标系的建立密切相关，如果我们把焦点放 y 轴上建立坐标系，则类似地可以得到抛物线的方程应该是

$$x^2 = \pm 2py$$

此时抛物线的特点是准线平行于 x 轴，抛物线开口朝上或朝下，具体地说，$x^2 = 2py$ 的

开口朝上（见图 4.17（c）），$x^2 = -2py$ 的开口朝下（见图 4.17（d）），这也正是之前把抛物线看成二次函数的基本性质.

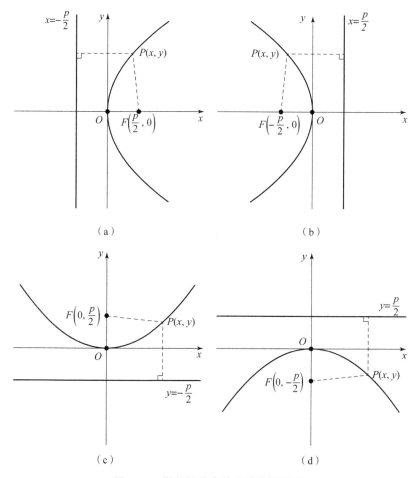

（a）

（b）

（c）

（d）

图 4.17 抛物线焦点的几种位置类型

抛物线的四种类型和椭圆、双曲线都类似，和坐标系的建立密切相关，给出抛物线的方程后，迅速判断其焦点的位置，准线的位置，对于抛物线的计算至关重要.

注记 4.3.1 前几节介绍的椭圆、双曲线、抛物线都称作圆锥截线. 在后续的课程"空间解析几何"中，圆锥截线定义为平面和圆锥相截所得到的曲线. 一般而论，任意一个二次方程都代表一条圆锥截线或一对直线. 这是著名数学家笛卡尔（1637 年）证明的一个结论.

观察椭圆、双曲线的第二定义与抛物线的定义，可以发现三种曲线的定义都是平面上点到一定点的距离与该点到一定直线的距离之比为一常数，该常数称为离心率，定点称为焦点，定直线称为准线. 当离心率在 0 到 1 之间，该曲线为椭圆；当离心率等于 1，该曲线为抛物线；当离心率大于 1，该曲线为双曲线.

例 4.3.1　已知抛物线方程为 $y^2 = 4x$，P 为抛物线上一点，则 P 到 $Q(3, -1)$ 的距离与 P 到焦点 F 的距离之和的最小值为多少？

解　由于 $(-1)^2 < 4 \times 3$，可得 Q 在抛物线的右方. 由抛物线的性质可知，P 到焦点 F 的距离与 P 到直线 $x = -1$ 的距离相等. 于是 P 到 $Q(3, -1)$ 的距离与 P 到焦点 F 的距离之和的最小值为 Q 到直线 $x = -1$ 的距离 4，P 为 Q 到直线 $x = -1$ 的垂线与抛物线的交点.

例 4.3.2　假设抛物线的方程为 $y^2 = 2px$，焦点为 $F\left(\dfrac{p}{2}, 0\right)$，经过 F 的直线交抛物线于 $A(x_1, y_1)$，$B(x_2, y_2)$ 两点.

（1）若 AB 的中点为 $M(x_0, y_0)$，求 $|AB|$；

（2）求 $\dfrac{1}{|AF|} + \dfrac{1}{|BF|}$.

解　（1）M 为 AB 的中点，于是有

$$x_1 + x_2 = 2x_0$$

由抛物线的性质知

$$|AF| = \frac{p}{2} + x_1, \quad |BF| = \frac{p}{2} + x_2$$

所以

$$|AB| = |AF| + |BF| = \frac{p}{2} + x_1 + \frac{p}{2} + x_2 = p + 2x_0$$

（2）假设 $\angle xFA = \beta$，于是

$$x_1 = \frac{p}{2} + |AF| \cos \beta$$

而由椭圆的第二定义，有

$$|AF| = \frac{p}{2} + x_1$$

所以

$$|AF| = \frac{p}{2} + \frac{p}{2} + |AF| \cos \beta = p + |AF| \cos \beta$$

整理得到

$$\frac{1}{|AF|} = \frac{1 - \cos \beta}{p}$$

同理可得

$$|BF| = p + |BF| \cos(180° + \beta)$$

整理得到

$$\frac{1}{|BF|}=\frac{1+\cos\beta}{p}$$

于是

$$\frac{1}{|AF|}+\frac{1}{|BF|}=\frac{1-\cos\beta}{p}+\frac{1+\cos\beta}{p}=\frac{2}{p}$$

与定理 4.1.2 相似，计算得到：

定理 4.3.1 经过抛物线 $y^2=2px$ 上一点 (x_0,y_0) 的切线方程为

$$y_0 y=p(x_0+x)$$

依然适用于替换法则．读者可以验证对于抛物线的其他形式，替换法则也适用．

例 4.3.3 抛物线 $y^2=2px$ 的内接三角形有两边与抛物线 $x^2=2qy$ 相切，证明：这个三角形第三边也与 $x^2=2qy$ 相切．

证 不失一般性，设 $p>0$，$q>0$，抛物线 $y^2=2px$ 的内接三角形顶点为 $A_i(x_i,y_i)$（见图 4.18），因此

$$y_i^2=2px_i \quad (i=1,2,3)$$

由于平行于 x 轴的直线与 $y^2=2px$ 有且仅有一个交点，故 $y_1\neq y_2\neq y_3$．假设 A_1A_2，A_2A_3 与 $x^2=2qy$ 相切（如图 4.18 所示），则需证 A_1A_3 与 $x^2=2qy$ 相切．

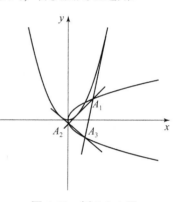

图 4.18 例 4.3.3 图

因为 $x^2=2qy$ 在原点处的切线为 x 轴，与 $y^2=2px$ 有且仅有一个交点，所以原点 O 不能是 $\triangle A_1A_2A_3$ 的顶点．又 A_1A_2 不能与 y 轴平行，故 $x_1\neq x_2$，$y_1\neq -y_2$，于是 A_1A_2 的方程为

$$y-y_1=\frac{y_2-y_1}{x_2-x_1}(x-x_1)$$

又

$$y_2^2-y_1^2=(y_2-y_1)(y_2+y_1)=2p(x_2-x_1)$$

$$\frac{y_2-y_1}{x_2-x_1}=\frac{2p}{y_1+y_2}$$

于是直线方程为

$$y-y_1=\frac{2p}{y_1+y_2}(x-x_1)$$

整理得到 A_1A_2 方程为

$$y=\frac{2p}{y_1+y_2}x+\frac{y_1y_2}{y_1+y_2}$$

与 $x^2 = 2qy$ 联立，消去 y，整理得到关于 x 的二次方程

$$x^2 - \frac{4pq}{y_1 + y_2}x - \frac{2qy_1y_2}{y_1 + y_2} = 0$$

于是，A_1A_2 与 $x^2 = 2qy$ 相切等价于该方程的判别式为 0，即

$$\Delta = \left(-\frac{4pq}{y_1 + y_2}\right)^2 + \frac{8qy_1y_2}{y_1 + y_2} = 0$$

整理得

$$2p^2q + y_1y_2(y_1 + y_2) = 0 \tag{4.12}$$

同理，由 A_2A_3 与 $x^2 = 2qy$ 相切可得

$$2p^2q + y_2y_3(y_2 + y_3) = 0 \tag{4.13}$$

将方程（4.12）与方程（4.13）作差，可得

$$y_2(y_1 - y_3)(y_1 + y_2 + y_3) = 0$$

由于 $y_2 \neq 0$，$y_1 \neq y_3$，有

$$y_1 + y_2 + y_3 = 0$$
$$y_1 + y_3 = -y_2$$
$$y_1 \neq -y_3$$

即 A_1A_3 不与 y 轴平行，将 $y_1 + y_3 = -y_2$ 代入方程（4.12），得

$$2p^2q + y_1y_3(y_1 + y_3) = 0$$

这就说明 A_1A_3 与 $x^2 = 2qy$ 相切.

4.4　坐标变换

对于平面上的一个直角坐标系，平面上每个点与其坐标一一对应. 若在平面上建立另一个直角坐标系，则平面上每个点在这个坐标系又有自己对应的新坐标. 假设平面上一点 M 在旧坐标系中的坐标为 (x, y)，在新坐标系中的坐标为 (x', y')，则新、旧坐标存在一一对应关系，称为直角坐标变换. 在坐标变换下，平面上每个点的旧坐标 (x, y) 可以对应到新坐标 (x', y').

基本的直角坐标变换有两种——平移和旋转，任意直角坐标变换都可由这两种变换完成.

若坐标轴变化时只有原点位置发生变化，坐标轴的方向和长度单位不变，这种运动称为坐标轴的平移. 由坐标轴的平移产生的坐标变换叫作坐标的平移. 在这种变换中，图形不会改变其形状和方向，只会改变其位置.

假设新原点在旧坐标系中的坐标为(x_0, y_0)，则平面上任一点的旧坐标(x, y)与新坐标(x', y')满足
$$\begin{cases} x = x' + x_0 \\ y = y' + y_0 \end{cases}$$
即
$$\begin{cases} x' = x - x_0 \\ y' = y - y_0 \end{cases} \tag{4.14}$$

我们可以利用平移化简曲线方程，常用的方法有待定系数法与配方法．待定系数法假设新原点坐标为(x_0, y_0)，则方程组（4.14）成立，将等式的右边代入曲线方程进行化简，最后使曲线的一次项为0，即可解得(x_0, y_0)．配方法是直接将原方程的x，y放入平方项中，而使其他项不含x，y，即可得到新、旧坐标的对应关系．

例 4.4.1 平移坐标轴，化简$4x^2 + 9y^2 - 8x + 36y + 4 = 0$.

解 对方程进行配方，得
$$4(x^2 - 2x) + 9(y^2 + 4y) + 4 = 4(x-1)^2 + 9(y+2)^2 + 4 - 4 - 36 = 0$$
平移坐标轴，令任意点的新坐标(x', y')满足
$$x' = x - 1, \quad y' = y + 2$$
即令新原点为（1，−2），则曲线在新坐标系下，化简后的曲线方程为
$$4x'^2 + 9y'^2 = 36$$
为焦点在x轴上的椭圆．

若坐标轴不改变原点的位置及长度单位，只令两条坐标轴绕原点旋转同一角度，这种旋转产生的坐标变换叫作坐标的旋转变换．

假设坐标轴旋转角度为θ（见图4.19），则平面上任一点的旧坐标(x, y)与新坐标(x', y')满足
$$\begin{cases} x = x'\cos\theta - y'\sin\theta \\ y = x'\sin\theta + y'\cos\theta \end{cases}$$
即
$$\begin{cases} x' = x\cos\theta + y\sin\theta \\ y' = -x\sin\theta + y\cos\theta \end{cases}$$

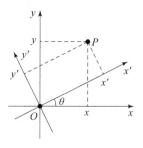

图 4.19 坐标轴旋转

例 4.4.2 把坐标轴旋转45°，曲线$xy = k$的新方程为
$$(x'\cos 45° - y'\sin 45°)(x'\sin 45° + y'\cos 45°) = k$$
整理得
$$x'^2 - y'^2 = 2k$$

为双曲线，故反比例函数的图像也被称为双曲线.

假设旧坐标 (x, y)，经坐标平移 (x_0, y_0) 得到 $(\bar{x}, \bar{y})$，再经坐标旋转 θ 得到 (x', y')，则由平移公式与旋转公式可得

$$\begin{cases} x = \bar{x} + x_0 \\ y = \bar{y} + y_0 \end{cases}$$

和

$$\begin{cases} \bar{x} = x'\cos\theta - y'\sin\theta \\ \bar{y} = x'\sin\theta + y'\cos\theta \end{cases}$$

整理可得一般坐标变换公式为

$$\begin{cases} x = x'\cos\theta - y'\sin\theta + x_0 \\ y = x'\sin\theta + y'\cos\theta + y_0 \end{cases}$$

即

$$\begin{cases} x' = (x - x_0)\cos\theta + (y - y_0)\sin\theta \\ y' = -(x - x_0)\sin\theta + (y - y_0)\cos\theta \end{cases}$$

注意，若先进行坐标旋转 θ，再进行坐标平移 (x_0, y_0)，表达式与上式有所不同，因为此时 (x_0, y_0) 是在旋转后的坐标系中新原点的坐标. 不过若将 (x_0, y_0) 还原为原始坐标系下的坐标，则可以得到与上式相同的形式，这表明先平移或是先旋转效果相同.

本节的坐标轴旋转化简平面上的二次曲线是后期线性代数课程中二次型通过正交变换化为标准形的基础，也是二次型通过正交变换化为标准形的特例. 正交变换的重要特点就是不改变基本的几何图形度量. 因而，坐标轴的旋转改变的只是点的坐标，而不会改变图形的几何性态，通过坐标轴的旋转得到二次曲线的标准形后即可判断原来二次曲线所代表的图形.

4.5　人物小传：笛卡尔

笛卡尔出身于一个地位较低的贵族家庭，父亲是布列塔尼议会的议员. 1 岁多时母亲患肺结核去世，而他也受到传染，造成体弱多病. 母亲去世后，父亲移居他乡并再婚，而把笛卡尔留给了他的外祖母带大，自此父子很少见面，但是父亲一直提供金钱方面的帮助，使他能够接受良好的教育. 8 岁时笛卡尔就进入拉夫赖士（La Flèche）的耶稣英语会学校接受教育，受到良好的古典学以及数学训练. 1613 年到普瓦捷大学学

习法律，1616 年毕业．毕业后笛卡尔一直对职业选择不定，又决心游历欧洲各地，专心寻求"世界这本大书"中的智慧．因此他于 1618 年在荷兰入伍，随军远游．笛卡尔对数学的兴趣就是在荷兰当兵期间产生的．一次他看到军营公告栏上用佛莱芒语写的数学问题征答，产生了兴趣，并且让一位他当兵的朋友，进行了翻译．他的这位朋友在数学和物理学方面有很高造诣，很快成为他的老师．4 个月后，他写信给这位朋友，"你是将我从冷漠中唤醒的人……"，并且告诉他，自己在数学上有了 4 个重大发现．可惜的是这些发现现在已经无从知晓了．26 岁时，笛卡尔变卖掉父亲留下的资产，用 4 年时间游历欧洲，其中在意大利住了 2 年，随后定居巴黎．1621 年笛卡尔退伍，并在 1628 年移居荷兰，在那里住了 20 多年．在此期间，笛卡尔致力于哲学研究，并逐渐形成自己的思想．他在荷兰发表了多部重要的文集，包括《方法论》《形而上学的沉思》和《哲学原理》等．1649 年笛卡尔受瑞典女王之邀来到斯德哥尔摩，但不幸在这片"熊、冰雪与岩石的土地"上得了肺炎，并在 1650 年 2 月去世．1663 年他的著作在罗马和巴黎被列入禁书之列．1740 年，巴黎才解除了禁令，那是为了对当时在法国流行起来的牛顿世界体系提供一个替代的东西．

1. 哲学思想

笛卡尔被广泛认为是西方现代哲学的奠基人，他首次创立了一套完整的哲学体系．哲学上，笛卡尔是一个二元论者以及理性主义者．笛卡尔认为，人类应该可以使用数学的方法——也就是理性——来进行哲学思考．他相信，理性比感官的感受更可靠．（他举出了一个例子：在我们做梦时，我们以为自己身在一个真实的世界中，然而其实这只是一种幻觉而已，参见庄周梦蝶）．他从逻辑学、几何学和代数学中发现了 4 条规则：除了清楚明白的观念外，绝不接受其他任何东西；必须将每个问题分成若干个简单的部分来处理；思想必须从简单到复杂；我们应该时常进行彻底的检查，确保没有遗漏任何东西．笛卡尔将这种方法不仅运用在哲学思考上，还运用于几何学，并创立了解析几何．由此，笛卡尔第一步就主张对每一件事情进行怀疑，而不能信任我们的感官．从这里他悟出一个道理：他必须承认的一件事就是他自己在怀疑．而当人在怀疑时，他必定在思考，由此他推出了著名的哲学命题——"我思故我在"（Cogito ergo sum）．笛卡尔将此作为形而上学中最基本的出发点，从这里他得出结论，"我"必定是一个独立于肉体的、在思维的东西．笛卡尔还试图从该出发点证明出上帝的存在．笛卡尔认为，我们都具有对完美实体的概念，由于我们不可能从不完美的实体上得到完美的概念，因此有一个完美实体——上帝——必定存在．从所得到的两点出发，笛卡尔再次证明，现实世界中有诸多可以用理性来察觉的特性，即它们的数学特性（如长、宽、高等），当我们的理智能够清楚地认知一件事物时，那么该事物一定不会是虚幻的，必定是如同我们所认知的那样．笛卡尔证明了真实世界的存在，他认为宇宙中共有 2 个不同的实体，即精神世界和物质世界（"灵魂"和"扩延"），两者本体都来自上帝，而上帝是独立存在的．他认为，只有人才有灵魂，人是一种二元的存在物，既会思考，也会占空间．而动物只属于物质世界．笛卡尔强调思想是不可怀疑的这个出发点，对此后的欧洲哲学产生了重要的影响．但是它的基础，"我思故我在"被后人证明是并不十分可靠的，因为该公式其实是建基于承认思想是一个自我意识这一隐蔽着的假设上的，如果摒弃了自我意识，那么笛卡尔的论证就失败了．而笛卡尔证明上帝存在的论点，也下得很匆忙．

2. 人物成就简介

笛卡尔强调科学的目的在于造福人类，使人成为自然界的主人和统治者．他反对经院哲学和神学，提出怀疑一切的"系统怀疑的方法"．但他还提出了"我思故我在"的原则，强调不能怀疑以思维为其属性的独立的精神实体的存在，并论证以扩延为其属性的独立物质实体的存在．他认为上述两实体都是有限实体，把它们并列起来，这说明了在形而上学或本体论上，他是典型的二元论者．笛卡尔还企图证明无限实体，即上帝的存在．他认为上帝是有限实体的创造者和终极的原因．笛卡尔的认识论基本上是唯心主义的．他主张唯心理论，把几何学的推理方法和演绎法应用于哲学上，认为清晰明白的概念就是真理，提出"天赋观念"．笛卡尔的自然哲学观同亚里士多德的学说是完全对立的．他认为，所有物质的东西，都是为同一机械规律所支配的机器，甚至人体也是如此．同时他又认为，除了机械的世界外，还有一个精神世界存在，这种二元论的观点后来成了欧洲人的根本思想方法．笛卡尔靠着天才的直觉和严密的数学推理，在物理学方面作出了有益的贡献．从 1619 年读了开普勒的光学著作后，笛卡尔就一直关注着透镜理论；并从理论和实践两方面参与了对光的本质、反射与折射率以及磨制透镜的研究．他把光的理论视为整个知识体系中最重要的部分．笛卡尔运用他的坐标几何学从事光学研究，在《屈光学》中第一次对折射定律提出了理论上的推证．笛卡尔发现了动量守恒原理．他还发展了宇宙演化论、漩涡说等理论学说，虽然具体理论有许多缺陷，但依然对以后的自然科学家产生了影响．他认为光是压力在以太中的传播，他从光的发射论的观点出发，用网球打在布面上的模型来计算光在两种媒质分界面上的反射、折射和全反射，从而首次在假定平行于界面的速度分量不变的条件下导出折射定律；不过他的假定条件是错误的，他的推证得出了光由光疏媒质进入光密媒质时速度增大的错误结论. 他还对人眼进行光学分析, 解释了视力失常的原因是晶状体变形, 设计了矫正视力的透镜. 在力学上, 笛卡尔发展了伽利略的运动相对性的思想, 例如在《哲学原理》一书中, 举出在航行中的海船上海员怀表的表轮这一类生动的例子, 用以说明运动与静止需要选择参照物的道理. 笛卡尔在《哲学原理》第二章中以第一和第二自然定律的形式比较完整地第一次表述了惯性定律: 只要物体开始运动, 就将继续以同一速度并沿着同一直线方向运动, 直到遇到某种外来原因造成的阻碍或偏离为止. 这里他强调了伽利略没有明确表述的惯性运动的直线性. 在这一章中, 他还第一次明确地提出了动量守恒定律: 物质和运动的总量永远保持不变. 笛卡尔对碰撞和离心力等问题曾作过初步研究, 给后来惠更斯的成功创造了条件. 天文学方面笛卡尔把他的机械论观点应用到天体, 发展了宇宙演化论, 形成了他关于宇宙发生与构造的学说. 他认为, 从发展的观点来看而不只是从已有的形态来观察, 对事物更易于理解. 他创立了漩涡说. 他认为太阳的周围有巨大的漩涡, 带动着行星不断运转. 物质的质点处于统一的漩涡之中, 在运动中分化出土、空气和火三种元素, 土形成行星, 火则形成太阳和恒星. 他认为天体的运动来源于惯性和某种宇宙物质旋涡对天体的压力, 在各种大小不同的旋涡的中心必有某一天体, 以这种假说来解释天体间的相互作用. 笛卡尔的太阳起源的以太旋涡模型第一次依靠力学而不是神学, 解释了天体、太阳、行星、卫星、彗星等的形成过程, 比康德的星云说早一个世纪, 是17 世纪中最有权威的宇宙论. 笛卡尔的天体演化说、旋涡模型和近距作用观点, 正如他的整个思想体系一样, 一方面以丰富的物理思想和严密的科学方法为特色, 起着反对经院哲学、启发科学思维、推动当时自然科学前进的作用, 对许多自然科学家的思想产生深远的影响; 而另一方面又经常停留在直观和定性阶段, 不是从定量的试验事实出发, 因而一些具体结论往往有很多缺陷, 成为后来牛顿物理学的主要对立面, 导致了广泛的争论. 数学方面笛卡尔最杰出的成就是在数学发展上创立了解析几何学. 在笛卡尔时代, 代数还是一个比较新的学科, 几何学的思维还在数学家的头脑中占有统治地位. 笛卡尔致力于代数和几何联系起来的研究, 于1637 年, 在创立了坐标系后, 成功地创立了解析几何学. 他的这一成就为微积分的创立奠定了基础. 解析几何直到现在仍是重要的数学方法之一. 此外, 现在使用的许多数学符号都是笛卡尔最先使用的, 这包括了已知数 a, b, c 以及未知数 x, y, z 等, 还有指数的表示方法. 他还发现了凸多面体边、顶点、面之间的关系, 后人称为欧拉—笛卡尔公式. 还有微积分中常见的笛卡尔叶形线也是他发现的.

3. 相关著作

笛卡尔对法学、医学、力学、数学、光学、气象学、天文学以至音乐都有研究的兴趣，接触到各方面的学者. 1618 年他参加军队，退伍后定居巴黎，专门从事科学研究，企图建立起新的科学体系. 他曾想把自己的研究成果写成《世界》一书，效法哥白尼、伽利略式的做法，但当时教会反动势力很大，使他打消了写作这部著作的计划. 这时他对思想方法进行了研究，1628 年写成《指导心智的规则》，但生前并未发表. 1629 年他迁居资产阶级已经取得政权的荷兰，在那里隐居 20 年. 1637 年，笛卡尔用法文写成 3 篇论文《屈光学》《气象学》和《几何学》，并为此写了一篇序言《科学中正确运用理性和追求真理的方法论》，哲学史上简称为《方法论》. 其中《几何学》确定了笛卡尔在数学史上的地位. 1641 年他又用拉丁文发表了《形而上学的沉思》，比较详细地论证了他已经提出的论点，并且附有事前向当时著名哲学家们征求来的诘难以及他自己对这些诘难的驳辩. 1644 年，笛卡尔发表了他的系统著作《哲学原理》，这部书不仅包括他已经发表的思想，论述了他的物理学理论，还包括过去未发表的《世界》一书的内容. 1649 年，他最后发表了心理学著作《论心灵的感情》.

4. 基本学说

17 世纪前期在笛卡尔生活的法国，为神学服务的经院哲学敌视科学思想，用火刑和监狱对付先进的思想家和科学家. 批判经院哲学，建立为科学撑腰的新哲学，是先进思想家的共同任务. 笛卡尔和培根一样，打出了新哲学的大旗. 他们指出经院哲学是一派空谈，只能引导人们陷入根本性错误，不会带来真实可靠的知识，必须用新的正确方法，建立起新的哲学原理. 从他们起，哲学研究开始重视科学认识的方法论和认识论. 经院哲学以圣经的论断、神学的教条为前提，用亚里士多德的三段论法进行推论，得出符合教会利益的结论. 这种方法的基础是盲目信仰和抽象论断. 笛卡尔指出，我们不能盲从. 我们已有的观念和论断有很多是极其可疑的，我们处在真假难分的状态中是不可能确定真理的. 为了追求真理，必须对一切都尽可能地怀疑，甚至像"上帝存在"这样的教条，怀疑它也不会产生思想矛盾. 只有这样才能破旧立新，这就是笛卡尔式怀疑. 这种怀疑不同于否定一切知识的不可知论，而是以怀疑为手段，达到去伪存真的目的，所以被称为"方法论的怀疑". 他把怀疑看成积极的理性活动，要拿理性当作公正的检查员. 他相信理性的权威，要把一切放到理性的尺度上校正. 他认为理性是世间分配得最均匀的东西，权威不再在上帝那里、教会那里，而到了每个人的心里了. 这是对经院哲学的严重打击. 笛卡尔认为，凡是在理性看来清楚明白的就是真的. 复杂的事情看不明白，应当把它尽可能分成简单的部分，直到理性可以看清其真伪的程度. 这就是笛卡尔的真理标准. 这是在认识论上应用理性主义, 即唯理论. 笛卡尔是 17 世纪唯理论的创始人, 他并不完全排斥经验在认识中的作用, 但认为单纯经验可能错误, 不能作为真理标准. 在他看来, 数学是理性能够清楚明白地理解的, 所以数学的方法可以用来作为求得真理的方法, 应当以这种方法找出一些最根本的真理来作为哲学的基础. 笛卡尔从哥白尼、伽利略的新科学中借来的带有机械论性质的方法, 曾经对哲学的发展产生积极作用, 但也不可避免地带来形而上学思想方法的弊病. 笛卡尔把他的体系分为 3 个部分: ① "形而上学", 即认识论和本体论; ② "物理学", 即自然哲学; ③各门具体科学, 主要是医学、力学和伦理学. 他把 "形而上学" 比作一棵树的根, 把 "物理学" 比作树干, 把各门科学比作树枝, 以此表明哲学的重要地位, 但也指出果实是树枝上结出的, 以表明科学的重要意义. 笛卡尔的 "形而上学" 中有新的思想, 也有不少经院哲学的残余. 他的 "物理学" 摆脱了经院哲学, 是典型的机械唯物主义, 是对哲学的新贡献. 笛卡尔本人是杰出的自然科学家, 他把变数引进数学, 将几何学和代数学结合起来, 创立了解析几何学. 他认为数学是其他一切科学的理想和模型, 提出了以数学为基础的、以演绎法为核心的方法论, 对后世的哲学、数学和自然科学的发展起了巨大作用. 他以物质的涡旋运动说明太阳系的生成, 成为康德宇宙起源说的渊源. 这些科学成就都超越了机械论的局限.

5. 影响

笛卡尔的学说有广泛的影响. 他的 "我思故我在", 强调认识中的主观能动性, 直接启发了康德, 成为从康德到黑格尔的德国古典哲学的主题, 推动了辩证法的发展. 正如他的解析几何引出微积分一样. 经过他改造的 "上帝" 观念, 也鼓励了斯宾诺莎对它作进一步的改造, 把 "上帝" 等同于自然, 用唯物主义克服二元论. 在笛卡尔以后, 为了克服他所造成的困难, 人们作出了种种努力. 在 "笛卡尔学派" 中, 马勒伯朗士站在唯心主义一边, 强调上帝的作用, 认为人们的认识完全依赖于上帝. 莱布尼茨也用上帝的 "前定和谐" 来说明身和心的无联系的一致. 另一些人则站在笛卡尔 "物理学" 的机械唯物主义一边, 克服他的 "形而上学" 中的唯心主义, 把唯物主义的第二种形态发展到高峰. 这就是 18 世纪法国唯物主义.

6. 人物评价

笛卡尔在哲学上是二元论者, 并把上帝看作造物主. 但笛卡尔在自然科学范围内却是一个机械论者, 这在当时是有进步意义的. 笛卡尔是欧洲近代哲学的奠基人之一, 黑格尔称他为 "现代哲学之父". 他自成体系, 熔唯物主义与唯心主义于一炉, 在哲学史上产生了深远的影响. 笛卡尔的方法论对于后来物理学的发展有重要的影响. 他在古代演绎方法的基础上创立了一种以数学为基础的演绎法：以唯理论为根据，从自明的直观公理出发，运用数学的逻辑演绎，推出结论. 这种方法和培根所提倡的实验归纳法结合起来，经过惠更斯和牛顿等人的综合运用，成为物理学特别是理论物理学的重要方法. 作为他的普遍方法的一个最成功的例子，是笛卡尔运用代数的方法来解决几何问题，确立了坐标几何学即解析几何学的基础. 笛卡尔的方法论中还有两点值得注意. 第一，他善于运用直观"模型"来说明物理现象. 例如利用"网球"模型说明光的折射；用"盲人的手杖"来形象地比喻光信息沿物质作瞬时传输；用盛水的玻璃球来模拟并成功地解释了虹霓现象等. 第二，他提倡运用假设和假说的方法，如宇宙结构论中的旋涡说. 此外，他还提出"普遍怀疑"原则. 这一原则在当时的历史条件下对于反对教会统治、反对崇尚权威、提倡理性、提倡科学起过很大作用. 笛卡尔堪称 17 世纪及其后的欧洲哲学界和科学界最有影响的巨匠之一，被誉为"近代科学的始祖".

练习题

1. 求下列椭圆长轴和短轴的长度，以及焦点的坐标.

（1）$\dfrac{x^2}{3} + \dfrac{y^2}{2} = 1$；

（2）$\dfrac{x^2}{4} + \dfrac{y^2}{9} = 1$；

（3）$4x^2 + 5y^2 = 20$；

（4）$8x^2 + y^2 = 8$.

2. 椭圆的中心在原点，焦点在 x 轴上，并经过点（6，4）和（8，－3），求椭圆的方程.

3. 一直线经过椭圆 $9x^2 + 25y^2 = 225$ 的左焦点和圆 $x^2 + y^2 - 2x - 3 = 0$ 的圆心，求该直线的方程.

4. 计算双曲线 $9x^2 - 25y^2 = 225$ 的焦点，渐近线方程.

5. 一族平行线和一个椭圆相交，计算得到的那些相交的线段的中点的轨迹.

6. 一族平行线和一抛物线相交，求相交得到的一族线段的中点构成的轨迹.

7. 求以椭圆 $\dfrac{x^2}{8} + \dfrac{y^2}{5} = 1$ 的焦点为顶点，而以椭圆的顶点为焦点的双曲线方程.

8. 试计算与双曲线 $\dfrac{x^2}{8} - \dfrac{y^2}{5} = 1$ 的两个焦点的距离之和为 14 的点的轨迹.

9. 在椭圆和双曲线的方程中，参数 $e = \dfrac{c}{a}$ 称为椭圆和双曲线的离心率．请解释离心率的几何含义．

10. 已知椭圆长轴上两个顶点的坐标为 $(-\sqrt{15}, 0)$，$(\sqrt{15}, 0)$，离心率为 $\dfrac{\sqrt{5}}{5}$，求椭圆的标准方程．

11. 求虚轴长为 12，离心率为 $\dfrac{5}{4}$ 的双曲线方程．

12. 已知椭圆的离心率为 $\dfrac{3}{5}$，焦距与长轴的和为 32，求椭圆的方程．

13. 椭圆的中心在原点，对称轴重合于坐标轴，并且经过点 $A(3, 0)$ 和 $B(0, -4)$，求椭圆的方程．

14. 求与双曲线 $x^2 - 2y^2 = 2$ 有公共渐近线，且过点 $(2, -2)$ 的双曲线方程．

15. 已知两抛物线的顶点都在原点，而焦点分别为 $(2, 0)$ 和 $(0, 2)$，求它们的交点．

16. 在抛物线 $y^2 = 4x$ 上求一点，使它到焦点的距离等于 10．

17. 抛物线的顶点是双曲线 $16x^2 - 9y^2 = 144$ 的中心，而焦点是双曲线的左顶点，求抛物线的方程．

18. 直线 $y = kx + m$ 与双曲线 $\dfrac{x^2}{a^2} - \dfrac{y^2}{b^2} = 1$ 交于 A，B 两点，试表达线段 AB 的长度．

19. 求焦点在 y 轴上，短轴长为 6，离心率为 $\dfrac{1}{\sqrt{10}}$ 的椭圆方程．

20. 计算焦点为 $(-\sqrt{10}, 0)$，$(\sqrt{10}, 0)$，且经过点 $(2\sqrt{3}, 2)$ 的双曲线方程．

21. 计算实轴在 y 轴上，实轴长为 4，离心率为 $\dfrac{\sqrt{3}}{2}$ 的双曲线方程．

22. 计算对称轴为 x 轴，顶点在原点，且经过点 $(3, -3)$ 的抛物线方程．

23. 计算顶点在原点，准线方程为 $y = -3$ 的抛物线方程．

24. 已知圆 $x^2 + y^2 - 2x + 4y - 4 = 0$，问：是否存在斜率为 1 的直线 l，使被圆截得弦 AB，以 AB 为直径的圆经过原点？若存在，写出直线的方程；若不存在，请说明理由．

25. 已知直线 $y = kx + b (b \neq 0)$ 与二次曲线 $Ax^2 + 2Bxy + Cy^2 + 2Dx + 2Ey + F = 0$ 相交于 M，N 两点，O 是原点．试求直线 OM，ON 垂直的条件．

26. 将坐标轴旋转 $60°$，点 A，B，C 在新坐标系中的坐标为 $(2\sqrt{3}, -4)$，$(\sqrt{3}, 0)$，$(0, -2\sqrt{3})$，求这三点在旧坐标系中的坐标.

27. 如果点 $A(2, -3)$ 在新横轴上，$B(1, -7)$ 在新纵轴上，并且新、旧坐标系的对应轴的方向一致，写出坐标变换公式.

28. 如果坐标变换公式为 $x = \dfrac{\sqrt{2}}{2}x' + \dfrac{\sqrt{2}}{2}y' + 2$，$y = -\dfrac{\sqrt{2}}{2}x' + \dfrac{\sqrt{2}}{2}y' - 1$，求新原点的旧坐标及坐标轴旋转的角度.

29. 利用坐标轴平移与旋转，化简下列方程：

（1）$4x^2 + 9y^2 - 30x + 18y = 0$；

（2）$5x^2 - 6xy + 5y^2 - 32 = 0$；

（3）$9x^2 - 24xy + 16 + 16y^2 - 20x + 110y - 50 = 0$.

30. 已知椭圆通过点 $A(4, -1)$，并且与直线 $x + 4y - 10 = 0$ 相切，长轴与短轴与坐标轴重合，作此椭圆方程.

31. 证明：从椭圆的两焦点到它的任意切线的距离的乘积等于短半轴的平方.

32. 证明：椭圆长轴两端点处的切线被椭圆的任意切线所割下的两段（从端点起计算）乘积为短半轴的平方.

33. 求通过椭圆短半轴端点的弦的中点轨迹方程.

34. 设 P 为椭圆上一点，连接 OP，A 为椭圆长轴的一端点，过点 A 作直线平行于 OP 交 y 轴于 R，交椭圆于 Q，求证：$|AQ||AR| = 2|OP|^2$.

35. 证明：从圆 $x^2 + y^2 = a^2 + b^2$ 上任意一点 P 引椭圆 $\dfrac{x^2}{a^2} + \dfrac{y^2}{b^2} = 1$（$a > b > 0$）的两条切线必互相垂直.

36. 设直线方程为 $y = kx + b$，椭圆方程为 $\dfrac{(x-1)^2}{a^2} + y^2 = 1$，则 a，b 满足什么条件使得对于任意 k，直线与椭圆总有公共点？

37. 已知双曲线 $\dfrac{x^2}{a^2} - \dfrac{y^2}{b^2} = 1$，过 $(0, a)$ 与双曲线有且仅有一个交点的直线有几条？请写出直线方程.

38. 已知双曲线 $\dfrac{x^2}{a^2} - \dfrac{y^2}{b^2} = 1$，若 $y = kx$ 与该双曲线无交点，求 k 的取值范围.

39. 已知双曲线 $\dfrac{x^2}{a^2} - \dfrac{y^2}{b^2} = 1$，焦点 $F_1(\sqrt{3}, 0)$，P 为双曲线上一点，PF_1 中点为

（0，1），求双曲线方程.

40. A，B 是抛物线 $y^2 = 4x$ 上不同两点，若 AB 的中点 M 的横坐标为 2，则 AB 的最大长度为多少？

41. 抛物线 $y^2 = 2px(p > 0)$ 与圆 $(x-1)^2 + (y+3)^2 = 4$ 相切，求抛物线方程.

42. A，B，C 为抛物线 $y^2 = 2px$ 上三点，$\triangle ABC$ 为正三角形，求其中心的轨迹方程.

第5章

复　　数

复数是 16 世纪人们在解代数方程时引进的. 为使负数开方有意义, 需要再一次扩大数系, 使实数域扩大到复数域. 但在 18 世纪以前, 由于对复数的概念及性质了解得不清楚, 用它们进行计算又得到一些矛盾. 所以, 在历史上人们长时期把复数看作不能接受的 "虚数". 直到 18 世纪, 达朗贝尔 (J. D'Alemnert, 1717—1783 年) 与欧拉 (L. Euler, 1707—1783 年) 等人逐步阐明了复数的几何意义和物理意义, 澄清了复数的概念, 并且应用复数和复变函数研究了流体力学等方面的一些问题, 复数才被人们广泛接受, 复变函数论才得以顺利建立和发展.

复变函数的理论基础是 19 世纪奠定的, 柯西 (A. L. Cauchy, 1789—1866 年) 和魏尔斯特拉斯 (K. Weierstrass, 1815—1897 年) 分别应用积分和级数研究复变函数, 黎曼 (G. F. B. Riemann, 1826—1866 年) 研究复变函数的映照性质. 他们是这一时期的三位代表人物. 经过他们的巨大努力, 复变函数形成了非常系统的理论, 且渗透到了数学的很多分支, 同时, 它在热力学、流体力学和电学等方面也得到了很多的应用.

20 世纪以来, 复变函数已被广泛地应用在理论物理、弹性理论和天体力学等方面, 与数学中其他分支的联系也日益密切.

本章主要探讨的内容是复数的概念、运算以及不同的表达方式.

5.1　数系的扩充

回顾从自然数系逐步扩充到实数系的过程, 可以看到, 数系的每一次扩充都与实际需求密切相关. 在解决实际问题中, 由于计数的需要, 产生了自然数; 为了表示具有相反意义的量的需要, 产生了整数; 由于测量的需要, 产生了有理数; 由于表示量与量的比值 (如正方形对角线的长度与边长的比值) 的需要, 产生了无理数 (即无线不循环小数).

在解方程过程中,为了让 $x+5=3$ 有解,就引进了负数;为了让方程 $3x=5$ 有解,就引进了分数;为了让方程 $x^2=2$ 有解,就引进了无理数. 依照这种思想,我们来研究把实数系进一步扩充的问题.

在引进了无理数之后,我们已经能够使方程 $x^2=a(a>0)$ 永远有解,但是,这并没有彻底解决问题,当 $a<0$ 时,方程 $x^2=a$ 在实数范围内无解.

为了使方程 $x^2=a(a<0)$ 有解,就必须把实数概念进一步扩大,这就必须引进新的数.

5.2 复数的概念

对于方程 $x^2=-1$,我们知道它是没有实数根的. 为了使这个方程有解,人们就引入了一个新的数 i,并称之为虚数单位,并规定:

(1)它的平方等于 -1,即 $i^2=-1$;

(2)实数可以与它进行四则运算,进行四则运算时,原有的加、乘运算律仍然成立.

例如:$1+i$,$4i$,$i-5$,$\pi i+\sqrt{3}$ 等. 这样,$x=\pm i$ 就是方程 $x^2=-1$ 的两个解. 同时,我们也可以知道虚数单位的一些性质:当 $x\in\mathbf{N}$ 时,有 $i^{4n+1}=i$,$i^{4n+2}=-1$,$i^{4n+3}=-i$,$i^{4n+4}=1$. 即 $i^1=i$,$i^2=-1$,$i^3=-i$,$i^4=1$,$i^5=i$,$i^6=-1$,$\cdots$.

此外,还规定:

$$i^0=1,\ i^{-n}=\frac{1}{i^n}\ (n\in\mathbf{N})$$

例 5.2.1 计算:

(1)$i^{2\,021}$;(2)$i^{-2\,021}$.

解 (1)$i^{2\,021}=i^{4\times505+1}=i^1=i$;

(2)$i^{-2\,021}=\dfrac{1}{i^{4\times505+1}}=\dfrac{1}{i}=-i$.

一般地,虚数单位 i 和实数进行四则运算后,结果都可以写成 $a+bi(a,b\in\mathbf{R})$ 的形式,对于这种形式的数我们给出如下定义:

定义 5.2.1 形如 $a+bi(a,b\in\mathbf{R})$ 的数叫作复数,其中 i 是虚数单位,a 是复数的实部,b 是复数的虚部.

全体复数所构成的集合叫作复数集,用 $\mathbf{C}$ 表示:

$$\mathbf{C} = \{a + b\mathrm{i} \mid a, b \in \mathbf{R}\}$$

在复数 $a + b\mathrm{i}$ 中，当 $b = 0$ 时，复数 $a + b\mathrm{i}$ 就是实数 a；当 $b \neq 0$ 时，就是虚数；当 $a = 0$ 且 $b \neq 0$ 时，复数 $a + b\mathrm{i} = b\mathrm{i}$ 就是纯虚数. 这样看来，复数包含了所有的实数和虚数，即

$$\mathbf{N} \subsetneqq \mathbf{Z} \subsetneqq \mathbf{Q} \subsetneqq \mathbf{R} \subsetneqq \mathbf{C}$$

例如：π，-2，$\sqrt{3}$ 是实数；$2 + 3\mathrm{i}$，$\pi\mathrm{i} + 2$ 是虚数；$2\mathrm{i}$，$\sqrt{2}\mathrm{i}$ 是纯虚数，它们都是复数.

例 5.2.2　实数 m 为何值时，复数 $(m^2 + 2m - 3) + (m^2 + m - 2)\mathrm{i}$ 是：

（1）实数；（2）虚数；（3）纯虚数.

解　设 $a = m^2 + 2m - 3$，$b = m^2 + m - 2$. 则令 $a = 0$，$b = 0$，有 $m = 1$ 或 $m = -3$，$m = -2$ 或 $m = 1$.

（1）当 $b = 0$，即 $m = -2$ 或 $m = 1$ 时，上面的复数是实数；

（2）当 $b \neq 0$，即 $m \neq 1$ 或 $m \neq -3$ 时，上面的复数是虚数；

（3）当 $a = 0$ 且 $b \neq 0$，即 $m = 1$ 时，上面的复数是纯虚数.

如果两个复数的实部和虚部分别相等，那么我们就说这两个复数相等. 即如果 a，b，c，$d \in \mathbf{R}$，那么

$$a + b\mathrm{i} = c + d\mathrm{i} \Longleftrightarrow a = c,\ b = d$$
$$a + b\mathrm{i} = 0 \Longleftrightarrow a = b = 0$$

例 5.2.3　已知 $(a + 4) + (2b - 4)\mathrm{i} = b + (a + 2)\mathrm{i}$，其中 a，$b \in \mathbf{R}$，求 a 和 b.

解　根据复数的定义，有

$$\begin{cases} a + 4 = b \\ 2b - 4 = a + 2 \end{cases}$$

解得

$$a = -2,\ b = 2$$

注记 5.2.1　需要注意的是，与实数不同的是，一般情况下，当两个复数不全是实数时，它们是无法比较大小的.

5.3　复数的几何表示

我们知道，实数与数轴上的点一一对应，因此，实数可以用数轴上的点来表示，类比实数的几何意义，复数的几何意义是什么呢？

根据复数相等的定义，任何一个复数 $z = a + b\mathrm{i}$，都可以由一个有序实数对 (a, b)

唯一确定. 有序实数对(a, b)与平面直角坐标系中的点集之间可以建立一一对应. 如图 5.1 所示, 点 Z 的横坐标是 a, 纵坐标是 b, 复数 $z = a + bi$ 可以用点 $Z(a, b)$ 表示, 这个建立了直角坐标系来表示复数的平面叫作复平面, x 轴叫作实轴, 其单位是 1; y 轴叫作虚轴, 其单位是 i. 显然, 实轴上的点都表示实数, 任何一个实数 a 都与实轴上的点$(a, 0)$一一对应; 除了原点外, 虚轴上的点都表示纯虚数, 任何一个纯虚数 $bi(b \neq 0)$与虚轴上的点$(0, b)$一一对应.

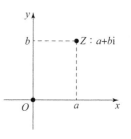

图 5.1　复数的几何意义

例如, 复平面内的原点$(0, 0)$表示实数 0, 实轴上的点$(1, 0)$表示实数 1, 虚轴上的点$(0, -1)$表示纯虚数 $-i$, 点$(-1, 1)$表示复数 $-1 + i$ 等.

按照这种表示方法, 每一个复数, 有复平面内唯一的点和它对应; 反过来, 复平面内的每一个点, 有唯一的复数和它对应. 由此可知, 复数集 **C** 和复平面内所有的点所形成的集合是一一对应的, 即

$$复数\ z = a + bi \xleftrightarrow{\text{一一对应}} 平面向量 \overrightarrow{OZ}$$

这就是复数的另一种几何意义. 为了方便起见, 我们常把复数 $z = a + bi$ 说成点 Z 或说成向量 $\overrightarrow{OZ}$, 并且规定, 相等的向量表示同一个复数.

向量 $\overrightarrow{OZ}$ 的模 r 叫作复数 $z = a + bi$ 的模, 记作 $|z|$ 或 $|a + bi|$. 如果 $b = 0$, 那么 $z = a + bi$ 是一个实数 a, 它的模等于 $|a|$（就是 a 的绝对值）. 由模的定义可知：$|z| = |a + bi| = r = \sqrt{a^2 + b^2}$ $(r \geq 0, r \in \mathbf{R})$.

例 5.3.1　在复平面内, 点 $M(-1, 2)$, $N(3, -1)$, $P(0, -1)$, $Q(3, 0)$各代表什么复数?

解　点 M 表示复数 $-1 + 2i$, 点 N 表示复数 $3 - i$, 点 P 表示纯虚数 $-i$, 点 Q 表示实数 3.

例 5.3.2　已知复数 $z = (m^2 + m - 6) + (m^2 + m - 2)i$ 在复平面内所对应的点位于第二象限, 求实数 m 允许的取值范围.

解　由

$$\begin{cases} m^2 + m - 6 < 0 \\ m^2 + m - 2 > 0 \end{cases} \quad 得 \quad \begin{cases} -3 < m < 2 \\ m < -2\ 或\ m > 1 \end{cases}$$

所以, $m \in (-3, -2) \cup (1, 2)$.

例 5.3.3　已知虚数 $(x - 2) + yi(x, y \in \mathbf{R})$的模为$\sqrt{3}$, 求 $\dfrac{y}{x}$ 的最大值.

解 由 $(x-2)+y\mathrm{i}$ 是虚数，得 $y\neq 0$. 由 $|(x-2)+y\mathrm{i}|=\sqrt{3}$，得 $(x-2)^2+y^2=3$.

所以动点 $Z(x,y)$ 的轨迹是以 $(2,0)$ 为圆心，$\sqrt{3}$ 为半径的圆（除去点 $(2+\sqrt{3},0)$，$(2-\sqrt{3},0)$），$\dfrac{y}{x}$ 是圆上动点 $Z(x,y)$ 与 $O(0,0)$ 连线的斜率，过 O 点作圆的切线 OP、OQ，如图 5.2 所示，则斜率最大值为 $\tan\angle AOP=\sqrt{3}$.

故 $\dfrac{y}{x}$ 的最大值为 3.

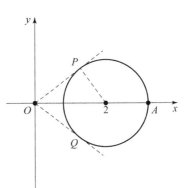

图 5.2　例 5.3.3

例 5.3.4　设复数 Z 满足 $|Z-\mathrm{i}|\leqslant\sqrt{2}$（$\mathrm{i}$ 为虚数单位），则 Z 在复平面所对应的图形的面积是多少？

解　设 $Z=x+y\mathrm{i}(x,y\in\mathbf{R})$，则
$$Z-\mathrm{i}=x+y\mathrm{i}-\mathrm{i}=x+(y-1)\mathrm{i}$$
所以
$$|z-\mathrm{i}|=\sqrt{x^2+(y-1)^2}$$
由 $|Z-\mathrm{i}|\leqslant\sqrt{2}$ 知
$$\sqrt{x^2+(y-1)^2}\leqslant\sqrt{2},\ x^2+(y-1)^2\leqslant 2$$
所以复数 Z 对应的点 (x,y) 构成以 $(0,1)$ 为圆心，$\sqrt{2}$ 为半径的圆面（含边界）. 即所求图形的面积为 $S=2\pi$.

例 5.3.5　已知复数 $|z|=1$，求复数 $3+4\mathrm{i}+z$ 的模的最大值和最小值.

解　令 $\omega=3+4\mathrm{i}+z$，则 $z=\omega-(3+4\mathrm{i})$.

因为 $|z|=1$，所以 $|\omega-(3+4\mathrm{i})|=1$，即复数 ω 在复平面内对应的点的轨迹是以 $(3,4)$ 为圆心，1 为半径的圆. 如图 5.3 所示，可以看出，圆上的点 A 所对应的复数 ω_A 的模最大，为 $\sqrt{3^2+4^2}+1=6$；圆上的点 B 所对应的复数 ω_B 的模最小，为 $\sqrt{3^2+4^2}-1=4$.

即复数 $3+4\mathrm{i}+z$ 的模的最大值和最小值分别为 6 和 4.

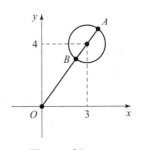

图 5.3　例 5.3.5

5.4　复数的四则运算

在上一节中，我们把实数系扩充到了复数系. 下面，我们进一步讨论复数系中的运算问题.

复数的加法和减法可以按照多项式的加法和减法法则进行，也就是实部和实部相加减，虚部和虚部相加减. 即

设 $z_1 = a + bi$，$z_2 = c + di$ 是任意两个复数，那么

$$(a + bi) + (c + di) = (a + c) + (b + d)i$$

$$(a + bi) - (c + di) = (a - c) + (b - d)i$$

显然，两个复数的和仍然是一个明确的复数. 容易得到，对任意 Z_1，Z_2，$Z_3 \in$ **C**，有

$$Z_1 + Z_2 = Z_2 + Z_1$$

$$(Z_1 + Z_2) + Z_3 = Z_1 + (Z_2 + Z_3)$$

设 $\overrightarrow{OZ_1}$，$\overrightarrow{OZ_2}$ 分别与复数 $a + bi$，$c + di$ 对应，则 $\overrightarrow{OZ_1} = (a, b)$，$\overrightarrow{OZ_2} = (c, d)$. 由平面向量的坐标运算，得

$$\overrightarrow{OZ_1} \pm \overrightarrow{OZ_2} = (a \pm c, \ b \pm d)$$

这说明两个向量 $\overrightarrow{OZ_1}$，$\overrightarrow{OZ_2}$ 的和就是与复数 $(a + c) \pm (b + d)i$ 对应的向量. 因此，复数的加减法可以按照向量的加减法来进行（见图5.4），这是复数加法和减法的几何意义.

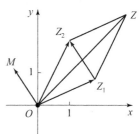

图 5.4 复数加减法的几何意义

例 5.4.1 设 $Z_1 = 3 + 2i$，$Z_2 = -1 + 5i$，求 $Z_1 + Z_2$，$Z_1 - Z_2$.

解 由复数的加减运算法则可知

$$
\begin{aligned}
Z_1 + Z_2 &= (3 + 2i) + (-1 + 5i) = [3 + (-1)] + (2 + 5)i \\
&= 2 + 7i
\end{aligned}
$$

$$
\begin{aligned}
Z_1 - Z_2 &= (3 + 2i) - (-1 + 5i) = [3 - (-1)] + (2 - 5)i \\
&= 4 - 3i
\end{aligned}
$$

例 5.4.2 设 $Z_1 = -3 + 2i$，$Z_2 = -1 - 3i$，$Z_3 = -5i$，求 $Z_1 - Z_2 + Z_3$.

解 结合复数的加减运算法则，上式可以写成

$$
\begin{aligned}
Z_1 - Z_2 + Z_3 &= (-3 + 2i) - (-1 - 3i) + (-5i) \\
&= [-3 - (-1)] + [2 - (-3) + (-5)]i \\
&= -2
\end{aligned}
$$

我们规定，复数的乘法法则如下：设 $Z_1 = a + bi$，$Z_2 = c + di$ 是任意两个复数，那么它们的积

$$
\begin{aligned}
Z_1 \times Z_2 &= (a + bi)(c + di) \\
&= ac + bci + adi + bdi^2 \\
&= (ac - bd) + (ad + bc)i
\end{aligned}
$$

可以看出，两个复数相乘，类似于两个多项式相乘，只要把所得的结果中把 i^2 换成 -1，并且把实部和虚部分别合并即可. 两个复数的积是一个确定的复数. 容易得到，对任意 Z_1，Z_2，$Z_3 \in \mathbf{C}$，有

$$Z_1 \times Z_2 = Z_2 \times Z_1$$
$$(Z_1 \times Z_2) \times Z_3 = Z_1 \times (Z_2 \times Z_3)$$
$$Z_1 \times (Z_2 + Z_3) = Z_1 \times Z_2 + Z_1 \times Z_3$$

例 5.4.3　计算：

（1）$(3 + 4i)(3 - 4i)$；（2）$(1 + i)^2$.

解　（1）$(3 + 4i)(3 - 4i) = 9 - 12i + 12i - 16i^2$
$$= 9 + 16$$
$$= 25;$$

（2）$(1 + i)^2 = 1 + 2i + i^2$
$$= 2i.$$

注记 5.4.1　（1）题也可以使用乘法公式计算，即 $(3 + 4i)(3 - 4i) = 3^2 - (4i)^2 = 9 - (-16) = 25$.

上面例子中的两个复数 $(3 + 4i)$，$(3 - 4i)$ 称为共轭复数.

一般地，当两个复数的实部相等，虚部互为相反数时，这两个复数叫作互为共轭复数，虚部不等于 0 的两个共轭复数也叫作共轭虚数.

若 Z_1，Z_2 是共轭复数，那么在复平面内，它们所对应的点有怎样的位置关系？$Z_1 \cdot Z_2$ 是一个怎样的数呢？大家可以思考一下.

类比实数的除法是乘法的逆运算，我们规定复数的除法也是乘法的逆运算.

复数除法法则：设 $Z_1 = a + bi$，$Z_2 = c + di (Z_2 \neq 0)$ 是任意两个复数，那么它们的商

$$Z_1 \div Z_2 = \frac{a + bi}{c + di}$$

$$= \frac{(a + bi)(c - di)}{(c + di)(c - di)}$$

$$= \frac{(ac + bd) + (bc - ad)i}{c^2 + d^2}$$

$$= \frac{ac + bd}{c^2 + d^2} + \frac{(bc - ad)i}{c^2 + d^2}$$

先把它们写成分式，分子和分母同时乘以分母的共轭复数，然后再进行化简，即得到复数的除法公式

$$\frac{a + bi}{c + di} = \frac{ac + bd}{c^2 + d^2} + \frac{(bc - ad)i}{c^2 + d^2}$$

例 5.4.4 计算：$(1+2i) \div (3-4i)$.

解 $(1+2i) \div (3-4i) = \dfrac{1+2i}{3-4i} = \dfrac{(1+2i)(3+4i)}{(3-4i)(3+4i)}$

$$= \frac{3-8+6i+4i}{3^2+4^2}$$

$$= \frac{-5+10i}{25} = -\frac{1}{5} + \frac{2}{5}i.$$

5.5 复数的三角形式

我们知道复数 $a+bi$ 对应着复平面上的点 (a, b)，也对应复平面上的一个向量（见图 5.5）. 这个向量的长度叫作复数 $a+bi$ 的模，记为 $|a+bi|$，一般情况下，复数的模用字母 r 表示.

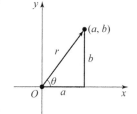

同时，这个向量针对 x 轴的正方向有一个方向角，我们称为幅角，记为 $\arg(a+bi)$，幅角一般情况下用希腊字母 θ 表示. 显然

$$a = r\cos\theta, \ b = r\sin\theta$$

把它们代入复数的代数形式，得

$$a+bi = r\cos\theta + ir\sin\theta = r(\cos\theta + i\sin\theta)$$

复数 0 的模等于 0，因此复数 0 的三角形式就是 0.

图 5.5　复数的三角形式

这样，我们把 $r(\cos\theta + i\sin\theta)$ 叫作复数 $a+bi$ 的三角形式. 其中，

$$r = \sqrt{a^2+b^2}, \ \cos\theta = \frac{a}{r}, \ \sin\theta = \frac{b}{r}$$

从复数的三角形式看出，如果两个非 0 的复数模与幅角的值分别相等，则这两个复数相等.

例 5.5.1 将下列复数化为三角形式：

(1) $Z_1 = -3i$;　　　(2) $Z_2 = -2+2i$;

(3) $Z_3 = -6$;　　　(4) $Z_4 = \dfrac{5}{2}$.

解 (1) 因为 $a=0$，$b=-3$，则 $r = \sqrt{(-3)^2} = 3$，$\cos\theta = 0$，$\sin\theta = -1$，即 $\theta = \dfrac{3\pi}{2}$. 所以 $Z_1 = 3\left(\cos\dfrac{3\pi}{2} + i\sin\dfrac{3\pi}{2}\right)$.

(2) 因为 $a=-2$，$b=2$，则 $r = \sqrt{(-2)^2+2^2} = 2\sqrt{2}$，$\cos\theta = -\dfrac{\sqrt{2}}{2}$，$\sin\theta = \dfrac{\sqrt{2}}{2}$，即

$\theta = \dfrac{3\pi}{4}$. 所以 $Z_2 = 2\sqrt{2}\left(\cos\dfrac{3\pi}{4} + i\sin\dfrac{3\pi}{4}\right)$.

（3）因为 $a = -6$，$b = 0$，则 $r = \sqrt{(-6)^2} = 6$，$\cos\theta = -1$，$\sin\theta = 0$，即 $\theta = \pi$. 所以 $Z_3 = 6(\cos\pi + i\sin\pi)$.

（4）因为 $a = \dfrac{5}{2}$，$b = 0$，则 $r = \sqrt{\left(\dfrac{5}{2}\right)^2} = \dfrac{5}{2}$，$\cos\theta = 1$，$\sin\theta = 0$，即 $\theta = 2\pi$. 所以

$$Z_4 = \dfrac{5}{2}(\cos 2\pi + i\sin 2\pi).$$

例 5.5.2 将下列复数的三角形式转化为代数形式：

（1）$Z_1 = 10\left(\cos\dfrac{\pi}{3} + i\sin\dfrac{\pi}{3}\right)$；（2）$Z_2 = 14\left(\cos\dfrac{7\pi}{4} + i\sin\dfrac{7\pi}{4}\right)$.

解（1）$Z_1 = 10\left(\cos\dfrac{\pi}{3} + i\sin\dfrac{\pi}{3}\right)$

$$= 10\left(\dfrac{1}{2} + \dfrac{\sqrt{3}}{2}i\right)$$

$$= 5 + 5\sqrt{3}i;$$

（2）$Z_2 = 14\left(\cos\dfrac{7\pi}{4} + i\sin\dfrac{7\pi}{4}\right)$

$$= 14\left(\dfrac{\sqrt{2}}{2} - \dfrac{\sqrt{2}}{2}i\right)$$

$$= 7\sqrt{2} - 7\sqrt{2}i.$$

引入复数三角形式的一个重要原因在于三角形式进行乘除法、乘方和开方的运算法则. 下面就介绍复数的三角形式的乘除法、乘方和开方.

设 $Z_1 = r_1(\cos\theta_1 + i\sin\theta_1)$，$Z_2 = r_2(\cos\theta_2 + i\sin\theta_2)$，那么

$$Z_1 Z_2 = r_1(\cos\theta_1 + i\sin\theta_1) \cdot r_2(\cos\theta_2 + i\sin\theta_2)$$

$$= r_1 r_2\big[(\cos\theta_1\cos\theta_2) - \sin\theta_1\sin\theta_2 +$$

$$i(\sin\theta_1\cos\theta_2 + \cos\theta_1\sin\theta_2)\big]$$

$$= r_1 r_2\big[\cos(\theta_1 + \theta_2) + i\sin(\theta_1 + \theta_2)\big]$$

即

$$Z_1 Z_2 = r_1 r_2\big[\cos(\theta_1 + \theta_2) + i\sin(\theta_1 + \theta_2)\big]$$

这说明，两个复数相乘等于它们的模相乘而幅角相加. 这个运算在几何上可以用下面的方法进行：

在复平面内，分别作出复数 Z_1，Z_2 对应的向量 $\overrightarrow{OZ_1}$，$\overrightarrow{OZ_2}$，先将向量 $\overrightarrow{OZ_1}$ 的模扩大

为原来的 r_2 倍，然后再将它绕原点逆时针旋转角 θ_2，就得到了新向量 $\overrightarrow{OZ}$，这就表示乘积 $Z_1 Z_2$.

我们可以将上面的复数乘积推广至 n 个复数相乘的情况，即

$$r_1(\cos\theta_1 + \mathrm{i}\sin\theta_1) \cdot r_2(\cos\theta_2 + \mathrm{i}\sin\theta_2) \cdot \cdots \cdot r_n(\cos\theta_n + \mathrm{i}\sin\theta_n)$$
$$= r_1 r_2 \cdots r_n [\cos(\theta_1 + \theta_2 + \cdots + \theta_n) + \mathrm{i}\sin(\theta_1 + \theta_2 + \cdots + \theta_n)]$$

当 $Z_1 = Z_2 = \cdots = Z_n = Z$ 时，即 $r_1 = r_2 = \cdots = r_n = r$，$\theta_1 = \theta_2 = \cdots = \theta_n = \theta$，那么

$$[r(\cos\theta + \mathrm{i}\sin\theta)]^n = r^n(\cos n\theta + \mathrm{i}\sin n\theta) \quad (n \in \mathbf{N}^*)$$

这就是复数三角形式的乘方法则，即模数乘方. 幅角 n 倍在复数三角形式的乘方法则中，当 $r = 1$ 时，则有

$$(\cos\theta + \mathrm{i}\sin\theta)^n = \cos n\theta + \mathrm{i}\sin n\theta$$

这个公式叫作棣美弗公式.

例 5.5.3 计算下列各式：

（1） $\sqrt{2}\left(\cos\dfrac{\pi}{12} + \mathrm{i}\sin\dfrac{\pi}{12}\right) \cdot \sqrt{3}\left(\cos\dfrac{5\pi}{6} + \mathrm{i}\sin\dfrac{5\pi}{6}\right)$;

（2） $3\left(\cos\dfrac{\pi}{6} + \mathrm{i}\sin\dfrac{\pi}{6}\right) \cdot 7\left(\cos\dfrac{3\pi}{4} + \mathrm{i}\sin\dfrac{3\pi}{4}\right)$;

（3） $\left[2\left(\cos\dfrac{\pi}{3} + \mathrm{i}\sin\dfrac{\pi}{3}\right)\right]^{-4}$;

（4） $\left(-\dfrac{\sqrt{3}}{2} + \dfrac{1}{2}\mathrm{i}\right)^4$.

解 （1） $\sqrt{2}\left(\cos\dfrac{\pi}{12} + \mathrm{i}\sin\dfrac{\pi}{12}\right) \cdot \sqrt{3}\left(\cos\dfrac{5\pi}{6} + \mathrm{i}\sin\dfrac{5\pi}{6}\right)$

$$= \sqrt{2} \cdot \sqrt{3}\left[\cos\left(\dfrac{\pi}{12} + \dfrac{\pi}{5}\right) + \mathrm{i}\sin\left(\dfrac{\pi}{12} + \dfrac{\pi}{5}\right)\right]$$

$$= \sqrt{6}\left(\cos\dfrac{17\pi}{60} + \mathrm{i}\sin\dfrac{17\pi}{60}\right);$$

（2） $3\left(\cos\dfrac{\pi}{6} + \mathrm{i}\sin\dfrac{\pi}{6}\right) \cdot 7\left(\cos\dfrac{3\pi}{4} + \mathrm{i}\sin\dfrac{3\pi}{4}\right)$

$$= 3 \cdot 7\left[\cos\left(\dfrac{\pi}{6} + \dfrac{3\pi}{4}\right) + \mathrm{i}\sin\left(\dfrac{\pi}{6} + \dfrac{3\pi}{4}\right)\right]$$

$$= 21\left(\cos\dfrac{11\pi}{12} + \mathrm{i}\sin\dfrac{11\pi}{12}\right);$$

（3） $\left[2\left(\cos\dfrac{\pi}{3} + \mathrm{i}\sin\dfrac{\pi}{3}\right)\right]^{-4}$

$$= 2^{-4}\left[\cos\left(-4 \cdot \dfrac{\pi}{3}\right) + \mathrm{i}\sin\left(-4 \cdot \dfrac{\pi}{3}\right)\right]$$

$$= \frac{1}{16}\left(\cos\frac{-4\pi}{3} + \mathrm{isin}\frac{-4\pi}{3}\right);$$

$$(4)\ \left(-\frac{\sqrt{3}}{2} + \frac{1}{2}\mathrm{i}\right)^4 = \left(\cos\frac{5\pi}{6} + \mathrm{isin}\frac{5\pi}{6}\right)^4$$

$$= \cos\left(4 \cdot \frac{5}{6}\pi\right) + \mathrm{isin}\left(4 \cdot \frac{5\pi}{6}\right)$$

$$= \cos\frac{10}{3}\pi + \mathrm{isin}\frac{10\pi}{3}.$$

对于复数的除法，设复数 $Z_1 = r_1(\cos\theta_1 + \mathrm{isin}\,\theta_1)$，$Z_2 = r_2(\cos\theta_2 + \mathrm{isin}\,\theta_2)$（$Z_2 \neq 0$），那么

$$\frac{Z_1}{Z_2} = \frac{r_1(\cos\theta_1 + \mathrm{isin}\,\theta_1)}{r_2(\cos\theta_2 + \mathrm{isin}\,\theta_2)}$$

$$= \frac{r_1}{r_2}\frac{(\cos\theta_1 + \mathrm{isin}\,\theta_1)(\cos\theta_2 - \mathrm{isin}\,\theta_2)}{(\cos\theta_2 + \mathrm{isin}\,\theta_2)(\cos\theta_2 - \mathrm{isin}\,\theta_2)}$$

$$= \frac{r_1}{r_2}\big[(\cos\theta_1\cos\theta_2 + \sin\theta_1\sin\theta_2) + \mathrm{i}(\sin\theta_1\cos\theta_2 - \cos\theta_1\sin\theta_2)\big]$$

$$= \frac{r_1}{r_2}\big[\cos(\theta_1 - \theta_2) + \mathrm{isin}(\theta_1 - \theta_2)\big]$$

即

$$\frac{Z_1}{Z_2} = \frac{r_1}{r_2}\big[\cos(\theta_1 - \theta_2) + \mathrm{isin}(\theta_1 - \theta_2)\big]$$

这说明，两个复数相除等于它们的模相除而幅角相减. 这个运算在几何上可以用下面的方法进行：

在复平面内，分别作出复数 Z_1，Z_2 对应的向量 $\overrightarrow{OZ_1}$，$\overrightarrow{OZ_2}$，先将向量 $\overrightarrow{OZ_1}$ 的模缩小为原来的 $\frac{1}{r_2}$，然后再将它绕原点顺时针旋转角 θ_2，就得到了新向量 $\overrightarrow{OZ}$，这就表示商 $\frac{Z_1}{Z_2}$.

例 5.5.4　(1) $6\left(\cos\frac{4\pi}{3} + \mathrm{isin}\frac{4\pi}{3}\right) \div 12\left(\cos\frac{5\pi}{6} + \mathrm{isin}\frac{5\pi}{6}\right)$;

(2) $\left[\sqrt{2}\left(\cos\frac{\pi}{6} + \mathrm{isin}\frac{\pi}{6}\right)\right]^{-12}$.

解　(1)　$6\left(\cos\frac{4\pi}{3} + \mathrm{isin}\frac{4\pi}{3}\right) \div 12\left(\cos\frac{5\pi}{6} + \mathrm{isin}\frac{5\pi}{6}\right)$

$$= \frac{1}{2}\left[\cos\left(\frac{4\pi}{3} - \frac{5\pi}{6}\right) + \mathrm{isin}\left(\frac{4\pi}{3} - \frac{5\pi}{6}\right)\right]$$

$$= \frac{1}{2}\left(\cos\frac{\pi}{2} + \mathrm{isin}\frac{\pi}{2}\right);$$

（2）　$\left[\sqrt{2}\left(\cos\dfrac{\pi}{6}+\mathrm{i}\sin\dfrac{\pi}{6}\right)\right]^{-12}$

$$=\dfrac{1}{\left[\sqrt{2}\left(\cos\dfrac{\pi}{6}+\mathrm{i}\sin\dfrac{\pi}{6}\right)\right]^{12}}$$

$$=\dfrac{1}{(\sqrt{2})^{12}\left(\cos 12\cdot\dfrac{\pi}{6}+\mathrm{i}\sin 12\cdot\dfrac{\pi}{6}\right)}$$

$$=\dfrac{1}{32(\cos 2\pi+\mathrm{i}\sin 2\pi)}$$

$$=\dfrac{1}{32}.$$

对于复数 $Z=r(\cos\theta+\mathrm{i}\sin\theta)$，根据代数的基本定理及其推论可知，任何一个复数在复数范围内都有 n 个不同的 n 次方根.

设 $Z=r(\cos\theta+\mathrm{i}\sin\theta)$ 的一个 n 次方根为 $\omega=\rho(\cos\varphi+\mathrm{i}\sin\varphi)$，那么

$$\omega^n=\left[\rho(\cos\varphi+\mathrm{i}\sin\varphi)\right]^n=\rho^n(\cos n\varphi+\mathrm{i}\sin n\varphi)$$

所以 $r=\rho^n$，$n\varphi=\theta+2k\pi$（$k=0$，±1，±2，$\cdots$），即

$$\rho=\sqrt[n]{r},\ \varphi=\dfrac{\theta+2k\pi}{n}=\dfrac{\theta}{n}+\dfrac{2k\pi}{n}\ (k=0,\ \pm1,\ \pm2,\ \cdots)$$

显然，当 k 从 0 依次取到 $n-1$，所得到的角的终边互不相同，但 k 从 n 开始取值后，前面的终边又周期性出现. 因此，复数 Z 的 n 个 n 次方根为

$$\omega_k=\sqrt[n]{r}\left(\cos\dfrac{\theta+2k\pi}{n}+\mathrm{i}\sin\dfrac{\theta+2k\pi}{n}\right)\ (k=0,\ \pm1,\ \pm2,\ \cdots,\ n-1)$$

从求根公式可以看出，相邻两个根之前幅角相差 $\dfrac{\pi}{n}$，所以复数 Z 的 n 个 n 次方根均匀地分布在以原点为圆心，它的模的 n 次算数根为半径的圆周上.

因此，求一个复数 $Z=r\cos\theta+\mathrm{i}\sin\theta$ 的全部 n 次方根，可以用下面的几何方法进行：

先作出圆心在原点，半径为 $\sqrt[n]{r}$ 的圆，然后作出角 $\dfrac{\theta}{n}$ 的终边，以这条终边与圆的交点为分点，将圆周 n 等分，那么，每个等分点对应的复数就是复数 Z 的 n 次方根.

5.6　复数的指数形式

在对复数三角形式的乘法规则讨论中，我们发现，复数的三角形式将复数的乘法"部分地"转化为加法（模相乘，幅角相加）. 这种改变运算等级的现象在初等函数中

有过体现. 比如, 对数函数和指数函数, $a^x a^y = a^{x+y}$, $\log_a(xy) = \log_a x + \log_a y$. 前者将两个同底幂的乘积变成同底的指数相加; 后者将两个真数积的对数变成两个同底对数的和.

从形式上看, 复数的乘法与指数函数的关系更为密切:

$$Z_1 Z_2 = r_1 r_2 \left[\cos(\theta_1 + \theta_2) + i\sin(\theta_1 + \theta_2) \right]$$

$$(b_1 a^x) \cdot (b_2 a^y) = (b_1 b_2) \cdot a^{x+y}$$

根据这个特点, 复数 $Z = r(\cos\theta + i\sin\theta)$ 应该可以表示成某种指数形式, 即复数应该可以表示成 $y \cdot a^x$ 的形式.

下面, 我们引入欧拉公式:

$$\cos\theta + i\sin\theta = e^{i\theta} \quad (\text{e 为自然对数的底, } e = 2.718\,28\cdots)$$

可得 $Z = re^{i\theta}$, $re^{i\theta}$ 称为复数的指数形式, 其中幅角 θ 的单位必须是弧度制.

利用复数的指数形式进行乘法、除法运算更为方便.

设 $Z_1 = r_1 e^{i\theta_1}$, $Z_2 = r_2 e^{i\theta_2}$, 则

$$Z_1 \cdot Z_2 = (r_1 e^{i\theta_1}) \cdot (r_2 e^{i\theta_2}) = r_1 r_2 e^{i(\theta_1 + \theta_2)}$$

即

$$(r_1 e^{i\theta_1}) \cdot (r_1 e^{i\theta_1}) = r_1 r_2 e^{i(\theta_1 + \theta_2)}$$

当 $Z_2 \neq 0$ 时, 有

$$\frac{Z_1}{Z_2} = \frac{r_1 e^{i\theta_1}}{r_2 e^{i\theta_2}} = \frac{r_1}{r_2} e^{i(\theta_1 - \theta_2)}, \quad r_2 \neq 0$$

对任意正整数 n, 有

$$(re^{i\theta})^n = r^n e^{in\theta}$$

例 5.6.1 将下列复数化为三角形式与指数形式:

(1) $Z = -\sqrt{12} - 2i$; (2) $Z = \sin\dfrac{\pi}{5} + i\cos\dfrac{\pi}{5}$.

解 (1) $r = |Z| = \sqrt{12 + 4} = 4$, 因为 Z 在第三象限, 所以

$$\theta = \arctan\left(\frac{-2}{-\sqrt{12}}\right) - \pi = \arctan\frac{\sqrt{3}}{3} - \pi = -\frac{5}{6}\pi$$

故三角表达式为 $Z = 4\left[\cos\left(-\dfrac{5\pi}{6}\right) + i\sin\left(-\dfrac{5\pi}{6}\right)\right]$, 指数表达式为 $Z = 4e^{-\frac{5\pi i}{6}}$.

(2) 显然 $r = |Z| = 1$,

$$\sin\frac{\pi}{5} = \cos\left(\frac{\pi}{2} - \frac{\pi}{5}\right) = \cos\frac{3\pi}{10}$$

$$\cos\frac{\pi}{5} = \cos\left(\frac{\pi}{2} - \frac{\pi}{5}\right) = \sin\frac{3\pi}{10}$$

故三角表达式为 $Z = \cos\frac{3\pi}{10} + i\sin\frac{3\pi}{10}$，指数表达式为 $Z = e^{\frac{3\pi i}{10}}$.

5.7　复数的由来

在人类文明发展历史上，"数的意识"出现具有里程碑的意义. 原始人类在与大自然进行斗争的过程中，渐渐明白"有"和"无"、"大"和"小"、"多"与"少"等最基本数的概念. 一旦原始人类掌握这些"数"，学会运用这些基本数的概念来解决生活当中的问题，就宣告人类开始脱离了愚昧.

最初"数"的形成从自然数开始，随着人类社会不断发展，简单的自然数已经无法满足人类生活生产的需求，出现了整数、分数、负数等. "数"的系统也从简单的自然数集扩大到有理数集、实数集、复数集等.

我们都知道，在实数范围内，负数是没有平方根的，这样我们在解一些方程时就会显得"无能为力". 进入高中后，把实数集扩大到复数集，负数可以有平方根，相应问题才得以解决.

人类对方程的研究是孜孜不倦的. 公元前 18 世纪的古巴比伦人就已能熟练地解一元二次方程，但与现在不同的是，他们只要能找到方程的一个根就已心满意足——如果这个根是正数，留下；如果是负数，就舍去. 这种情况直到 9 世纪的阿拉伯才有所改变，数学家花拉子米（Al－Khwarizmi）开始刻意讨论方程两个根的情况，但是对于方程的"负根"，他明显表示出了不认可.

我们一起来看方程：$x^2 + x = 2$，即 $(x-1)(x+2) = 0$. 花拉子米会得到两个根 1 和 -2，但负根 -2 会被舍去. 古印度数学家或者会得到根 1，或者得到根 -2，承认负根，但是得到一个根后不会再去计算另一个.

再来看看方程：$x^2 + 1 = 0$. 无论是古巴比伦、古希腊、古印度，还是古阿拉伯数学家，如果恰好遇到这个方程，他们都会顺其自然地认为：此方程无解. 所以古时候没有任何迹象表明，"复数"会与数有什么关联.

如果人们一直这样只会解二次方程，那么一个对当代数学影响巨大的概念可能就此被深藏，但是到了 16 世纪，一个偶然事件改变了这一状况. 数学家在探索了几千年后，终于在 1510 年左右的意大利，数学家费罗成功发现了三次方程 $x^3 + px = q$（p、q 为正数）的公式解，随后的意大利数学家塔尔塔利亚，在 1553 年最早得出了三次方程式一般解.

但直到此时, 遇到方程的根不是正数的情况, 根依然是可以被理所当然地舍去的. 卡丹 (1501—1576 年) 在《大术》中提出问题: 将 10 分成两部分, 使其乘积为 40. 然后他写道: "显然, 该问题是不可能的……但是抛开精神的痛苦, 我们将 $5 + \sqrt{-15}$ 和 $5 - \sqrt{-15}$ 相加得到 10, 相乘得到 40……" 尽管卡丹并不承认负数开根号 (即 "复数") 是一个数, 并认为这样的解是 "矫揉造作" 的, 但是他的确第一个使用了 $\sqrt{-15}$ 这样的符号和运算.

16 世纪的另一位数学家邦贝利 (1526—1572 年) 则比较幸运, 他在研究《代数学》时有了一个惊人的发现. 对于三次方程 $x^3 = 15x + 4$, 通过观察发现它有三个实数根: 4, $-2 + \sqrt{3}$, $-2 - \sqrt{3}$. 同时代用 "卡丹公式" 得到方程:

$$x^3 = 15x + 4$$

的一个根为

$$x = \sqrt[3]{2 + \sqrt{-121}} + \sqrt[3]{2 - \sqrt{-121}}$$

通过简单的运算, 邦贝利得到一个不可思议的结果:

$$\sqrt[3]{2 + \sqrt{-121}} = 2 + \sqrt{-1} \quad , \quad \sqrt[3]{2 - \sqrt{-121}} = 2 - \sqrt{-1}$$

$$\sqrt[3]{2 + \sqrt{-121}} + \sqrt[3]{2 - \sqrt{-121}} = 4$$

一个整数, 居然可以用 $\sqrt{-1}$ 表示, 要知道在 "负数" 都还没有得到正确理解和认可的 16 世纪, 这个结果是超乎想象的. 但数学家们又不得不深入思考: 为什么会出现这样的情况? $\sqrt{-1}$ 到底是什么?

经过深思熟虑, 邦贝利显然没能理解 $\sqrt{-1}$ 也是一个数——虚数. 但是他大胆地给出了虚数的运算法则:

$$(+ \sqrt{-1}) \cdot (+ \sqrt{-1}) = -1$$

$$(+ \sqrt{-1}) \cdot (- \sqrt{-1}) = 1$$

$$(- \sqrt{-1}) \cdot (- \sqrt{-1}) = -1$$

由此复数的发现自然就归到了邦贝利的名下.

自此开始, 数学中引入这样一个 "怪物", 在没有彻底搞清楚这个概念前, 数学家们对待 $\sqrt{-1}$ 的态度是摇摆不定的.

17 世纪著名数学家、解析几何的创始人之一笛卡尔觉得 $\sqrt{-1}$ 是不可思议的、不存在的、"虚无的", 所以给它取了一个消极的名字——虚数, 这个名字深入人心, 一直沿用至今.

微积分的发现人之一、17世纪德国著名数学家莱布尼茨（1646—1716年）在研究邦贝利的《代数学》后，更加深入地研究了"虚数"，并声称"在一切分析中，我从来没有见过比这更奇异、更矛盾的事实了. 我觉得自己是第一个不通过开方而将虚数形式的根化为实数的人." 莱布尼茨的这句话是很中肯的，他的确在复数上有所贡献，但不足以影响人们对 $\sqrt{-1}$ 的偏见.

莱布尼茨眼中的虚数为：

$$x^2 + y^2 = 2 \,, \quad xy = 2$$
$$\Downarrow$$
$$x = \sqrt{1 - \sqrt{-3}} \,, \quad y = \sqrt{1 + \sqrt{-3}}$$
$$x + y = \sqrt{1 - \sqrt{-3}} + \sqrt{1 + \sqrt{-3}}$$
$$x + y = \sqrt{x^2 + y^2 + 2xy} = \sqrt{2 + 2 \cdot 2} = \sqrt{6}$$
$$\Downarrow$$
$$\sqrt{1 - \sqrt{-3}} + \sqrt{1 + \sqrt{-3}} = \sqrt{6}$$

要让复数被人们接受，两个重要问题迫切需要解决：一个是复数除了在代数中出现以外，还有没有其他的实际应用？另一个是复数到底是不是数，或者它有没有具体的几何解释？

第一个问题的突破口在三角函数. 复数和三角函数的融合使得数学家对复数产生了更多兴趣. 在韦达的遗著（16世纪）、莱布尼茨未出版的著作（17世纪）以及棣莫弗的文章中，都出现了这样一个公式：

棣莫弗公式一：

若 $y = \sin n\theta$, $x = \sin \theta$, 则

$$x = \frac{1}{2} \cdot \sqrt[n]{y + \sqrt{y^2 - 1}} + \frac{1}{2} \cdot \sqrt[n]{y - \sqrt{y^2 - 1}}$$

这个公式是在解决三等分角问题时导出的，稍作变换就可以得到我们常见的形式：

棣莫弗公式二：

$$\left(\cos \theta + \mathrm{i}\sin \theta \right)^n = \cos n\theta + \mathrm{i}\sin n\theta$$

尽管还在怀疑它的合理性，但复数就这样被很自然地使用，而且"在数学推理的中间步骤使用了复数，结果被证明是正确的"，数学家继续探索着.

1702年，瑞士著名数学家伯努利（1667—1748年）对"复对数"的研究使得"复数迈进了三角函数理论的大门". 下面是伯努利的工作：

对等式
$$\frac{1}{1+z^2} = \frac{1}{2}\left(\frac{1}{1+z \cdot i} + \frac{1}{1-z \cdot i}\right)$$

两边同时积分，可得

$$\tan^{-1}z = \frac{1}{2i} \cdot \ln\frac{i-z}{i+z}$$

令 $x = \tan^{-1}z$，即 $z = \tan x$，可得

$$ix = \ln(\cos x + i\sin x)$$

很明显伯努利关注到的是三角函数、复数以及对数之间的关系. 他最得意的弟子欧拉（1707—1783 年）关注到了这个等式的逆，让其变得简明扼要、广为人知. 即欧拉公式

$$e^{ix} = \cos x + i\sin x$$

令 $x = \pi$，得 $e^{i\pi} = -1$.

欧拉将数学中最重要的 3 个常数：自然对数底数 e、圆周率 π 和 1，以及虚数单位 i、负数符号"$-$"连接在了一起，构成了数学上的"最美公式"——$e^{i\pi}+1=0$.

与三角函数的联系，使得复数在 18 世纪得到一定程度的认可，但它尚在等待另一位数学大咖的出现，他就是德国著名数学家、"数学王子"高斯（1777—1855 年）. 1799 年，在法国数学家达朗贝尔（1717—1783 年）研究的基础上，高斯得到并证明了代数基本定理.（达朗贝尔获得了另一个重要结论："每一个复数经过代数运算建立起来的式子都是形如 $A+B\sqrt{-1}$ 的复数."）

代数基本定理是说：一元 n 次方程 $a_nx_n + a_{n-1}x^{n-1} + \cdots + a_1x + a_0 = 0$（$n \geqslant 1$，$a_n \neq 1$），有且仅有 n 个复数根，重根按重数计算.

代数基本定理是代数学的基础，而其证明又依赖于对复数的认同，这大大地巩固了复数的地位. 再到下一个世纪，法国著名数学家柯西（1789—1857 年）、德国数学家黎曼（1826—1866 年）对复分析的深入研究把复数推到了更高处.

对于复数的几何解释，从 17 世纪英国数学家沃利斯（1616—1703 年）开始，经过无数数学家的尝试，到了 18 世纪末挪威—丹麦数学家韦塞尔（1754—1818 年）这里终于有了对复数的合理几何解释，这就是我们熟悉的复平面.

到了 20 世纪，复数所面临的问题已基本被解决，复数逐步渗透到几何、量子力学、流体力学等领域，理论与应用的结合让数学家们最终一致认可了复数是数系中的重要一员. 到此复数完全融入了数学.

可以说，复数在 16 世纪被发现纯属偶然，但是三次方程与复数的关联又让"复数"的发现成为必然. 如果我们设想三次方程的发现提前千年或延后千年，由其求根

公式所产生的"矛盾"也必然引起当时数学家们的重视，好奇心、实际困难，以及对数学的执着也必然会让"复数"以其他的形式（而本质不变）出现．必然性在数学发展史中就以这样的偶然现象被表现出来．

再简单回顾一下复数的发展史，从时代发展上，我们发现：

在 16 世纪之前，复数被认为是"不被需要的"，16 世纪意大利数学家从"矛盾"中偶然发现了复数，17 世纪数学家对待复数处于"摇摆不定"的状态——以复数为中介得到的实数的结论．但又不承认复数是存在的．18、19 世纪，在欧拉、高斯、达朗贝尔、柯西、黎曼等数学家的努力以及大量实际应用下，复数才逐步被认可、接受．

总之，复数的发现、发展过程，反映了一代代数学家对未知世界的孜孜不倦的探索，体现了一个数学概念发展上遇到的曲折坎坷，更是印证了偶然与必然这对看似"对立"的规律在历史轨迹上的高度统一．

练习题

1. 写出下列复数的实部和虚部：

$3 + 2i$；$\dfrac{1}{2} + \dfrac{1}{3}i$；$-5i - 2$；$-10i$；$4$．

2. 已知 $M = \{1,\ 2,\ m^2 - 3m - 1 + (m^2 - 5m - 6)i\}$，$N = \{-1,\ 3\}$，$M \cap N = \{3\}$，则实数 m 的值为多少？

3. 在复平面上有点 A，B，其对应的复数分别为 $-3 + i$ 和 $-1 - 3i$，O 为原点，那么 $\triangle AOB$ 是什么三角形？请在复平面上画出 $\triangle AOB$．

4. 计算：$i - i^2 + i^3 - i^4 + \cdots + (-1)^{100} \cdot i^{99}$．

5. 设 Z 是方程 $x^2 + 1 = 0$ 的一个虚根，计算 $Z^{16} - Z^{13} + |Z|$．

6. 将下列复数化为三角形式：

（1）$Z_1 = -3i - 3$；（2）$Z_2 = -1 + \sqrt{3}i$；

（3）$Z_3 = -6$；（4）$Z_4 = 10i$．

7. 将下列复数化为代数形式：

（1）$Z_1 = 3\left(\cos\dfrac{\pi}{3} + i\sin\dfrac{\pi}{3}\right)$；

（2）$Z_2 = 3\left(\cos\dfrac{-3\pi}{2} + i\sin\dfrac{-3\pi}{2}\right)$；

（3）$Z_3 = 5(\cos 72° + i\sin 72°)$；

（4）$Z_4 = \sqrt{2}\left(\cos\dfrac{-\pi}{4} + i\sin\dfrac{-\pi}{4}\right)$.

8. 计算下列各式：

（1）$2\left(\cos\dfrac{2\pi}{3} + i\sin\dfrac{2\pi}{3}\right) \cdot 3\left(\cos\dfrac{\pi}{6} + i\sin\dfrac{\pi}{6}\right)$；

（2）$3(\cos 20° + i\sin 20°)\left[2(\cos 50° + i\sin 50°)\right]\left[10(\cos 80° + i\sin 80°)\right]$.

9. 计算下列各式：

（1）$4(\cos 80° + i\sin 80°) \div \left[2(\cos 320° + i\sin 320°)\right]$；

（2）$i \div \left[\dfrac{1}{2}(\cos 120° + i\sin 120°)\right]$；

（3）$\left[\sqrt{2}\left(\cos\dfrac{\pi}{4} + i\sin\dfrac{\pi}{4}\right)\right]^{10}$；

（4）$\left[2(\cos 50° + i\sin 50°)\right]^{-4}$.

10. 计算下列各式：

（1）$7.8e^{-i\pi} \times 10e^{\frac{5\pi i}{3}}$；

（2）$2e^{\frac{\pi i}{2}} \div \left(\dfrac{1}{2}e^{-\frac{7\pi i}{6}}\right)$；

（3）$(2e^{-\frac{\pi i}{2}})^6$；

（4）$\dfrac{4e^{\frac{2\pi i}{3}} \times 10e^{\frac{5\pi i}{6}}}{2\sqrt{2}e^{-\frac{\pi i}{4}} \times 5e^{\pi i}}$.

11. 已知 $\arg(a + i)^6 = \dfrac{3\pi}{2}$，求实数 a 的值.

12. 化简 $(1 + i)^n + (1 - i)^n$ 为三角形式.

13. 计算 $\sqrt[4]{1 + i}$ 的值.

14. 已知 $Z_1 = \dfrac{1}{2}(1 - \sqrt{3}i)$，$Z_2 = \sin\dfrac{\pi}{3} - i\cos\dfrac{\pi}{3}$，求 $Z_1 Z_2$ 和 $\dfrac{Z_1}{Z_2}$.

15. 复数 Z 满足 $\arg Z - 3Z = \dfrac{5\pi}{4}$，且 $|Z + 1| = \sqrt{10}$，求复数 Z.

16. 已知幅角分别为 θ_1，θ_2 的复数 Z_1，Z_2 满足：$Z_1 + Z_2 = 5i$，$|Z_1 Z_2| = 14$，求 $\cos\theta_1\theta_2$ 的最大值和最小值，并求出取得最小值时的 Z_1，Z_2.

17. 在复平面内，复数 $Z = a^2 - a - 2 + (a^2 - 3a - 4)i$（其中 $a \in \mathbf{R}$）.

（1）若复数 Z 为实数，求 a 的值；

（2）若复数 Z 为纯虚数，求 a 的值；

（3）对应的点在第四象限，求实数 a 的取值范围.

18. 已知复数 $Z = m(m-1) + (m^2 - 1)\mathrm{i}$，其中 $m \in \mathbf{R}$，i 是虚数单位.

（1）当 m 为何值时，复数 Z 是纯虚数？

（2）若复数 Z 对应的点在复平面内第二、四象限的角平分线上，求 Z 的模 $|Z|$.

第6章

数　列

数列是指定义域为自然数集的函数，由此知，给定自然数 1，2，… 后，都有相应的值和这些自然数对应，经常习惯地把这些函数值按次序记作 a_1，a_2，…. 既然数列是自然数集上的函数，自然可以把数列用一般的函数表达式表示，即 $a_n = f(n)$，其中，f 就是对应法则，这个函数表达式习惯称作数列的通项公式.

下面是一些数列的例子：

$$1, \quad \frac{1}{2}, \quad \frac{1}{3}, \quad \frac{1}{4}, \quad \cdots$$

$$1, \quad -1, \quad 1, \quad -1, \quad \cdots$$

$$0, \quad 1, \quad 0, \quad 1, \quad \cdots$$

以上数列均可写出通项公式，第一个数列的通项公式是：

$$\frac{1}{n}$$

第二个数列的通项公式是：

$$(-1)^{n+1}$$

第三个数列的通项公式是：

$$\frac{1}{2} + (-1)^n \frac{1}{2}$$

数列的通项公式有时可能比较难于确定，或者比较烦琐，所以，数列常常以递推公式形式给出. 所谓递推公式，就是给出数列前后项的一个基本关系，按照这个基本关系和数列的开始的一些项，可以陆续确定出数列的所有项. 比如：

$$a_n = a_{n-1} + n^2$$

这就是个递推关系，只要我们知道首项 a_1，则第二项即为 $a_2 = a_1 + 2^2 = a_1 + 4$，因而第二项就确定了，类似地，再由第二项和递推公式又可以确定第三项，等等.

数列作为函数，也有单调性，数列的单调性很简单，因为白变量总是自然数，所以只要随着项数的增加，数列的值在增加，就是递增数列，反之，就是递减数列.

6.1　等差数列

等差数列是一种非常有特点又非常基本的数列，最简单的等差数列就是我们熟知的自然数. 等差数列的特点就是数列的后一项和前一项的差是定值. 这个定值就称为公差. 所以，如果知道等差数列的公差是 d，只要知道首项 a_1，则陆续可以写出其他项：$a_2 = a_1 + d$，$a_3 = a_2 + d = a_1 + 2d$，$\cdots$，$a_n = a_1 + (n-1)d$.

我们熟悉的很多对象都是等差的关系，比如，最典型的直角三角形的例子就是边长为 3，4，5 的直角三角形，这样的直角三角形的三条边就是等差关系. 实际上，任何三边有等差关系的直角三角形都相似于边长为 3，4，5 的直角三角形. 要说明这一点，只要说明三边是等差关系的直角三角形的三边之比是 3：4：5 即可.

这通过等差的假设很容易计算：假设最短的直角边设为 a，三边的公差是 d，于是另外两边是 $a+d$ 和 $a+2d$. 这三条边由于满足勾股定理，因而

$$a^2 + (a+d)^2 = (a+2d)^2$$

由此得

$$a^2 - 2ad - 3d^2 = 0$$

或者

$$(a+d)(a-3d) = 0$$

从而 $a=3d$，所以另外两条边是 $a+d=4d$ 和 $a+2d=5d$，于是，三边之比恰为 3：4：5.

等差数列的求和运算也非常方便，既然等差数列可以写成：a_1，a_1+d，$a_1+(n-1)d$，$\cdots$，则前 n 项的和

$$
\begin{aligned}
S_n &= a_1 + (a_1 + d) + \cdots + \left[a_1 + (n-1)d \right] \\
&= na_1 + \left[d + 2d + \cdots + (n-1)d \right] \\
&= na_1 + \left[1 + 2 + \cdots + (n-1) \right]d \\
&= na_1 + \frac{n(n-1)}{2}d
\end{aligned}
$$

有些数列虽然不是等差数列，但其求和可以技巧性地归结为等差数列的求和运算. 看下列例子：

例 6.1.1　计算

$$\sum_{i=1}^{n} i^2$$

解　这个计算有多种方法，但其中一种方法就是利用两项和的展开式，结合等差数列和的计算方法得出.

首先利用下列两项和的展开式：

$$(k+1)^3 = k^3 + 3k^2 + 3k + 1$$

在此和式中，令 $k = 1$，2，$\cdots$，n 并代入上式即得

$$2^3 = 1^3 + 3 \times 1^2 + 3 \times 1 + 1$$
$$3^3 = 2^3 + 3 \times 2^2 + 3 \times 2 + 1$$
$$4^3 = 3^3 + 3 \times 3^2 + 3 \times 3 + 1$$
$$\cdots$$
$$(n+1)^3 = n^3 + 3 \cdot n^2 + 3 \cdot n + 1$$

可以注意到以上的这些等式左边和右边的立方项依次能抵消，因而如果把这些表达式相加，就可以从中得到所求的和的一个关系式，从这个关系式中就可以解出要求的和.

所以，现在累加以上的式子即得

$$(n+1)^3 = 1^3 + 3 \sum_{i=1}^{i=n} i^2 + 3 \sum_{i=1}^{i=n} i + n$$
$$= 1 + 3 \sum_{i=1}^{i=n} i^2 + 3 \frac{(n+1)n}{2} + n$$

由此即得

$$3 \sum_{i=1}^{i=n} i^2 = (n+1)^3 - (n+1) - 3 \frac{n(n+1)}{2}$$

于是

$$\sum_{i=1}^{i=n} i^2 = \frac{1}{6} n(n+1)(2n+1)$$

此例的计算方法也可以用来继续计算 $\sum_{i=1}^{n} i^3$，归纳地，实际上可以用来计算 $\sum_{i=1}^{n} i^m$，其中 m 是任意一个正整数.

6.2　等比数列

另外一个常见的数列就是等比数列，这类数列的特点是：后一项和前一项的商总

是常数，这个常数就叫等比数列的公比．显然等比数列由其首项和公比唯一确定．如果首项是 a_1，公比记为 q，则等比数列可以写成：a_1，$a_2 = a_1 q$，$\cdots$，$a_n = a_1 q^{n-1}$，$\cdots$．

以下是几个等比数列的例子：

$$1，-1，1，-1，1，-1，\cdots$$

$$2，2^2，2^3，2^4，2^5，2^6，\cdots$$

$$1，\frac{1}{2}，\frac{1}{4}，\frac{1}{8}，\frac{1}{16}，\frac{1}{32}，\cdots$$

很容易检查，第一个数列的公比是 -1，第二个数列的公比是 2，第三个数列的公比是 $\frac{1}{2}$．

等比数列的求和也是一个传统的方法，即通过加项抵消的基本方法计算．这种方法在求和中是非常普遍使用的，所以，读者应该熟练掌握它的计算技巧．现在要计算的是等比数列的前 n 项和：

$$a_1 + a_1 q + a_1 q^2 + \cdots + a_1 q^{n-1}$$

我们记这个和为 S，在这个和式两边都乘以公比 q，即得

$$S = a_1 + a_1 q + a_1 q^2 + \cdots + a_1 q^{n-1}$$

$$qS = a_1 q + a_1 q^2 + a_1 q^3 + \cdots + a_1 q^n$$

可以观察到上面两个表达式右侧有许多相同的项，于是，我们把两个式子相减，即可抵消这些相同的项，因而把两式相减：

$$S - qS = a_1 - a_1 q^n$$

于是得

$$S = \frac{a_1 - a_1 q^n}{1-q}$$

虽然，这是等比数列前 n 项和的计算公式，但不用去死记这一公式．由计算方法知：任何有公比性质的一些项求和都可以通过这个方法计算，所以，掌握这个计算方法更重要．

作为该方法计算的一个例子，我们计算：

$$3^n + 3^{n-1}2 + 3^{n-2}2^2 + \cdots + 3 \cdot 2^{n-1} + 2^n$$

注意到这个求和正好是把有公比特性的一些项相加，累加的前后项公比是 $\frac{2}{3}$．所以，以上计算方法就可以用来得出这个和，仍然记此和为 S，在其两边乘以 $\frac{2}{3}$，得

$$S = 3^n + 3^{n-1}2 + 3^{n-2}2^2 + \cdots + 3 \cdot 2^{n-1} + 2^n$$

$$\frac{2}{3}S = 3^{n-1}2 + 3^{n-2}2^2 + 3^{n-3}2^3 + \cdots + 2^n + \frac{2^{n+1}}{3}$$

两式相减后得

$$\left(1 - \frac{2}{3}\right)S = 3^n - \frac{2^{n+1}}{3}$$

于是得

$$S = 3^{n+1} - 2^{n+1} \tag{6.1}$$

注记 6.2.1　等差数列和等比数列可用于 "n 阶幻方" 的研究, 它们可以分别构造组合对象等差幻方与积幻阵. n 阶幻方通常指的是由 1 到 n^2 这些连续的自然数排列成 n 行 n 列的一个方阵, 要求每行之和, 每列之和及两条对角线之和都相等. 幻方在现代数学的群论、组合分析、图论、人工智能及计算机的程序设计中有重要应用, 因而幻方的研究越来越广泛. 感兴趣的读者可参阅文献 [6].

6.3　线性递推数列

本节介绍的线性递推数列是比等差和等比稍微复杂一些的数列, 也是一种常见的数列, 它的一些计算如通项公式可借助等比数列来得到. 所以, 具有线性递归关系的数列可以看成等比数列的进一步的推广. 具有线性递推关系的数列在之后线性代数中高阶行列式的计算等方面有重要应用, 因而读者应该熟悉这类数列的基本性质. 所谓线性递推数列, 是指可以归结为以下递推关系的数列:

$$pa_n + qa_{n-1} + ra_{n-2} = 0$$

其中, p, q, r 为常数; a_n, a_{n-1}, a_{n-2} 代表数列的项. 当 $r = 0$ 时, 可以看到该递推关系就变成等比数列的定义, 所以这种递推关系可以看成等比数列的推广. 由于以上递推关系等价于以下形式:

$$a_n + \frac{q}{p}a_{n-1} + \frac{r}{p}a_{n-2} = 0$$

因此线性递推数列可以归结为满足下列更简单的关系:

$$a_n + pa_{n-1} + qa_{n-2} = 0$$

本节的目的是给出线性递推数列的通项公式的一个计算方法. 设想存在参数 x 和 y, 使得

$$x + y = p$$

$$xy = q$$

于是

$$0 = a_n + pa_{n-1} + qa_{n-2} = a_n + (x+y)a_{n-1} + xya_{n-2}$$
$$= (a_n + xa_{n-1}) + y(a_{n-1} + xa_{n-2})$$

于是

$$a_n + xa_{n-1} = -y(a_{n-1} + xa_{n-2})$$

这样，如果令

$$b_n = a_n + xa_{n-1}$$

则上式即表明 b_n 是以 $-y$ 为公比的等比数列，于是

$$b_n = a_n + xa_{n-1} = b_1(-y)^{n-1} = (a_1 + xa_0)(-y)^{n-1}$$

这样，我们就把原来连续三项的递推关系简化成两项的递推关系，从而在实际问题中按照这两项递推关系就可得出通项公式．我们以下例说明这种通项公式的计算方法．

例 6.3.1 求满足递推关系

$$a_n - 5a_{n-1} + 6a_{n-2} = 0$$

的数列的通项公式，其中 $a_0 = 0$，$a_1 = 1$．

解 按照前述方法，我们首先寻找 x 和 y 使得

$$x + y = -5$$
$$xy = 6$$

因此可以确定出 x 和 y 的取值分别为 -2 和 -3，接下来，改写递推公式为

$$0 = a_n - 5a_{n-1} + 6a_{n-2} = (a_n - 2a_{n-1}) - 3(a_{n-1} - 2a_{n-2})$$

即

$$a_n - 2a_{n-1} = 3(a_{n-1} - 2a_{n-2})$$

因而由此递推即得

$$a_n - 2a_{n-1} = 3(a_{n-1} - 2a_{n-2}) = 3^2(a_{n-2} - 2a_{n-3}) = \cdots = 3^{n-1}(a_1 - 2a_0)$$
$$= 3^{n-1}$$

因而

$$a_n = 2a_{n-1} + 3^{n-1}$$

再由此递推得

$$a_n = 2a_{n-1} + 3^{n-1}$$
$$= 2(2a_{n-2} + 3^{n-2}) + 3^{n-1}$$
$$= 2^2 a_{n-2} + 2 \cdot 3^{n-2} + 3^{n-1}$$
$$= 2^2(2a_{n-3} + 3^{n-3}) + 2 \cdot 3^{n-2} + 3^{n-1}$$

$$= 2^3 a_{n-3} + 2^2 \cdot 3^{n-3} + 2 \cdot 3^{n-2} + 3^{n-1}$$

$$= \cdots$$

$$= 2^{n-1} a_1 + 2^{n-2} \cdot 3 + 2^{n-3} \cdot 3^2 + \cdots + 2 \cdot 3^{n-2} + 3^{n-1}$$

$$= 2^{n-1} + 2^{n-2} \cdot 3 + 2^{n-3} \cdot 3^2 + \cdots + 2 \cdot 3^{n-2} + 3^{n-1}$$

$$= 3^n - 2^n \quad （利用式(6.1)的计算方法）$$

这样，就得到了该数列的通项公式.

6.4 数列极限初步

数列的极限是从数列无限变化的趋势考察出的一个特点，有些数列没有特定的变化趋势，比如

$$1, 0, 1, 0, 1, 0, 1, 0, 1, \cdots$$

该数列的项总在 1 和 0 两个数字上振荡，没有变化趋势. 但有的数列有明显的变化趋势，如

$$1, \frac{1}{2}, \frac{1}{3}, \frac{1}{4}, \cdots, \frac{1}{n}, \cdots$$

是个严格递减数列，并且通项和 0 越来越接近，也就是通项和 0 的差的绝对值，或者说通项和 0 的距离能够无限接近，要多接近就有多接近.

数列

$$1, -\frac{1}{2}, \frac{1}{3}, -\frac{1}{4}, \cdots, (-1)^{n+1}\frac{1}{n}, \cdots$$

虽然不是单调数列，但总的趋势也很明显，那就是数列的通项越来越接近 0，随着项数的不断变化，通项可以和 0 的距离做到任意小. 更具体地说，就是可以给定任意一个距离，只要项数足够大后，数列以后的项和 0 的距离就都能小于这个距离.

数列的这种特性在我国古代就被发现，比如：战国时代哲学家庄周所著的《庄子·天下篇》引用过一句话："一尺之棰，日取其半，万世不竭"，也就是说，一根长为一尺的木棒，每天截去一半，这样的过程可以无限制地进行下去. 把每天截后剩下的部分的长度记录如下：第一天剩下 $\frac{1}{2}$，第二天剩下 $\frac{1}{2^2}$，第三天剩下 $\frac{1}{2^3}$，……，第 n 天剩下 $\frac{1}{2^n}$，……，于是，我们便得到一个数列：

$$\frac{1}{2}, \frac{1}{2^2}, \cdots, \frac{1}{2^n}, \cdots$$

这是一个公比为$\frac{1}{2}$的等比数列，显然，随着项数的增大，数列能够无限地接近于0.

更深入的极限思想及应用体现在我国三国时代数学家刘徽创立的"割圆术"中，割圆术为计算圆周率建立了严密的理论和完善的算法，是当时世界数学理论发展上的先驱成果。割圆术从圆内接正六边形算起，边数依次加倍，以得到的这些圆内接正多边形的面积不断接近圆的面积。刘徽指出：圆内接正多边形的面积小于圆面积，但"割之弥细，所失弥少。割之又割，以至于不可割，则与圆周合体，而无所失矣"。如果把刘徽所做出的那些圆内接正多边形的面积看成一个数列，那么刘徽的这段话清晰地阐述了随着项数的增大，该数列能够无限地接近圆的面积。

我们总结数列的这种特点，就得到极限的概念：

定义 6.4.1 对一个数列 $\{a_n\}$，如果给定任何一个整数 $\varepsilon > 0$ 后，总能找到 N，使得 $n > N$ 后，数列的项均满足

$$|a_n - A| < \varepsilon$$

就称该数列存在极限 A，也称收敛，并记作：$\lim\limits_{n \to \infty} a_n = A$. 如果一个数列没有极限，就称该数列发散.

一个数列存在极限 A 的含义也可由图 6.1 直观解释：

一个数列如果以 A 为极限，则对于任意 $\varepsilon > 0$，总可以找到一个 N，使得数列的 N 项以后的那些项都落入区间$(A - \varepsilon, A + \varepsilon)$.

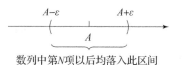

图 6.1 数列极限几何含义示意图

数列存在极限是数列的重要特征，如何判断一个数列极限存在，我们将在微积分课程中更详尽地介绍. 理解上述定义是掌握数列极限的基础. 上述定义中，$\varepsilon > 0$ 的作用就是衡量数列的通项和极限的距离，只有存在一个这样的数 A，使得数列的项 a_n 可以和 A 无限接近，A 才能称作数列的极限. 在极限定义中，极限值 A 固然重要，但项数 n 的变化同等重要，是因为项数 n 不断地变大，才导致了数列的通项和 A 的无限接近. 没有项数 n 的无限变大，谈论数列的极限就毫无意义，任何数列的极限都是在项数 n 无限变大的过程中体现出的趋势. 因而，定义中的 N 就体现了这样的总趋势，不管给定的距离参数 ε 多么小，只要项数 n 增大到一定的程度，都会使得数列之后的所有项和 A 的距离小于给定的距离参数，从而体现了数列无限接近 A 的总的趋势. 需要格外注意的是这种总的趋势不一定非要以严格单调的形式进行，而是只要像定义中一样，有这样一个总的趋势就可以. 也就是不管给定的距离参数多么小，只要能够找到相应的 N，使得 N 以后的项和极限值的距离能够统一地小于给定的距离参数即可. 这是理

解数列极限的关键，正是因为如此，两个数列可能有限个项不尽相同，差异甚至非常大，但很可能有相同的极限，因为虽然在有限项上差异大，但总的变化趋势完全可以相同，这本身不存在矛盾.

例 6.4.1 证明：$\lim\limits_{n\to\infty}\dfrac{1}{n^k}=0$，这里 k 为正实数.

证 由于

$$\left|\frac{1}{n^k}-0\right|=\frac{1}{n^k}$$

因此对于任给的正数 ε，只要选取任意的正整数 $N>\dfrac{1}{\varepsilon^{\frac{1}{k}}}$，则当 $n>N$ 时，便有

$$\frac{1}{n^k}<\varepsilon$$

因而 $\left\{\dfrac{1}{n^k}\right\}$ 以 0 为极限.

例 6.4.2 证明：$\lim\limits_{n\to\infty}\dfrac{3n^2}{n^2-4}=3$.

证 由于

$$\left|\frac{3n^2}{n^2-4}-3\right|=\frac{12}{n^2-4}\leqslant\frac{12}{n}\quad(n\geqslant 3)$$

因此对于任给的 $\varepsilon>0$，只要选取任意的正整数 N，使得

$$N\geqslant 3 \text{ 且 } N\geqslant\frac{12}{\varepsilon}$$

或等价地，只要 $N\geqslant\max\left\{3,\dfrac{12}{\varepsilon}\right\}$ 时，便有

$$\left|\frac{3n^2}{n^2-4}-3\right|<\varepsilon$$

成立，于是本题得证.

例 6.4.3 证明：$\lim\limits_{n\to\infty}\sqrt[n]{a}=1$，其中，$a>1$.

证 令

$$\alpha=a^{\frac{1}{n}}-1$$

则 $\alpha>0$. 由第 1 章练习题 33 题的伯努利不等式推得：

$$a=(1+\alpha)^n\geqslant 1+n\alpha=1+n\left(a^{\frac{1}{n}}-1\right)$$

或

$$a^{\frac{1}{n}}-1\leqslant\frac{a-1}{n}$$

于是，任给正数 ε，只要任取正整数 $N > \dfrac{a-1}{\varepsilon}$，则当 $n > N$ 时，便有

$$\left| a^{\frac{1}{n}} - 1 \right| < \varepsilon$$

本题得证.

我们在学习实数的时候，已经定义无理数是那些无限不循环小数，也就是说有理数应该是有限的小数或无限循环的小数. 我们也知道，有理数的另外一个等价说法就是分数. 所以，无限循环小数一定是分数，因而任何无限循环小数一定可以化成分数，那么怎么实现这个计算呢？这就涉及数列极限的概念. 下面用例子展示这个过程.

例 6.4.4　把下列循环小数

$$0.\dot{3}$$

化成分数形式.

解　首先注意到

$$
\begin{aligned}
0.\dot{3} &= 0.333\,3\cdots \\
&= 0.3 + 0.03 + 0.003 + \cdots \\
&= \frac{3}{10} + \frac{3}{100} + \frac{3}{1\,000} + \cdots
\end{aligned}
$$

按照数列极限的定义，如果我们构造以下数列 $\{a_n\}$，使得

$$a_n = \sum_{i=1}^{i=n} \frac{3}{10^i}$$

则我们看到 $0.\dot{3}$ 就可以看成 $\{a_n\}$ 的极限，实际上数列通项 a_n 严格递增地无限接近 $0.\dot{3}$. 所以，要计算 $0.\dot{3}$，只需计算数列 $\{a_n\}$ 的极限即可.

但 $\{a_n\}$ 是个等比数列的前若干项求和. 该等比数列公比是 $\dfrac{1}{10}$，因而我们可以很快计算该数列的极限，即

$$
\begin{aligned}
0.\dot{3} &= \lim_{n\to\infty} \left(\frac{3}{10} + \frac{3}{100} + \frac{3}{1\,000} + \cdots + \frac{3}{10^n} \right) \\
&= \lim_{n\to\infty} \frac{\dfrac{3}{10}\left(1 - \dfrac{1}{10^{n+1}}\right)}{1 - \dfrac{1}{10}} \\
&= \lim_{n\to\infty} \frac{3}{9}\left(1 - \frac{1}{10^{n+1}}\right) \\
&= \frac{1}{3}
\end{aligned}
$$

　　这个例子也说明了无论是有理数还是无理数，我们都可以通过一个无限接近它的有限小数构成的数列接近它，也就是找到一个分数为通项的数列接近这个无理数或有理数，即任何实数都可以看成一个由有理数构成的数列的极限，这是实数的一个很基本的重要性质，我们总结成一个命题：

　　命题 6.4.1　任何实数都是一个有理数构成的数列的极限值.

　　我们也可以用极限概念回顾例 6.1.1 的计算结果. 在该例的计算中已得到

$$\sum_{i=1}^{i=n} i^2 = \frac{1}{6}n(n+1)(2n+1)$$

注意到等式右边的和式是个 n 的多项式，这个多项式的最高项是 n^3. 可以检查

$$\frac{\frac{1}{6}n(n+1)(2n+1)}{n^3} = \frac{1}{3}\left(1+\frac{1}{n}\right)\left(1+\frac{1}{2n}\right)$$

因而

$$\lim_{n\to\infty}\frac{\frac{1}{6}n(n+1)(2n+1)}{n^3} = \lim_{n\to\infty}\frac{1}{3}\left(1+\frac{1}{n}\right)\left(1+\frac{1}{2n}\right) = \frac{1}{3}$$

我们再从左边的表达式观察，就可以进一步解释这个极限值 $\frac{1}{3}$ 的含义.

　　从左边的表达式观察也就是下式成立：

$$\lim_{n\to\infty}\frac{\sum_{i=1}^{n} i^2}{n^3} = \frac{1}{3}$$

即

$$\lim_{n\to\infty}\sum_{i=1}^{n}\left(\frac{i}{n}\right)^2\frac{1}{n} = \frac{1}{3}$$

上述表达式的左边的含义可以解释为函数 $y = x^2$ 在区间 $[0,1]$ 上的图像和区间 $[0,1]$ 围成的曲边梯形的面积的近似值. 如果把 $[0,1]$ 均分成 n 份，则每一份的长度正好是 $\frac{1}{n}$，而 $\left(\frac{i}{n}\right)^2$ 正好可以看成函数 x^2 在 $\frac{i}{n}$ 的取值，这样 $\left(\frac{i}{n}\right)^2$ $\frac{1}{n}$ 可以看成分割出的一个小矩形的面积，把这些项相加，就得到这些小矩形面积之和，因而这个和式可以看成 $y = x^2$ 在区间 $[0,1]$ 上的图像和区间 $[0,1]$ 围成的曲边梯形的面积的近似值，这个近似值随着 n 的无限增大而和曲边梯形的面积的误差无限变小（见图 6.2）. 因而这样一个表达式在求取 $n\to$

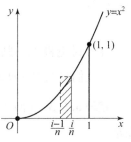

图 6.2　定积分示意图

∞ 的极限后就得到该曲边梯形面积的精确值. 所以, 等号右边的 $\dfrac{1}{3}$ 实际上是该曲边梯形的面积. 在微积分课程中, 我们会介绍这个曲边梯形的面积实际上就是 $y = x^2$ 在 $[0, 1]$ 上的定积分.

6.5 数列极限的性质及判别方法

一个数列存在极限是这个数列的内在特性, 和其他很多运算特性一样, 我们首先有:

定理 6.5.1 数列 $\{a_n\}$ 的极限值是唯一的.

证 假如 $\{a_n\}$ 有两个极限值 A 和 B, 则依定义 6.4.1, 对于任意正数 ε, 存在正整数 N_1 和 N_2, 使得当 $n > \max\{N_1, N_2\}$ 时, 数列 $\{a_n\}$ 同时满足

$$a_n \in (A - \varepsilon, A + \varepsilon)$$

$$a_n \in (B - \varepsilon, B + \varepsilon)$$

但由于 $A \neq B$ 且 ε 任意, 因此我们总可选取很小的 ε, 使得

$$(A - \varepsilon, A + \varepsilon) \cap (B - \varepsilon, B + \varepsilon) = \varnothing$$

这引起矛盾 (由图 6.3 可以直观地看到这种矛盾), 从而一个数列的极限值是唯一的.

数列极限的第二个基本性质可叙述如下:

定理 6.5.2 数列 $\{a_n\}$ 如果存在极限 A, 且 $A > 0 (< 0)$, 则存在 N, 使得 N 以后的数列的项都大于 (小于) 0.

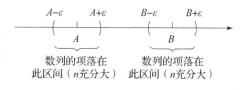

图 6.3 极限唯一示意图

证 我们证明极限值 $A > 0$ 的情形, $A < 0$ 的情形完全类似. 取正数 $\varepsilon < A$, 则由定义 6.4.1 知, 存在 N, 使得 $n > N$ 时, 下列事实

$$a_n \in (A - \varepsilon, A + \varepsilon)$$

成立 (见图 6.4). 注意到 $A - \varepsilon > 0$, 因而, 当 $n > N$ 时, 总有

$$a_n > 0$$

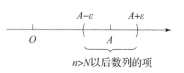

图 6.4 极限保号性示意图

深入讨论极限的判别方法需要用到更多的微积分概念, 我们只给出一些较简单的判别准则.

定理 6.5.3 (两边夹准则) 假设三个数列 $\{a_n\}$, $\{b_n\}$, $\{c_n\}$ 在数列的某个项以后满足

$$a_n \leqslant b_n \leqslant c_n$$

且 $\lim\limits_{n\to\infty} a_n = \lim\limits_{n\to\infty} c_n = A$，则

$$\lim_{n\to\infty} b_n = A$$

证 对于任意正数 ε，由定义 6.4.1 及已知条件 $\lim\limits_{n\to\infty} a_n = \lim\limits_{n\to\infty} c_n = A$ 可得：存在 N，使得 $n > N$ 时，下列事实

$$a_n \in (A - \varepsilon, \ A + \varepsilon)$$

$$c_n \in (A - \varepsilon, \ A + \varepsilon)$$

成立. 于是，当 $n > N$ 时，即有

$$A - \varepsilon < a_n \leqslant b_n \leqslant c_n < A + \varepsilon$$

即 $b_n \in (A - \varepsilon, \ A + \varepsilon)$. 因而，再次由定义 6.4.1 得到本定理结论.

例 6.5.1 计算数列 $\{\sqrt[n]{n}\}$ 的极限.

解 当 $n > 1$ 时，$\sqrt[n]{n} > 1$，记 $a_n = \sqrt[n]{n} = 1 + h_n$ （$h_n > 0$）. 则有

$$n = (1 + h_n)^n \geqslant 1 + n h_n + \frac{n(n-1)}{2} h_n^2 \geqslant \frac{n(n-1)}{2} h_n^2$$

由此得

$$h_n^2 \leqslant \frac{2}{n-1}$$

或

$$0 \leqslant h_n \leqslant \sqrt{\frac{2}{n-1}}$$

于是推得

$$1 \leqslant a_n = 1 + h_n \leqslant 1 + \sqrt{\frac{2}{n-1}}$$

这样，数列 $a_n = 1 + h_n = \sqrt[n]{n}$ 就被夹在了两个极限均为 1 的数列 $\{1\}$ 和 $\left\{1 + \sqrt{\dfrac{2}{n-1}}\right\}$ 之间，于是，根据两边夹准则即得 $\lim\limits_{n\to\infty} \sqrt[n]{n} = 1$.

为叙述第二个极限判别准则，先介绍下列定义.

定义 6.5.1 一个数列 $\{a_n\}$ 称作有界，如果它满足以下条件：存在正数 M，使得任意的项 a_n 均满足 $|a_n| \leqslant M$.

接下来，我们不加证明地叙述下列判别准则：

定理 6.5.4 （单调有界准则）任何单调有界数列都有极限.

例 6.5.2 数列 $\{a_n\}$ 定义为：

$$a_n = 1 + \frac{1}{2^\alpha} + \frac{1}{3^\alpha} + \cdots + \frac{1}{n^\alpha}, \ n = 1, \ 2, \ \cdots$$

其中，$\alpha \geqslant 2$. 证明：$\{a_n\}$ 有极限.

证 我们用单调有界准则证明这个结论. 该数列单调递增是显然的. 只需证明有界性. 根据假设条件，可以推得：

$$a_n \leqslant 1 + \frac{1}{2^2} + \frac{1}{3^2} + \cdots + \frac{1}{n^2}$$

$$< 1 + \frac{1}{1 \times 2} + \frac{1}{2 \times 3} + \cdots + \frac{1}{(n-1) \times n}$$

$$= 1 + \left(\frac{1}{1} - \frac{1}{2}\right) + \left(\frac{1}{2} - \frac{1}{3}\right) + \cdots + \left(\frac{1}{n-1} - \frac{1}{n}\right)$$

$$= 2 - \frac{1}{n}$$

$$< 2$$

于是，问题得证.

例 6.5.3 证明：数列 $\sqrt{2}$，$\sqrt{2+\sqrt{2}}$，$\sqrt{2+\sqrt{2+\sqrt{2}}}$，$\cdots$，存在极限.

证 记该数列第 n 项为 a_n. a_n 的单调性很明显，现证其有界性. 显然，$a_1 < 2$. 假设 $a_n < 2$，则根据定义

$$a_{n+1} = \sqrt{2+a_n} < \sqrt{2+2} = 2$$

因而，该数列存在极限.

例 6.5.4 证明：$\lim\limits_{n \to \infty} \left(1 + \frac{1}{n}\right)^n$ 存在.

证 首先证明数列 $a_n = \left(1 + \frac{1}{n}\right)^n$ 的单调性. 基本方法是在 $y > x > 0$ 的条件下，利用下列不等式：

$$y^{n+1} - x^{n+1} < (n+1)y^n(y-x)$$

该不等式也可以表达成

$$x^{n+1} > y^n[(n+1)x - ny]$$

令 $x = 1 + \frac{1}{n+1}$，$y = 1 + \frac{1}{n}$，代入上式计算可得

$$\left(1 + \frac{1}{n+1}\right)^{n+1} > \left(1 + \frac{1}{n}\right)^n$$

这表明 $\{a_n\}$ 是单调递增数列.

再把 $x = 1$，$y = 1 + \frac{1}{2n}$ 代入前述不等式计算，可得

$$1 > \left(1 + \frac{1}{2n}\right)^n \cdot \frac{1}{2}$$

或

$$2 > \left(1 + \frac{1}{2n}\right)^n$$

上式两边平方即得

$$4 > \left(1 + \frac{1}{2n}\right)^{2n}$$

由于 n 的任意性,得知数列 $\{a_n\}$ 是有界的.

注记 6.5.1 我们以后还会知道 $\lim\limits_{n \to \infty} \left(1 + \frac{1}{n}\right)^n = e$,这里的 $e \approx 2.718\ 28 \cdots$ 是一个无理数,它在微积分学中是一个出现频率很高的常数.

也可以通过数列的子列给出数列极限的判别准则.

定义 6.5.2 设 $\{a_n\}$ 是一个数列,任取自然数无限子集 $n_1 < n_2 < \cdots < n_k < \cdots$,则 $a_{n_1}, a_{n_2}, \cdots, a_{n_k}, \cdots$ 就称为一个子列.

比如,取 $n_k = 2k$,则对应的子列是由原数列的那些偶数项构成的. 取 $n_k = 2k + 1$,则对应的子列是由原数列的那些奇数项构成的. 一个基本事实是数列自身也可看成其一个子列,此时 $n_k = k$.

定理 6.5.5 数列 $\{a_n\}$ 收敛的充要条件是其每个子列均收敛,且有相同的极限.

证 充分性显然,因为数列本身就是其一个子列. 现证必要性. 设 $\{a_n\}$ 收敛,且 $\lim\limits_{n \to \infty} a_n = A$,并设 $\{a_{n_k}\}$ 是一个子列,只需验证

$$\lim_{n_k \to \infty} a_{n_k} = A$$

即可.

由假设条件 $\{a_n\}$ 极限为 A 推得:对任意给定的正数 ε,存在正整数 N,使得 $n > N$ 时

$$|a_n - A| < \varepsilon$$

这又进一步推得:当 $k > N$ 时,即 $n_k \geq k > N$ 时

$$|a_{n_k} - A| < \varepsilon$$

从而依定义 6.4.1 知子列也收敛,且极限为 A.

子列判别极限的方法由于需要检查每个子列的收敛情况,因而真正用来判别数列的收敛是非常困难的. 但这个结果也告诉我们:一旦一个子列发散,或两个收敛的子列有不同的极限,则原数列一定发散. 因而定理 6.5.5 对于数列发散的判别是一个有利工具.

例 6.5.5 验证数列 $\{(-1)^n\}$ 是个发散的数列.

证 既然该数列偶数项都是 1,奇数项都是 -1,因而偶数项构成的子列极限为 1,

奇数项构成的子列极限为 -1，所以原数列发散.

例 6.5.5 验证数列 $\left\{\sin\dfrac{n\pi}{2}\right\}$ 是个发散的数列.

证 容易观察到子列 $\left\{\sin\dfrac{2n\pi}{2}\right\}$ 收敛于 0，而子列 $\left\{\sin\dfrac{(4n-3)\pi}{2}\right\}$ 却收敛于 1，因而原数列发散.

6.6 数列的四则运算法则

本节说明收敛数列经过四则运算后依然收敛，利用这一良好性质可以计算较为复杂的数列极限.

定理 6.6.1 （四则运算法则）设 $\lim\limits_{n\to\infty}a_n=A$，$\lim\limits_{n\to\infty}b_n=B$，则

$$\lim_{n\to\infty}(a_n\pm b_n)=A\pm B$$

$$\lim_{n\to\infty}(a_n\cdot b_n)=A\cdot B$$

$$\lim_{n\to\infty}\frac{a_n}{b_n}=\frac{A}{B}\quad(B\neq0)$$

证 作为例子，只给出乘法规则验证，其他规则可类似进行. 由 $\lim\limits_{n\to\infty}b_n=B$ 及本章练习题 9 推得：数列 $\{b_n\}$ 有界，即存在正数 M，使得

$$|b_n|<M$$

同时，根据极限定义，对于任给的正数 ε，存在正整数 N，使得 $n>N$ 时满足：

$$|a_n-A|<\varepsilon$$

$$|b_n-B|<\varepsilon$$

由此推得

$$|a_nb_n-AB|$$
$$=|(a_n-A)b_n+A(b_n-B)|$$
$$\leqslant|b_n|\varepsilon+|A|\varepsilon$$
$$<M\varepsilon+|A|\varepsilon$$
$$=(M+|A|)\varepsilon$$

由于 $(M+|A|)\varepsilon$ 也是任意正数，因此 $\lim\limits_{n\to\infty}(a_n\cdot b_n)=A\cdot B$.

例 6.6.1 求 $\lim\limits_{n\to\infty}\left(\dfrac{3n+1}{n}\cdot\dfrac{n+1}{n}\right)$.

解 根据极限四则运算规则，可得

$$\lim_{n \to \infty} \left(\frac{3n+1}{n} \cdot \frac{n+1}{n} \right)$$

$$= \lim_{n \to \infty} \frac{3n+1}{n} \cdot \lim_{n \to \infty} \frac{n+1}{n}$$

$$= \lim_{n \to \infty} \left(3 + \frac{1}{n} \right) \cdot \lim_{n \to \infty} \left(1 + \frac{1}{n} \right)$$

$$= \left(\lim_{n \to \infty} 3 + \lim_{n \to \infty} \frac{1}{n} \right) \cdot \left(\lim_{n \to \infty} 1 + \lim_{n \to \infty} \frac{1}{n} \right)$$

$$= 3 \cdot 1$$

$$= 3$$

另一解法

$$\lim_{n \to \infty} \left(\frac{3n+1}{n} \cdot \frac{n+1}{n} \right)$$

$$= \lim_{n \to \infty} \frac{3n^2 + 4n + 1}{n^2}$$

$$= \lim_{n \to \infty} \left(3 + \frac{4}{n} + \frac{1}{n^2} \right)$$

$$= 3$$

例 6.6.2　计算

$$\lim_{n \to \infty} \frac{2n^2 + n + 10}{3n^2 + 5n + 1}$$

解　在分子、分母同时用 n 的最高次幂去除，即得

$$\lim_{n \to \infty} \frac{2 + \dfrac{1}{n} + \dfrac{10}{n^2}}{3 + \dfrac{5}{n} + \dfrac{1}{n^2}}$$

$$= \frac{\lim\limits_{n \to \infty} \left(2 + \dfrac{1}{n} + \dfrac{10}{n^2} \right)}{\lim\limits_{n \to \infty} \left(3 + \dfrac{5}{n} + \dfrac{1}{n^2} \right)}$$

$$= \frac{2}{3}$$

这个例子表明，对于两个 n 的多项式相除，当分子、分母的次数相同时，极限就等于最高次幂的系数之比，当分子次数小于分母最高次数时，表达式极限为 0.

例 6.6.3　求 $\lim\limits_{n \to \infty} \dfrac{a^n}{a^n + 1}$，$|a| \neq 1$.

解 如果 $|a| < 1$，则由 $\lim_{n \to \infty} a^n = 0$ 得

$$\lim_{n \to \infty} \frac{a^n}{a^n + 1}$$

$$= \frac{\lim_{n \to \infty} a^n}{\lim_{n \to \infty} a^n + \lim_{n \to \infty} 1}$$

$$= \frac{0}{1}$$

$$= 0$$

如果 $|a| > 1$，则

$$\lim_{n \to \infty} \frac{a^n}{a^n + 1}$$

$$= \lim_{n \to \infty} \frac{1}{1 + \dfrac{1}{a^n}}$$

$$= \frac{\lim_{n \to \infty} 1}{\lim_{n \to \infty} 1 + \lim_{n \to \infty} \dfrac{1}{a^n}}$$

$$= \frac{1}{1 + 0}$$

$$= 1$$

例 6.6.4 计算 $\lim_{n \to \infty} \sqrt{n}(\sqrt{n+1} - \sqrt{n})$.

解 由于

$$\sqrt{n}\ (\sqrt{n+1} - \sqrt{n})$$

$$= \frac{\sqrt{n}}{\sqrt{n+1} + \sqrt{n}}$$

$$= \frac{1}{\sqrt{1 + \dfrac{1}{n}} + 1}$$

因而

$$\lim_{n \to \infty} \sqrt{n}(\sqrt{n+1} - \sqrt{n})$$

$$= \frac{\lim_{n \to \infty} 1}{\lim_{n \to \infty} \sqrt{1 + \dfrac{1}{n}} + \lim_{n \to \infty} 1}$$

$$= \frac{1}{1+1}$$

$$= \frac{1}{2}$$

关于极限的计算，还有许多计算方法，这些计算方法涉及更多微积分概念，如：利用无穷小量的性质及无穷小量替换计算极限，利用洛必达法则计算极限，利用定积分方法计算极限等．在后续的微积分课程中，将进一步深入学习这些内容．

6.7　人物小传：牛顿和莱布尼茨

牛顿

1643 年 1 月 4 日，牛顿出生于英格兰林肯郡乡下的一个小村落伍尔索普村．在牛顿出生之时，英格兰并没有采用教皇的最新历法，因此他的生日被记载为 1642 年的圣诞节．牛顿出生前三个月，他父亲才刚去世．由于早产的缘故，新生的牛顿十分瘦小；据传闻，他的母亲艾斯库曾说过，牛顿刚出生时小得可以把他装进一夸脱的马克杯中．当牛顿 3 岁时，他的母亲改嫁并住进了新丈夫史密斯牧师的家，而把牛顿托付给了他的外祖母．年幼的牛顿不喜欢他的继父，并因母亲改嫁的事而对母亲持有一些敌意，牛顿甚至曾经写下："威胁我的继父与生母，要把他们连同房子一齐烧掉."1648 年，牛顿被送去读书．少年时的牛顿并不是神童，他成绩一般，但喜欢读书，喜欢看一些介绍各种简单机械模型制作方法的读物，并从中受到启发，自己动手制作些奇奇怪怪的小玩意，如风车、木钟、折叠式提灯等．牛顿把风车的机械原理摸透后，自己制造了一架磨坊的模型，他将老鼠绑在一架有轮子的踏车上，然后在轮子的前面放上一粒玉米，刚好那地方是老鼠可望不可及的位置．老鼠想吃玉米，就不断地跑动，于是轮子不停地转动；有一次他放风筝时，在绳子上悬挂着小灯，夜间村人看去惊疑是彗星出现；他还制造了一个小水钟，每天早晨，小水钟会自动滴水到他的脸上，催他起床．他还喜欢绘画、雕刻，尤其喜欢刻日晷，家里墙角、窗台上到处安放着他刻画的日晷，用以验看日影的移动．

1. 学习阶段

1654 年，牛顿进了离家十几公里的九龙的金格斯皇家中学读书．牛顿的母亲原希望他成为一个农民，但牛顿本人却无意于此，他酷爱读书．随着年岁的增大，牛顿越发爱好读书，沉思做科学小试验．他在金格斯皇家中学读书时，曾经寄宿在一位药剂师家里，使他受到了化学试验的熏陶．牛顿在中学时代学习成绩很出众，爱好读书，对自然现象有好奇心，例如颜色、日影四季的移动，尤其是几何学、哥白尼的日心说等．他还分门别类地记读书笔记，又喜欢别出心裁地做些小工具、小发明、小试验．当时英国社会渗透基督教新思想，牛顿家里有两位都以神父为职业的亲戚，这可能是牛顿晚年的宗教生活所受的影响．仅从这些平凡的环境和活动中，还看不出幼年的牛顿是个才能出众、异于常人的儿童．后来迫于生活困难，母亲让牛顿停学在家务农，赡养家庭．但牛顿一有机会便埋首书卷，以至经常忘了干活．每次，母亲叫他同佣人一道上市场，熟悉做交易的生意经时，他便恳求佣人一个人上街，自己则躲在树丛后看书．有一次，牛顿的舅父起了疑心，就跟踪牛顿上市镇去，发现他的外甥牛顿伸着腿，躺在草地上，正在聚精会神地钻研一个数学问题．牛顿的好学精神感动了舅父，于是舅父劝服了母亲让牛顿复学，并鼓励牛顿上大学读书．牛顿又重新回到了学校，如饥似渴地汲取着书本上的营养．据《大数学家》（贝尔）和《数学史介绍》（伊夫斯著）两书记载：牛顿在乡村学校开始学校教育的生活，后来被送到了格兰瑟姆的国王中学，并成了该校最出色的学生．在国王中学时，他寄宿在当地的药剂师克拉克家中，并在19岁前往剑桥大学求学前，与药剂师的继女斯托勒订婚．之后因为牛顿专注于他的研究而使得爱情冷却，斯托勒小姐嫁给了别人．据说牛顿对这次的恋情保有一段美好的回忆，但此后便再也没有其他的罗曼史，牛顿也终生未娶．从12岁左右到17岁，牛顿都在金格斯皇家中学学习，在该校图书馆的窗台上还可以看见他当年的签名．他曾从学校退学，并在1659年10月回到埃尔斯索普村，因为他再度守寡的母亲想让牛顿当一名农夫．牛顿虽然顺从了母亲的意思，但据牛顿的同侪后来的叙述，耕作工作让牛顿相当不快乐．所幸金格斯皇家中学的校长斯托克斯说服了牛顿的母亲，牛顿又被送回了学校以完成他的学业．他在18岁时完成了中学的学业，并提交了一份完美的毕业报告．1661年6月3日，他进入了剑桥大学的三一学院．在那时，该学院的教学基于亚里士多德的学说，但牛顿更喜欢阅读一些笛卡尔等现代哲学家以及伽利略、哥白尼和开普勒等天文学家更先进的思想．1665年，他发现了广义二项式定理，并开始发展一套新的数学理论，也就是后来为世人所熟知的微积分学．在1665年，牛顿获得了学位，而大学为了预防伦敦大瘟疫而关闭了．在此后两年里，牛顿在家中继续研究微积分学、光学和万有引力定律．

2. 数学贡献

牛顿与莱布尼茨独立发展出了微积分学，并为之创造了各自独特的符号．根据牛顿周围的人所述，牛顿要比莱布尼茨早几年得出他的方法，但在1693年以前他几乎没有发表任何内容，并直至1704年他才给出了其完整的叙述．其间，莱布尼茨已在1684年发表了他的方法的完整叙述．此外，莱布尼茨的符号和"微分法"被欧洲大陆全面地采用，在大约 1820 年以后，英国也采用了该方法．莱布尼茨的笔记本记录了他的思想从初期到成熟的发展过程，而在牛顿已知的记录中只发现了他最终的结果．牛顿声称他一直不愿公布他的微积分学，是因为他怕被人们嘲笑．牛顿与瑞士数学家丢勒的联系十分密切，后者一开始便被牛顿的引力定律所吸引．1691 年，丢勒打算编写一个新版本的牛顿《自然哲学的数学原理》，但从未完成它．一些研究牛顿的传记作者认为他们之间的关系可能存在爱情的成分．不过，在 1694 年这两个人之间的关系冷却了下来．在那个时候，丢勒还与莱布尼茨交换了几封信件．在 1699 年年初，皇家学会（牛顿也是其中的一员）的其他成员们指控莱布尼茨剽窃了牛顿的成果，争论在 1711 年全面爆发了．牛顿所在的英国皇家学会宣布一项调查，表明了牛顿才是真正的发现者，而莱布尼茨被斥为骗子．但在后来，发现该调查评论莱布尼茨的结语是由牛顿本人书写，因此该调查遭到了质疑．这导致了激烈的牛顿与莱布尼茨的微积分学论战，并破坏了牛顿与莱布尼茨的生活，直到后者在 1716 年逝世．

牛顿的一项被广泛认可的成就是广义二项式定理，它适用于任何幂．他发现了牛顿恒等式、牛顿法，分类了立方面曲线（两变量的三次多项式），为有限差理论作出了重大贡献，并首次使用了分式指数和坐标几何学得到丢番图方程的解．他用对数趋近了调和级数的部分和（这是欧拉求和公式的一个先驱），并首次有把握地使用幂级数和反转幂级数．他还发现了 π 的一个新公式．他在 1669 年被授予卢卡斯数学教授席位．在那一天以前，剑桥或牛津的所有成员都是经过任命的圣公会牧师．不过，卢卡斯教授之职的条件要求其持有者不得活跃于教堂（大概是如此可让持有者把更多时间用于科学研究上）．牛顿认为应免除他担任神职工作的条件，这需要查理二世的许可，后者接受了牛顿的意见．这样避免了牛顿的宗教观点与圣公会信仰之间的冲突．17 世纪以来，原有的几何和代数已难以解决当时生产和自然科学所提出的许多新问题，例如：如何求出物体的瞬时速度与加速度？如何求曲线的切线及曲线长度（行星路程）、矢径扫过的面积、极大极小值（如近日点、远日点、最大射程等）、体积、重心、引力等？尽管牛顿以前已有对数、解析几何、无穷级数等成就，但还不能圆满或普遍地解决这些问题．当时笛卡尔的《几何学》和沃利斯的《无穷算术》对牛顿的影响最大．牛顿将古希腊以来求解无穷小问题的种种特殊方法统一为两类算法：正流数术（微分）和反流数术（积分），反映在 1669 年的《运用无限多项方程》、1671 年的《流数术与无穷级数》、1676 年的《曲线求积术》三篇论文和《原理》一书中，以及被保存下来的 1666 年 10 月他写的在朋友们中间传阅的一篇手稿《论流数》中．所谓"流量"，就是随时间而变化的自变量如 x、y、s、u 等，"流数"就是流量的改变速度即变化率等．

他说的"差率""变率"就是微分. 与此同时, 他还在 1676 年首次公布了他发明的二项式展开定理. 牛顿利用它还发现了其他无穷级数, 并用来计算面积、积分、解方程等. 1684 年莱布尼茨从对曲线的切线研究中引入了和拉长的 S 作为微积分符号, 从此牛顿创立的微积分学在大陆各国迅速推广. 微积分的出现, 成了数学发展中除几何与代数以外的另一重要分支——数学分析(牛顿称之为"借助于无限多项方程的分析"), 并进一步发展为微分几何、微分方程、变分法等, 这些又反过来促进了理论物理学的发展. 例如瑞士伯努利曾征求最速降落曲线的解答, 这是变分法的最初始问题, 半年内全欧数学家无人能解答. 1697 年, 一天牛顿偶然听说此事, 当天晚上一举解出, 并匿名刊登在《哲学学报》上. 伯努利惊异地说: "从这锋利的爪中我认出了雄狮." 微积分的创立是牛顿最卓越的数学成就. 牛顿为解决运动问题, 才创立这种和物理概念直接联系的数学理论的, 牛顿称之为"流数术". 它所处理的一些具体问题, 如切线问题、求积问题、瞬时速度问题以及函数的极大和极小值问题等, 在牛顿前已经得到人们的研究了. 但牛顿超越了前人, 他站在了更高的角度, 对以往分散的结论加以综合, 将自古希腊以来求解无限小问题的各种技巧统一为两类普通的算法——微分和积分, 并确立了这两类运算的互逆关系, 从而完成了微积分发展中最关键的一步, 为近代科学发展提供了最有效的工具, 开辟了数学上的一个新纪元. 牛顿没有及时发表微积分的研究成果, 他研究微积分可能比莱布尼茨早一些, 但是莱布尼茨所采取的表达形式更加合理, 而且关于微积分的著作出版时间也比牛顿早. 在牛顿和莱布尼茨之间, 为争论谁是这门学科的创立者的时候, 竟然引起了一场轩然大波, 这种争吵在各自的学生、支持者和数学家中持续了相当长的一段时间, 造成了欧洲大陆的数学家和英国数学家的长期对立. 英国数学在一个时期里闭关锁国, 囿于民族偏见, 过于拘泥在牛顿的"流数术"中停步不前, 因而数学发展整整落后了一百年. 1707 年, 牛顿的代数讲义经整理后出版, 定名为《普遍算术》. 他主要讨论了代数基础及其(通过解方程)在解决各类问题中的应用. 书中陈述了代数基本概念与基本运算, 用大量实例说明了如何将各类问题化为代数方程, 同时对方程的根及其性质进行了深入探讨, 引出了方程论方面的丰硕成果, 如: 他得出了方程的根与其判别式之间的关系, 指出可以利用方程系数确定方程根之幂的和数, 即"牛顿幂和公式". 牛顿对解析几何与综合几何都有贡献. 他在 1736 年出版的《解析几何》中引入了曲率中心, 给出密切线圆(或称曲线圆)概念, 提出曲率公式及计算曲线的曲率方法, 并将自己的许多研究成果总结成专论《三次曲线枚举》, 于 1704 年发表. 此外, 他的数学工作还涉及数值分析、概率论和初等数论等众多领域. 牛顿在前人工作的基础上, 提出"流数法", 建立了二项式定理，并和莱布尼茨几乎同时创立了微积分学，得出了导数、积分的概念和运算法则，阐明了求导数和求积分是互逆的两种运算，为数学的发展开辟了一个新纪元. 1665 年，刚好 22 岁的牛顿发现了二项式定理，这对于微积分的充分发展是必不可少的一步. 二项式定理在组合理论、开高次方、高阶等差数列求和，以及差分法中有广泛的应用. 二项式级数展开式是研究级数论、函数论、数学分析、方程理论的有力工具.

莱布尼茨

公元 1646 年 7 月 1 日，莱布尼茨出生于德国东部莱比锡的一个书香之家，父亲是莱比锡大学的道德哲学教授，母亲出身于教授家庭，虔信路德新教. 莱布尼茨的父母亲自做孩子的启蒙教师，耳濡目染使莱布尼茨从小就十分好学，并有很高的天赋，幼年时就对诗歌和历史有着浓厚的兴趣. 莱布尼茨的父亲在他年仅 6 岁时便去世了，给他留下了比金钱更宝贵的丰富的藏书，知书达理的母亲担负起了儿子的幼年教育. 莱布尼茨因此得以广泛接触古希腊罗马文化，阅读了许多著名学者的著作，由此而获得了坚实的文化功底和明确的学术目标.

1. 求学阶段

8 岁时，莱布尼茨进入尼古拉学校，学习拉丁文、希腊文、修辞学、算术、逻辑、音乐以及《圣经》、路德教义等. 1661 年，15 岁的莱布尼茨进入莱比锡大学学习法律，一进校便跟上了大学二年级标准的人文学科的课程，他还抓紧时间学习哲学和科学. 1663 年 5 月，他以《论个体原则方面的形而上学争论》一文获学士学位. 这期间莱布尼茨还广泛阅读了培根、开普勒、伽利略等人的著作，并对他们的著述进行了深入的思考和评价. 在听了教授讲授的欧几里得的"几何原本"的课程后，莱布尼茨对数学产生了浓厚的兴趣. 1664 年 1 月，莱布尼茨完成了论文《论法学之艰难》，获哲学硕士学位. 时年 2 月 12 日，他母亲不幸去世. 18 岁的莱布尼茨从此只身一人生活，他一生在思想、性格等方面受母亲影响颇深. 1665 年，莱布尼茨向莱比锡大学提交了博士论文《论身份》，1666 年，审查委员会以他太年轻（年仅 20 岁）而拒绝授予他法学博士学位，黑格尔认为，这可能是由于莱布尼茨哲学见解太多，审查论文的教授们看到他大力研究哲学，心里很不乐意. 他对此很气愤，于是毅然离开莱比锡，前往纽伦堡附近的阿尔特多夫大学，并立即向学校提交了早已准备好的那篇博士论文，1667 年 2 月，阿尔特多夫大学授予他法学博士学位，还聘请他为法学教授. 这一年，莱布尼茨发表了他的第一篇数学论文《论组合的艺术》. 这是一篇关于数理逻辑的文章，其基本思想是想把理论的真理性论证归结于一种计算的结果. 这篇论文虽不够成熟，但却闪耀着创新的智慧和数学的才华，后来的一系列工作使他成为数理逻辑的创始人. 1667 年，莱布尼茨获得法学博士学位后，在纽伦堡加入了一个炼金术士团体，并通过该团体结识了政界人物博因堡男爵克里斯蒂文，并经男爵推荐给选帝侯迈因茨，从此莱布尼茨登上了政治舞台，便投身外交界，在美因茨大主教舍恩博恩的手下工作. 1671—1672年冬季，他受选帝侯迈因茨之托，着手准备制止法国进攻德国的计划. 1672年，莱布尼茨作为一名外交官出使巴黎，试图游说法国国王路易十四放弃进攻，却始终未能与法王见上一面，更谈不上完成选帝侯迈因茨交给他的任务了. 这次外交活动以失败而告终，然而在这期间，他深受惠更斯的启发，决心钻研高等数学，并研究了笛卡尔、费尔马、帕斯卡等人的著作，开始创造性的工作.

2. 科学交叉

1673年1月，为了促使英国与荷兰之间的和解，他前往伦敦进行斡旋未果. 他却趁这个机会与英国学术界知名学者建立了联系. 他见到了与之通信达三年的英国皇家学会秘书、数学家奥登伯以及物理学家胡克、化学家波义耳等人. 1673年3月莱布尼茨回到巴黎，4月即被推荐为英国皇家学会会员. 这一时期，他的兴趣越来越明显地表现在数学和自然科学方面. 1672年10月，选帝侯迈因茨去世，莱布尼茨失去了职位和薪金，而仅是一位家庭教师了. 当时，他曾多方谋求外交官的正式职位，或者希望在法国科学院谋一职位，都没有成功. 无奈，只好接受汉诺威公爵弗里德里希的邀请，前往汉诺威. 1676年10月4日，莱布尼茨离开巴黎，他先在伦敦作了短暂停留. 继而前往荷兰，见到了使用显微镜第一次观察了细菌、原生动物和精子的生物学家列文虎克，这些对莱布尼茨以后的哲学思想产生了影响. 在海牙，他见到了斯宾诺莎. 1677年1月，莱布尼茨抵达汉诺威，担任布伦兹维克公爵府法律顾问兼图书馆馆长和布伦兹维克家族史官，并负责国际通信和充当技术顾问. 汉诺威成了他的永久居住地. 在繁忙的公务之余，莱布尼茨广泛地研究哲学和各种科学、技术问题，从事多方面的学术文化和社会政治活动. 不久，他就成了宫廷议员，在社会上开始声名显赫，生活也由此而富裕. 1682年，莱布尼茨与门克创办了近代科学史上卓有影响的拉丁文科学杂志《学术纪事》（又称《教师学报》），他的数学、哲学文章大都刊登在该杂志上；这时，他的哲学思想也逐渐走向成熟. 1679年12月，弗里德里希却突然去世，其弟奥古斯特继任爵位，莱布尼茨仍保留原职. 新公爵夫人苏菲是他的哲学学说的崇拜者，"世界上没有两片完全相同的树叶"这一句名言，就出自他与苏菲的谈话. 奥古斯特为了实现他在整个德国出人头地的野心，建议莱布尼茨广泛地进行历史研究与调查，写一部有关他们家庭近代历史的著作. 1686年他开始了这项工作. 在研究了当地有价值的档案材料后，他请求在欧洲作一次广泛的游历. 1687年11月，莱布尼茨离开汉诺威，于 1688 年初夏 5 月抵达维也纳. 他除了查找档案外, 大量时间用于结识学者和各界名流. 在维也纳, 他拜见了奥地利皇帝利奥波德一世, 为皇帝构画出一系列经济、科学规划, 给皇帝留下了深刻印象. 他试图在奥地利宫廷中谋一职位, 但直到 1713 年才得到肯定答复, 而他请求古奥地利建立一个 "世界图书馆" 的计划则始终未能实现. 随后, 他前往威尼斯, 然后抵达罗马. 在罗马, 他被选为罗马科学与数学科学院院士. 1690 年, 莱布尼茨回到了汉诺威. 由于撰写布伦兹维克家族历史的功绩, 他获得了枢密顾问官职务.

3. 后期社会工作

在 1700 年世纪转变时期, 莱布尼茨热心地从事于科学院的筹划、建设事务. 他觉得学者们各自独立地从事研究既浪费了时间又收效不大, 因此竭力提倡集中人才研究学术、文化和工程技术, 从而更好地安排社会生产, 指导国家建设. 从 1695 年起, 莱布尼茨就一直为在柏林建立科学院四处奔波, 到处游说. 1698 年, 他为此亲自前往柏林. 1700 年, 当他第二次访问柏林时, 终于得到了弗里德里希一世, 特别是其妻子 (汉诺威奥古斯特公爵之女) 的赞助, 建立了柏林科学院, 他出任首任院长. 1700 年 2 月, 他还被选为法国科学院院士. 至此, 当时全世界的四大科学院: 英国皇家学会、法国科学院、罗马科学与数学科学院、柏林科学院都以莱布尼茨作为核心成员.

1713 年年初, 奥地利皇帝授予莱布尼茨帝国顾问的职位, 邀请他指导建立科学院. 俄国的彼得大帝也在 1711—1716 年去欧洲旅行访问时, 几次听取了莱布尼茨的建议. 莱布尼茨试图使这位雄才大略的皇帝相信, 在彼得堡建立一个科学院是很有价值的. 彼得大帝对此很感兴趣, 1712 年他给了莱布尼茨一个有薪水的数学、科学宫廷顾问的职务. 1712 年左右, 他同时被维也纳、布伦兹维克、柏林、彼得堡等王室所雇用. 这一时期他一有机会就积极地鼓吹他编写百科全书、建立科学院以及利用技术改造社会的计划. 在他去世以后, 维也纳科学院、彼得堡科学院先后都建立起来了. 据传, 他还曾经通过传教士, 建议中国清朝的康熙皇帝在北京建立科学院. 就在莱布尼茨备受各个宫廷青睐之时, 他却已开始走向悲惨的晚年了. 1716 年 11 月 14 日, 由于胆结石引起的腹绞痛卧床一周后, 莱布尼茨孤寂地离开了人世, 终年 70 岁. 莱布尼茨一生没有结婚, 没有在大学当教授. 他平时从不进教堂, 因此他有一个绰号 Lovenix, 即什么也不信的人. 他去世时教士以此为借口, 不予理睬, 曾雇用过他的宫廷也不过问, 无人前来吊唁. 弥留之际, 陪伴他的只有他所信任的大夫和他的秘书艾克哈特, 发出讣告后, 法国科学院秘书封登纳尔在科学院例会时向莱布尼茨这位外国会员致了悼词. 1793 年, 汉诺威人为他建立了纪念碑; 1883 年, 在莱比锡的一座教堂附近竖起了他的一座立式雕像；1983 年，汉诺威市政府照原样重修了被毁于第二次世界大战中的"莱布尼茨故居"，供人们瞻仰.

4. 奠定微积分

17 世纪下半叶，欧洲科学技术迅猛发展，由于生产力的提高和社会各方面的迫切需要，经各国科学家的努力与历史的积累，建立在函数与极限概念基础上的微积分理论应运而生了. 微积分思想，最早可以追溯到古希腊由阿基米德等人提出的计算面积和体积的方法. 1665 年牛顿创始了微积分，莱布尼茨在 1673—1676 年也发表了微积分思想的论著. 以前，微分和积分作为两种数学运算、两类数学问题，是分别加以研究的. 卡瓦列里、巴罗、沃利斯等人得到了一系列求面积（积分）、求切线斜率（导数）的重要结果，但这些结果都是孤立的、不连贯的. 只有莱布尼茨和牛顿将积分和微分真正沟通起来，明确地找到了两者内在的直接联系：微分和积分是互逆的两种运算. 而这是微积分建立的关键所在. 只有确立了这一基本关系，才能在此基础上构建系统的微积分学. 并从对各种函数的微分和求积公式中，总结出共同的算法程序，使微积分方法普遍化，发展成用符号表示的微积分运算法则. 因此，微积分"是牛顿和莱布尼茨大体上完成的，但不是由他们发明的". 然而关于微积分创立的优先权，在数学史上曾掀起了一场激烈的争论. 实际上，牛顿在微积分方面的研究虽早于莱布尼茨，但莱布尼茨成果的发表则早于牛顿. 莱布尼茨 1684 年 10 月在《教师学报》上发表的论文《一种求极大极小的奇妙类型的计算》，是最早的微积分文献. 这篇仅有六页的论文，内容并不丰富，说理也颇含糊，但却有着划时代的意义. 牛顿在三年后，即 1687 年出版的《自然哲学的数学原理》的第一版和第二版也写道："十年前在我和最杰出的几何学家莱布尼茨的通信中，我表明我已经知道确定极大值和极小值的方法、作切线的方法以及类似的方法，但我在交换的信件中隐瞒了方法……这位最卓越的科学家在回信中写道，他也发现了一种同样的方法. 他并诉述了他的方法，它与我的方法几乎没有什么不同，除了他的措辞和符号而外"（但在第三版及以后再版时，这段话被删掉了）. 因此，后来人们公认牛顿和莱布尼茨是各自独立地创建微积分的. 牛顿从物理学出发，运用集合方法研究微积分，其应用上更多地结合了运动学，造诣高于莱布尼茨. 莱布尼茨则从几何问题出发，运用分析学方法引进微积分概念、得出运算法则，其数学的严密性与系统性是牛顿所不及的. 莱布尼茨认识到好的数学符号能节省思维劳动，运用符号的技巧是数学成功的关键之一. 因此，他所创设的微积分符号远远优于牛顿的符号，这对微积分的发展有极大影响. 1713 年，莱布尼茨发表了《微积分的历史和起源》一文，总结了自己创立微积分学的思路，说明了自己成就的独立性.

练习题

1. 根据数列的通项公式，写出前 5 项：

（1）$a_n = \dfrac{1}{n^2}$；

（2）$a_n = \dfrac{n-1}{2n^2+1}$.

2. 写出以下数列的通项公式：

（1）1，3，6，10，15，$\cdots$；

（2）1，$\dfrac{2}{3}$，$\dfrac{3}{6}$，$\dfrac{4}{10}$，$\dfrac{5}{15}$，$\cdots$；

（3）数列 $\{a_n\}$ 满足 $a_n = a_{n-1} + n^2$，$a_1 = 1$.

3. 计算下列和式：

（1）$\displaystyle\sum_{i=1}^{i=n} i^3$；

（2）$\displaystyle\sum_{i=1}^{i=n} i^4$；

（3）$\displaystyle\sum_{i=1}^{i=n} i^5$.

并归纳地写出这些和式首项的特点.

4. 已知下列数列的递归关系：

$$a_n - 6a_{n-1} + 8a_{n-2} = 0,\quad a_0 = 0,\quad a_1 = 2$$

试计算该数列的通项公式.

5. 考察上一题中的数列是否存在极限，如果存在极限，试用定义验证.

6. 观察下列数列是否存在极限，如果存在，试用定义验证.

（1）$a_n = 1 + (-1)^n \dfrac{1}{n}$；

（2）$a_n = (-1)^n \dfrac{n+1}{n+2}$；

（3）$a_n = \dfrac{2n+1}{5n+2}$.

7. 把下列循环小数化为分数：

（1） $0.1\dot{5}$；

（2） $0.1\dot{2}\dot{5}$；

（3） $0.\dot{7}23\dot{2}$.

8. 试判别首项为1，公比为 q 的等比数列的前 n 项和在 $n\to\infty$ 时是否存在极限，如果存在试用定义验证.

9. 证明：一个有极限的数列必有界.

10. 观察下列数列是否存在极限，如果有极限则用定义验证：

（1） $\left\{\dfrac{n}{n+1}\right\}$；　　　　（2） $\left\{\dfrac{1}{\sqrt{n}}\right\}$；　　　　（3） $\left\{\sin\dfrac{\pi}{n}\right\}$；

（4） $\left\{\sqrt{n+1}-\sqrt{n}\right\}$；　　（5） $\left\{\dfrac{1+2+\cdots+n}{n^3}\right\}$；　　（6） $\left\{\dfrac{n}{a^n}\right\}(a>1)$；

（7） $\left\{\dfrac{1}{n}\sin n\right\}$.

11. 计算下列极限：

（1） $\lim\limits_{n\to\infty}\dfrac{n^3+n+2}{5n^3+2n^2+3n}$；　　　　（2） $\lim\limits_{n\to\infty}\dfrac{n^2+3n+2}{3n^3+n+3}$；

（3） $\lim\limits_{n\to\infty}\dfrac{2^n+3^n}{2^{n+1}+3^{n+1}}$；　　　　（4） $\lim\limits_{n\to\infty}(\sqrt{n^2+n}-n)$；

（5） $\lim\limits_{n\to\infty}(\sqrt[n]{1}+\sqrt[n]{2}+\cdots+\sqrt[n]{10})$；

（6） $\lim\limits_{n\to\infty}\dfrac{\dfrac{1}{2}+\dfrac{1}{2^2}+\cdots+\dfrac{1}{2^n}}{\dfrac{1}{3}+\dfrac{1}{3^2}+\cdots+\dfrac{1}{3^n}}$；

（7） $\lim\limits_{n\to\infty}\sqrt[n]{1-\dfrac{1}{n}}$；

（8） $\lim\limits_{n\to\infty}(\sqrt{n+2}-2\sqrt{n+1}+\sqrt{n})$.

12. 设 $\lim\limits_{n\to\infty}a_n=a$，$\lim\limits_{n\to\infty}b_n=b$，且 $a<b$. 证明：存在正整数 N，使得当 $n>N$ 时，$a_n<b_n$.

13. 求下列极限：

（1） $\lim\limits_{n\to\infty}\left(\dfrac{1}{1\cdot 2}+\dfrac{1}{2\cdot 3}+\cdots+\dfrac{1}{n\cdot(n+1)}\right)$；

（2） $\lim\limits_{n\to\infty}(\sqrt{2}\sqrt[4]{2}\sqrt[8]{2}\cdots\sqrt[2^n]{2})$；

（3） $\lim\limits_{n\to\infty}\left(\dfrac{1}{2}+\dfrac{3}{2^2}+\cdots+\dfrac{2n-1}{2^n}\right)$；

(4) $\lim\limits_{n\to\infty}\left[\dfrac{1}{n^2}+\dfrac{1}{(n+1)^2}+\cdots+\dfrac{1}{(2n)^2}\right]$；

(5) $\lim\limits_{n\to\infty}\left(\dfrac{1}{\sqrt{n^2+1}}+\dfrac{1}{\sqrt{n^2+2}}+\cdots+\dfrac{1}{\sqrt{n^2+n}}\right)$.

14. 说明下列数列发散：

(1) $\left\{(-1)^n\dfrac{n}{n+1}\right\}$；　　　　(2) $\left\{n^{(-1)^n}\right\}$；　　　　(3) $\left\{\cos\dfrac{n\pi}{4}\right\}$.

15. 证明：如果 $\{a_n\}$ 收敛，$\{b_n\}$ 发散，则 $\{a_n\pm b_n\}$ 也发散. 对于 $\{a_nb_n\}$ 和 $\left\{\dfrac{a_n}{b_n}\right\}$ $(b_n\neq 0)$ 是否有类似的结论？说明理由.

16. 如果 $\{a_{2k}\}$ 和 $\{a_{2k+1}\}$ 都收敛到同一个极限值，则 $\{a_n\}$ 必收敛，这个说法是否正确，如果正确，给出证明；如果错误，请给出反例.

17. 设 $\{a_n\}$ 满足 $a_n>0$，$\lim\limits_{n\to\infty}a_n=a>0$. 证明：$\lim\limits_{n\to\infty}\sqrt[n]{a_n}=1$.

18. 设 a_1，a_2，$\cdots$，a_m 是 m 个正数，证明：
$$\lim_{n\to\infty}\sqrt[n]{a_1^n+a_2^n+\cdots+a_m^n}=\max\{a_1,a_2,\cdots,a_m\}$$

19. 计算本章例 6.5.3 中数列的极限.

20. 利用 $\lim\limits_{n\to\infty}\left(1+\dfrac{1}{n}\right)^n=\mathrm{e}$，计算下列极限：

(1) $\lim\limits_{n\to\infty}\left(1-\dfrac{1}{n}\right)^n$；　　　　(2) $\lim\limits_{n\to\infty}\left(1+\dfrac{1}{n+1}\right)^n$；

(3) $\lim\limits_{n\to\infty}\left(1+\dfrac{1}{2n}\right)^n$；　　　　(4) $\lim\limits_{n\to\infty}\left(1+\dfrac{1}{n^2}\right)^n$.

21. 验证不等式
$$y^{n+1}-x^{n+1}>(n+1)x^n(y-x),\ y>x>0$$
并由此证明：$\left\{\left(1+\dfrac{1}{n}\right)^{n+1}\right\}$ 为递减数列且由此推出 $\left\{\left(1+\dfrac{1}{n}\right)^n\right\}$ 为有界数列.

22. 给定两正数 a_1 和 $b_1(a_1>b_1)$，对于 $n=1$，2，$\cdots$，令

(1) $a_{n+1}=\dfrac{a_n+b_n}{2}$；

(2) $b_{n+1}=\sqrt{a_nb_n}$.

证明：$\lim\limits_{n\to\infty}a_n$ 与 $\lim\limits_{n\to\infty}b_n$ 皆存在且相等.

23. 设 $\lim\limits_{n\to\infty}a_n=a$. 证明：

（1） $\lim\limits_{n\to\infty}\dfrac{a_1+a_2+\cdots+a_n}{n}=a$;

（2） 若 $a_n>0$ ，则 $\lim\limits_{n\to\infty}\sqrt[n]{a_1a_2\cdots a_n}=a$.

24. 利用上题结果证明以下结论成立：

（1） $\lim\limits_{n\to\infty}\dfrac{1+\dfrac{1}{2}+\cdots+\dfrac{1}{n}}{n}=0$;

（2） $\lim\limits_{n\to\infty}\sqrt[n]{a}=1$ （ $a>0$ ）;

（3） $\lim\limits_{n\to\infty}\sqrt[n]{n}=1$;

（4） $\lim\limits_{n\to\infty}\dfrac{1}{\sqrt[n]{n!}}=0$;

（5） $\lim\limits_{n\to\infty}\dfrac{n}{\sqrt[n]{n!}}=e$;

（6） $\lim\limits_{n\to\infty}\dfrac{1+\sqrt{2}+\sqrt[3]{3}+\cdots+\sqrt[n]{n}}{n}=1$;

（7） 设 $\lim\limits_{n\to\infty}\dfrac{b_{n+1}}{b_n}=a$ （ $b_n>0$ ），则 $\lim\limits_{n\to\infty}\sqrt[n]{b_n}=a$;

（8） 若 $\lim\limits_{n\to\infty}(a_n-a_{n-1})=d$ ，则 $\lim\limits_{n\to\infty}\dfrac{a_n}{n}=d$.

25. 证明：若 $\{a_n\}$ 为递增数列， $\{b_n\}$ 为递减数列，且

$$\lim_{n\to\infty}(a_n-b_n)=0$$

则 $\lim\limits_{n\to\infty}a_n$ ， $\lim\limits_{n\to\infty}b_n$ 存在且相等.

26. 设 $a>0$ ， $k>0$ ， $a_1=\dfrac{1}{2}\left(a+\dfrac{k}{a}\right)$ ，对于 $n=1$ ， 2 ， $\cdots$ ，定义

$$a_{n+1}=\dfrac{1}{2}\left(a_n+\dfrac{k}{a_n}\right)$$

证明：数列 $\{a_n\}$ 极限存在且等于 $\sqrt{k}$.

27. 证明数列

$$a_n=1-\dfrac{1}{2}+\dfrac{1}{3}+\cdots+(-1)^{n+1}\dfrac{1}{n}$$

收敛.

28. 证明下列数列 $\{a_n\}$ 收敛

$$a_n = 1 + \frac{1}{2^2} + \frac{1}{3^2} + \cdots + \frac{1}{n^2}$$

29. 验证下列数列是发散的

（1）$a_n = (-1)^n n$；

（2）$a_n = \sin \dfrac{n\pi}{2}$；

（3）$a_n = \sin \dfrac{1}{n}$；

（4）$a_n = 1 + \dfrac{1}{2} + \cdots + \dfrac{1}{n}$.

30. 设 $\lim\limits_{n \to \infty} a_n = a$，$\lim\limits_{n \to \infty} b_n = b$. 记 $S_n = \max\{a_n, b_n\}$，$T_n = \min\{a_n, b_n\}$. 证明：

（1）$\lim\limits_{n \to \infty} S_n = \max\{a, b\}$；

（2）$\lim\limits_{n \to \infty} T_n = \min\{a, b\}$.

31. 设 $a_1 > b_1 > 0$，且 $a_n = \dfrac{a_{n-1} + b_{n-1}}{2}$，$b_n = \dfrac{2a_{n-1} b_{n-1}}{a_{n-1} + b_{n-1}}$（$n = 2, 3, \cdots$）. 证明：

数列 $\{a_n\}$，$\{b_n\}$ 的极限都存在且均等于 $\sqrt{a_1 b_1}$.

32. 设 $\{a_n\}$，$\{b_n\}$ 均为收敛数列，且对正整数 N_0，当 $n > N_0$ 时，有 $a_n \leqslant b_n$，则

$$\lim\limits_{n \to \infty} a_n \leqslant \lim\limits_{n \to \infty} b_n$$

第 7 章

概率简介

概率论是研究随机现象统计规律性的数学学科，它的理论与方法在自然科学、社会科学、工程科技、经济管理等诸多领域有着广泛的应用.

7.1　随机事件

在自然界和人类社会活动中，人们所观察的现象大致上可分为两类. 一类是确定性现象，即在一定条件下，必然发生或必然不发生的现象. 例如，在一个标准大气压下，水加热到 100 ℃时必然沸腾，我们称这一类现象为确定性现象或必然现象. 另一类是事先不能预知结果的现象，即在同样的条件下进行一系列重复试验或观察，每次的结果并不完全一样，并且在每次试验或观察前无法预料确切的结果，其结果呈现出不确定性. 例如，多次抛掷一枚骰子，朝上一面出现的点数可能是 1，2，…，6 中的任何一个，每次抛掷前不能预知出现的点数到底是几. 我们称这一类现象为随机现象或偶然现象. 对于随机现象，人们通过大量的实践发现，在相同的条件下，虽然试验结果在试验或者观察中到底出现哪个是不确定的，但在大量重复试验中却能呈现出某种规律性，这种规律性称为统计规律性. 例如，多次投掷一枚均匀的硬币时，带国徽的一面朝上的占总投掷次数的一半.

为了研究和揭示随机现象的统计规律性，我们需要对随机现象进行大量重复的观察、测量或试验. 为了方便，将它们统称为试验. 在概率论中，"试验"是一个广泛的术语. 一般称满足下面两个条件的试验为随机试验：

（1）可重复性. 在相同条件下可以重复进行.

（2）可观测性. 每次试验的所有可能的试验结果都是明确的、可观测的.

（3）随机性. 每次试验将要出现的结果是不确定的，试验之前无法预知哪一个结果会出现.

试验通常用字母 E 表示. 用 ω 表示随机试验 E 的可能结果, 称为样本点, 用 Ω 表示随机试验 E 的所有可能结果组成的集合, 称为样本空间. 例如, 抛一枚硬币四次, 出现正反的次数; 投掷一颗骰子, 出现的点数; 某班航班起飞延误的时间; 一个奶茶店一天内能够接到的订单量.

例 7.1.1　抛掷一枚硬币, 观察正面 H 和反面 T 出现的情况 (将这两个结果依次记作 ω_1 和 ω_2), 则试验的样本空间为

$$\Omega_0 = \{\text{出现 H}, \text{出现 T}\} = \{\omega_1, \omega_2\}$$

将一枚硬币抛掷三次, 观察正反面出现的情况, 则试验的样本空间为

$$\Omega_1 = \{\text{HHH}, \text{HHT}, \text{HTH}, \text{THH}, \text{HTT}, \text{THT}, \text{TTH}, \text{TTT}\}$$

例 7.1.2　将一枚硬币抛掷三次, 观察正面出现的次数, 则试验的样本空间为

$$\Omega_2 = \{0, 1, 2, 3\}$$

例 7.1.3　抛掷一枚骰子, 观察出现的点数, 则试验的样本空间为

$$\Omega_3 = \{1, 2, 3, 4, 5, 6\}$$

例 7.1.4　批发市场有一批电灯, 从中随机抽取一个, 测试它的寿命 (单位: 小时), 则试验的样本空间为

$$\Omega_4 = \{t \mid 0 \leqslant t < +\infty\} = [0, +\infty)$$

在随机试验中, 我们常常关心试验的结果是否满足一些指定条件. 例如, 在例 7.1.4 中, 若规定灯泡的寿命大于 5 000 小时为合格品, 否则为次品, 那么我们想看到的结果是 $t > 5\,000$, 满足这一条件的样本点组成 Ω_4 的子集 $A = \{t \mid t > 5\,000\}$, 我们称 A 为该试验的一个随机事件.

一般地, 我们称随机试验 E 的样本空间 Ω 的子集为 E 的随机事件, 简称为事件, 用大写字母 A, B, C 等表示. 在每次试验中, 当且仅当子集中的一个样本点发生时, 称这一事件发生. 特别地, 由一个样本点组成的单点子集, 称为基本事件. 样本空间 Ω 作为它自身的子集, 包含了所有的样本点, 每次试验总是发生, 称为必然事件. 空集 $\varnothing$ 作为样本空间的子集, 不包含任何样本点, 每次试验都不发生, 称为不可能事件.

例 7.1.5　在例 7.1.2 中, 子集 $A = \{0\}$ 表示事件 "三次均不出现正面", 子集 $B = \{0, 1\}$ 表示事件 "正面出现的次数小于 2", 子集 $C = \{1, 2, 3\}$ 表示事件 "正面至少出现一次", 其中 A 是基本事件.

事件 "正面出现的次数大于 3" 为不可能事件; 事件 "正面出现的次数不大于 3" 为必然事件.

因为事件是集合, 即样本空间的子集, 所以事件之间的关系和运算可以按照集合之间的关系和运算来处理. 根据 "事件发生" 的含义, 我们不难给出事件的关系与运算的定义和规则.

设 Ω 是样本空间，A，B，C 及 A_1，A_2，…都是事件，即 Ω 的子集，它们有以下关系：

1. 事件的包含

如果事件 A 发生必然导致事件 B 发生，即属于 A 的每一个样本点一定也属于 B，则称事件 B 包含事件 A 或称 A 是 B 的子事件，记作 $B \supset A$ 或 $A \subset B$. 显然，$\varnothing \subset A \subset \Omega$.

2. 事件的相等

如果事件 A 包含事件 B，事件 B 也包含事件 A，即 $B \subset A$ 且 $A \subset B$，则称事件 A 与事件 B 相等（或等价），记作 $A = B$.

3. 事件的和

"事件 A 和事件 B 至少有一个发生"这一事件就称为事件 A 和事件 B 的和（或并），记作 $A \cup B$，即

$$A \cup B = \{事件 A 发生或事件 B 发生\} = \{\omega \mid \omega \in A 或 \omega \in B\}$$

事件的和可以推广到多个事件的情形：

$$\bigcup_{i=1}^{n} A_i = \{事件 A_1, A_2, \cdots, A_n 中至少有一个发生\}$$

$$\bigcup_{i=1}^{\infty} A_i = \{事件 A_1, A_2, \cdots, A_n, \cdots 中至少有一个发生\}$$

4. 事件的积

"事件 A 和 B 同时发生"这一事件称为事件 A 和事件 B 的积（或交），记作 $A \cap B$（或 AB），即

$$A \cap B = \{事件 A 发生且事件 B 发生\} = \{\omega \mid \omega \in A 且 \omega \in B\}$$

事件的积也可以推广到多个事件的情形：

$$\bigcap_{i=1}^{n} A_i = \{事件 A_1, A_2, \cdots, A_n 同时发生\}$$

$$\bigcap_{i=1}^{\infty} A_i = \{事件 A_1, A_2, \cdots, A_n, \cdots 同时发生\}$$

5. 事件的差

"事件 A 发生而事件 B 不发生"这一事件称为事件 A 和事件 B 的差，记作 $A - B$，即

$$A - B = \{事件 A 发生但事件 B 不发生\} = \{\omega \mid \omega \in A 但 \omega \notin B\}$$

6. 事件的互不相容

如果事件 A 和事件 B 不能同时发生，即 AB 是不可能事件，$AB = \varnothing$，则称事件 A 和事件 B 是互不相容的.

7. 事件的互逆

如果每一次试验中事件 A 与事件 B 都有一个且只有一个发生，则称两事件是互逆

的（或对立的），并称其中一个事件为另一个事件的逆事件（或对立事件），记作 $A = \bar{B}$ 或 $B = \bar{A}$. 显然两个事件 A 和 B 是互逆的，则有

$$A \cup B = \Omega, AB = \varnothing$$

我们可以用图 7.1 来直观地表示事件之间的关系和运算：

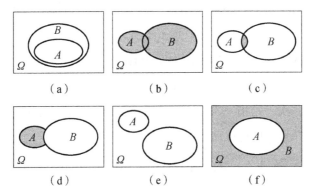

（a）　　　　　（b）　　　　　（c）

（d）　　　　　（e）　　　　　（f）

图 7.1　事件的关系及运算

（a）$A \subset B$；（b）$A \cup B$；（c）$A \cap B$；（d）$A - B$；（e）A 与 B 互不相容；（f）$A = \bar{B}$

与集合类似，事件的运算规律如下：

（1）交换律. $A \cup B = B \cup A$，$AB = BA$.

（2）结合律. $(A \cup B) \cup C = A \cup (B \cup C)$，$(AB)C = A(BC)$.

（3）分配律. $A(B \cup C) = (AB) \cup (AC)$，$A \cup (BC) = (A \cup B)(A \cup C)$.

（4）对偶律. $\overline{A \cup B} = \bar{A}\bar{B}$，$\overline{AB} = \bar{A} \cup \bar{B}$.

上述运算规律也可以推广至无穷多个事件的情况. 例如：

$$A \cup (A_1 \cup A_2 \cup \cdots \cup A_n) = (AA_1) \cup (AA_2) \cup \cdots \cup (AA_n)$$

$$A \cup (A_1 A_2 \cdots A_n) = (A \cup A_1)(A \cup A_2) \cdots (A \cup A_n)$$

$$\overline{A_1 \cup A_2 \cup \cdots \cup A_n} = \overline{A_1}\,\overline{A_2} \cdots \overline{A_n}$$

$$\overline{A_1 A_2 \cdots A_n} = \overline{A_1} \cup \overline{A_2} \cup \cdots \cup \overline{A_n}$$

例 7.1.6　连续射击同一目标三次，观察击中目标的情况. 令 A_1 表示事件"第一次击中目标"，A_2 表示事件"第二次击中目标"，A_3 表示事件"第三次击中目标". 请用 A_1，A_2，A_3 的运算表示下列事件：

（1）三次都击中目标；

（2）只有第一次击中目标；

（3）只有一次击中目标；

（4）至少有一次击中目标；

（5）最多一次击中目标.

解 用 A，B，C，D，E 分别表示上述事件，则

（1）三次都击中目标，即事件 A_1，A_2，A_3 同时发生，得 $A = A_1 A_2 A_3$.

（2）只有第一次击中目标，即事件 A_1 发生，A_2，A_3 不发生，即 $B = A_1 \overline{A_2} \overline{A_3}$.

（3）只有一次击中目标，即事件 A_1，A_2，A_3 只有一个发生，所以

$$C = (A_1 \overline{A_2 A_3}) \cup (\overline{A_1} A_2 \overline{A_3}) \cup (\overline{A_1 A_2} A_3)$$

（4）至少有一次击中目标，即事件中至少有一个发生，即

$$D = A_1 \cup A_2 \cup A_3$$

（5）最多击中一次，是指三次都不击中或者只有一次击中，即

$$E = (\overline{A_1 A_2 A_3}) \cup C$$
$$= (\overline{A_1 A_2 A_3}) \cup \left[(A_1 \overline{A_2 A_3}) \cup (\overline{A_1} A_2 \overline{A_3}) \cup (\overline{A_1 A_2} A_3) \right]$$

7.2 随机事件的概率

除了必然事件和不可能事件之外，任何随机事件在一次试验中可能发生，也可能不发生. 我们常常希望知道某个事件在一次试验中发生的可能性大小. 为了合理刻画事件在一次试验中发生的可能性大小，我们首先引进了频率的概念，然后根据频率的性质定义事件发生的概率，并讨论概率的基本性质.

在给出概率的定义之前，我们先介绍频率. 将随机试验在相同的条件下重复进行 n 次，事件 A 发生的次数 n_A 称为事件 A 发生发频数，而 $\frac{n_A}{n}$ 称为事件 A 的频率，记作 $f_n(A)$，即

$$f_n(A) = \frac{n_A}{n}$$

不难发现，频率满足以下三条性质：

（1）非负性. 对任意事件 A，$f_n(A) \geqslant 0$.

（2）规范性. $f_n(\Omega) = 1$.

（3）有限可加性. 若 A_1，A_2，$\cdots$，A_k 为两两互斥事件，则

$$f_n\left(\bigcup_{i=1}^{k} A_i \right) = \sum_{i=1}^{k} f_n(A_i)$$

事件 A 的频率反映了在 n 次试验中事件 A 发生的频繁程度. 频率越大，表明事件 A 发生得越频繁，这意味着事件 A 在一次试验中发生的可能性就越大；频率越小，意味

着事件 A 在一次试验中发生的可能性越小.

频率 $f_n(A)$ 依赖于试验次数和每次试验的结果. 人们在长期的实践中观察到, 随机事件 A 出现的频率 $f_n(A)$ 有如下特点:

当试验次数 n 较小时, 频率 $f_n(A)$ 在 $0 \sim 1$ 之间波动较大; 当试验次数 n 增大时, 频率 $f_n(A)$ 逐渐接近某一个常数, 即频率 $f_n(A)$ 呈现出稳定性. 因此用频率的稳定值来刻画事件 A 发生的可能性大小是合适的. 实践中, 人们常常让试验重复大量次数, 计算频率 $f_n(A)$, 用它来表示事件 A 发生的概率.

这种用频率的稳定值定义事件概率的方法称为概率的统计定义. 随着对概率研究的深入, 经过近三个世纪的漫长探索, 1933 年苏联数学家柯尔莫哥洛夫 (Kolmogorov) 提出了概率的公理化体系, 明确定义了基本概念, 使得概率论成为严谨的数学分支, 推动了概率论研究的发展. 下面给出概率的定义.

定义 7.2.1　设随机试验 E 的样本空间为 Ω, 如果对 E 的每一个事件 A, 都有唯一的实数 $P(A)$ 与之对应, 并且 $P(A)$ 满足下列条件:

(1) 非负性. 对任意事件 A, 有 $P(A) \geqslant 0$.

(2) 规范性. 对必然事件 Ω, 有 $P(\Omega) = 1$.

(3) 可列可加性. 对于两两互不相容的事件 A_1, A_2, $\cdots$, A_n, $\cdots$ (即当 $i \neq j$ 时, 有 $A_i A_j = \varnothing$, i, $j = 1$, 2, $\cdots$), 有

$$P\left(\bigcup_{i=1}^{\infty} A_i \right) = \sum_{i=1}^{\infty} P(A_i)$$

则称 $P(A)$ 为事件 A 的概率.

概率的这个定义称为公理化定义. 根据定义 7.2.1, 我们可以推出概率的一些重要推论, 它们对我们理解概率的概念以及进行概率计算都有很大的帮助.

推论 7.2.1　对于不可能事件 $\varnothing$, 有 $P(\varnothing) = 0$.

证　令 $A_i = \varnothing(i = 1, 2, \cdots)$, 则 A_1, A_2, $\cdots$, A_n, $\cdots$ 是两两互不相容的事件, 且 $\bigcup_{i=1}^{\infty} A_i = \varnothing$, 根据概率的可列可加性, 有

$$P(\varnothing) = P\left(\bigcup_{i=1}^{\infty} A_i \right) = \sum_{i=1}^{\infty} P(A_i) = \sum_{i=1}^{\infty} P(\varnothing)$$

由于实数 $P(\varnothing) \geqslant 0$, 因此 $P(\varnothing) = 0$.

推论 7.2.2　对于两两互不相容的事件 A_1, A_2, $\cdots$, A_n, 有

$$P\left(\bigcup_{i=1}^{n} A_i \right) = \sum_{i=1}^{n} P(A_i)$$

证　令 $A_i = \varnothing(i = n+1, n+2, \cdots)$, 根据概率的可列可加性, 有

$$P\left(\bigcup_{i=1}^{n} A_i\right) = P\left(\bigcup_{i=1}^{\infty} A_i\right) = \sum_{i=1}^{\infty} P(A_i) = \sum_{i=1}^{n} P(\varnothing)$$

推论 7.2.3 对于任一事件 A，有

$$P(\bar{A}) = 1 - P(A)$$

推论 7.2.4 如果事件 $A \subset B$，则有 $P(A) \leqslant P(B)$，且

$$P(B-A) = P(B) - P(A)$$

证 因为 $A \subset B$，所以 $B = A \cup (B-A)$，且 $A(B-A) = \varnothing$，则

$$P(B) = P(A) + P(B-A)$$

又因为 $P(B-A) \geqslant 0$，所以 $P(A) \leqslant P(B)$，且 $P(B-A) = P(B) - P(A)$.

对于任意两个事件 A 和 B，由 $B-A = B-AB$，且 $AB \subset B$，得

$$P(B-A) = P(B-AB) = P(B) - P(AB)$$

上式称为概率的减法公式.

推论 7.2.5 对任一事件 A，有 $P(A) \leqslant 1$.

推论 7.2.6 对于任意两个事件 A 与 B，有

$$P(A \cup B) = P(A) + P(B) - P(AB)$$

证 因为 $A \cup B = A \cup (B-AB)$，所以 $A(B-AB) = \varnothing$，$AB \subset B$，则

$$P(A \cup B) = P(A) + P(B-AB) = P(A) + P(B) - P(AB)$$

又因为 $P(B-A) \geqslant 0$，所以 $P(A) \leqslant P(B)$，且 $P(B-A) = P(B) - P(A)$.

上式称为概率的加法公式.

加法公式也可以推广到有限个事件的情形，例如对任意三个事件 A，B，C，有

$$P(A \cup B \cup C) = P(A) + P(B) + P(C) - P(AB) - P(BC) - P(AC) + P(ABC)$$

对任意 n 个事件 A_1，A_2，$\cdots$，A_n，有

$$P(A_1 \cup A_2 \cup \cdots \cup A_n) = \sum_{i=1}^{n} P(A_i) - \sum_{1 \leqslant i < j \leqslant n} P(A_i A_j) +$$
$$\sum_{1 \leqslant i < j < k \leqslant n} P(A_i A_j A_k) + \cdots + (-1)^{n+1} P(A_1 A_2 \cdots A_n)$$

例 7.2.1 数学课上老师留了两道作业题，小明能答对第一题的概率是 0.7，能答对第二题的概率是 0.5，两道题都能答对的概率是 0.3，求：

（1）小明答对第一题而答错第二题的概率；

（2）小明至少答对一道题的概率；

（3）两道题小明都答对的概率；

（4）至少有一道题小明答不出来的概率.

解 设事件 A，B 分别表示小明"答对第一题"和"答对第二题"，则 $P(A) =$

0.7，$P(B) = 0.5$，$P(AB) = 0.3$．故

（1）$P(A\bar{B}) = P(A - AB) = P(A) - P(AB) = 0.7 - 0.3 = 0.4$；

（2）$P(A \cup B) = P(A) + P(B) - P(AB) = 0.7 + 0.5 - 0.3 = 0.9$；

（3）$P(\overline{AB}) = P(\overline{A \cup B}) = 1 - P(A \cup B) = 1 - 0.9 = 0.1$；

（4）$P(\bar{A} \cup \bar{B}) = P(\overline{AB}) = 1 - P(AB) = 1 - 0.3 = 0.7$．

注记 7.2.1　需要注意的是，$P(AB) = 0.3$，故 $P(AB) \neq P(A)P(B) = 0.7 \times 0.5 = 0.35$．一般来说，$P(AB) = P(A)P(B)$ 不一定成立，只有当 A 与 B 相互独立时（见后文 7.4 节定义）等号才成立．

例 7.2.2　设 A，B，C 是同一试验 E 的三个事件，$P(A) = P(B) = P(C) = \dfrac{1}{3}$，

$P(AB) = P(AC) = \dfrac{1}{8}$，$P(BC) = 0$，求：

（1）$P(B - A)$；

（2）$P(B \cup C)$；

（3）$P(A \cup B \cup C)$．

解　由概率的性质，可得

（1）$P(B - A) = P(B) - P(AB) = \dfrac{1}{3} - \dfrac{1}{8} = \dfrac{5}{24}$；

（2）$P(B \cup C) = P(B) + P(C) - P(BC) = \dfrac{1}{3} + \dfrac{1}{3} - 0 = \dfrac{2}{3}$；

（3）由于 $ABC \subset BC$，因此 $P(ABC) \leqslant P(BC)$，即 $P(ABC) = 0$，于是

$$P(A \cup B \cup C) = P(A) + P(B) + P(C) - P(AB) -$$
$$P(BC) - P(AC) + P(ABC)$$
$$= \dfrac{1}{3} + \dfrac{1}{3} + \dfrac{1}{3} - \dfrac{1}{8} - 0 - \dfrac{1}{8} + 0$$
$$= \dfrac{3}{4}$$

概率的公理化定义只规定了概率必须满足的条件，但并没有给出计算概率时的方法和公式．下面我们讨论一类最简单也是最常见的随机试验——古典概型．古典概型是概率论早期研究的主要对象，在实际应用中，有大量的问题需要使用古典概型的计算方法来解决，而在理论物理等学科的研究中，也需要使用古典概型．

首先，我们给出古典概型的定义：

定义 7.2.2　若一个随机试验满足：

（1）有限性．样本空间中只有有限个样本点．

（2）等可能性. 每个样本点出现的可能性相等.

则称这个随机试验为古典随机试验，称该概率模型为古典概型或等可能概型.

接下来，我们讨论古典概型中的概率计算公式.

设试验 E 的样本空间为 $\Omega = \{\omega_1, \omega_2, \cdots, \omega_n\}$，由于每个样本点出现的可能性相等，基本事件 $\{\omega_1\}, \{\omega_2\}, \cdots, \{\omega_n\}$ 两两互不相容，且

$$\Omega = \{\omega_1\} \cup \{\omega_2\} \cup \cdots \cup \{\omega_n\}$$

因而有

$$1 = P(\Omega) = P(\{\omega_1\} \cup \{\omega_2\} \cup \cdots \cup \{\omega_n\})$$
$$= P(\{\omega_1\}) + P(\{\omega_2\}) + \cdots + P(\{\omega_n\})$$
$$= nP(\{\omega_1\})$$

于是

$$P(\{\omega_1\}) = P(\{\omega_2\}) = \cdots = P(\{\omega_n\}) = \frac{1}{n}$$

如果事件 A 包含 k 个基本事件，即 $A = \{\omega_{i_1}\} \cup \{\omega_{i_2}\} \cup \cdots \cup \{\omega_{i_k}\}$，其中 $i_1, i_2, \cdots, i_k$ 是 $1, 2, \cdots, n$ 中的某 k 个数，则有

$$P(A) = P(\{\omega_{i_1}\}) + P(\{\omega_{i_2}\}) + \cdots + P(\{\omega_{i_k}\}) = \frac{k}{n}$$

即

$$P(A) = \frac{A \text{ 包含的基本事件}}{\Omega \text{ 包含的基本事件}} = \frac{k}{n}$$

这就是计算古典概型下的事件概率的基本公式.

例 7.2.3 从 5 个球中摸出 2 个，应有 C_5^2 种不同的组合，每种组合出现的概率都是一样的，所以属于古典概型. 事件 $A = $ 取到的两个都是白球，即事件 A 为从三个白球中任意取两个，包含了 C_3^2 种不同的基本事件，因此

$$P(A) = \frac{C_3^2}{C_5^2} = \frac{3}{10}$$

例 7.2.4 一批产品共 120 件，一等品 35 件，二等品 85 件，任取两件，问：至少一件是一等品的概率是多少？

解 从 120 件产品中任意取 2 件，应该有 C_{120}^2 种不同的组合，每种组合出现的概率是一样的，所以属于古典概型.

$\{$至少 1 件一等品$\} = \{$一等、二等品各一件$\} \cup \{2$ 件一等品$\}$，其中 $\{$一等、二等品各一件$\}$ 有 $C_{35}^1 C_{85}^1$ 种不同的组合，$\{2$ 件一等品$\}$ 有 C_{35}^2 种不同的组合. 故

$$P = \frac{C_{35}^1 C_{85}^1 + C_{35}^2}{C_{120}^2} = \frac{1}{2}$$

例 7.2.5　掷一枚骰子，掷出的点数构成的基本事件组为：$A_1 = \{$掷出 1 点$\}$，$A_2 = \{$掷出 2 点$\}$，…，$A_6 = \{$掷出 6 点$\}$，则 $P(A_i) = \frac{1}{6}$（$i = 1$，2，…，6），记 $A = \{$掷出点数不大于 3$\}$，则 $P(A) = \frac{3}{6} = \frac{1}{2}$.

当古典概型中包含的事件比较多时，计算 n 和 k 也是非常麻烦的，而且还要谨慎地区分清楚：哪些是基本事件？所求事件 A 中都包含哪些事件？计算古典概率时，经常要用到排列组合的计算方法. 为避免概念的混淆，下面再强调下排列和组合的差异.

排列问题：从 n 个不同的元素中取 $r(r \leqslant n)$ 个进行排列，或者有 n 个不同的元素，从中一次取出 r 个，取法为：

$$P_n^r = \frac{n!}{(n-r)!}$$

组合问题：从 n 个不同的元素中取 $r(r \leqslant n)$ 个进行排列，结果有多少种可能？没有排列、次序之分，只要取出的 r 个元素一样，就认为结果相同. 那么得到的组合的个数为：

$$C_n^r = \frac{n(n-1)(n-2)\cdots(n-r+1)}{r!} = \frac{n!}{r!(n-r)!}$$

例 7.2.6　（盒子模型）设有 n 个球，每个球都等可能地落入 N 个盒子中的一个，假设 $n \leqslant N$. 求下列事件的概率.

A：某指定的 n 个盒子中各落入一球；

B：恰有 n 个盒子各落入一球；

C：某个指定的盒子中落入 m 个球；

D：恰好 $n-1$ 个盒子里有球.

解　由于每个球都等可能地落入 N 个盒子中的一个，按照乘法原理，n 个球共有 N^n 种落法. 把每种落法作为一个基本事件，这是一个古典概型问题，基本事件总数为 N^n.

A：事件 A 包含的基本事件数是 $n!$，故

$$P(A) = \frac{n!}{N^n}$$

B：从 N 个盒子中任选 n 个，有 C_N^n 种选法，选定 n 个盒子后，每个盒子各落入一球的方法为 $n!$ 种. 因此事件 B 包含的基本事件数是 $n! \, C_N^n = P_N^n$，故

$$P(B) = \frac{P_N^n}{N^n} = \frac{N(N-1)\cdots(N-n+1)}{N^n}$$

当然，也可以用另一种方法：n 个球落入 N 个盒子中，每个盒子恰好落入一个球，则第 1 个球有 N 种落法，第 2 个球有 $N-1$ 种落法，…，第 n 个球有 $N-n+1$ 种落法．根据乘法原理，则共有 $N(N-1)\cdots(N-n+1)$ 种落法．

C：m 个球可以在 n 个球中任选，共有 C_n^m 种选法．其余 $n-m$ 个球可以任意落入另外 $N-1$ 个盒子中，共有 $(N-1)^{n-m}$ 种落法．所以，事件 C 包含的基本事件个数是 $C_n^m \cdot (N-1)^{n-m}$．即

$$P(C) = \frac{C_m^n \cdot (N-1)^{n-m}}{N^n} = C_n^m \left(\frac{1}{N}\right)\left(1-\frac{1}{N}\right)^{n-m}$$

D："$n-1$ 个盒子里有球"意味着其中有一个盒子里恰好有两个球，其余的 $n-2$ 个盒子里各有一个球．可以先任意取落入 2 个球的盒子，有 N 种取法，再任意取 $n-2$ 个盒子，有 C_{N-1}^{n-2} 种取法，然后将球落进去，落法有 $C_n^2 \cdot (n-2)! = \frac{n!}{2!}$ 种，即

$$P(D) = \frac{N \cdot C_{N-1}^{n-2} \cdot \dfrac{n!}{2!}}{N^n} = \frac{n! C_{N-1}^{n-2}}{2N^{n-1}}$$

例 7.2.7 某商场为促销举办抽奖活动，投放的 n 张奖券中有 $k(k<n)$ 张是有奖的，每位光临的顾客均可以抽取一张奖券，求第 $i(i \leqslant n)$ 位顾客中奖的概率．

解 设 A 表示事件"第 i 位顾客中奖"．到第 i 位顾客为止，试验的基本事件总数为 $n \cdot (n-1) \cdot (n-2) \cdot (n-i+1)$，而第 i 个顾客中奖可以抽到 k 张有奖券中的任意一张，其他顾客在剩余的 $n-1$ 张奖券中任意抽取，所以事件 A 包含的基本事件数为 $(n-1)(n-2)\cdots(n-i+1)k$，于是

$$P(A) = \frac{(n-1)(n-2)\cdots(n-i+1)k}{n(n-1)(n-2)\cdots(n-i+1)} = \frac{k}{n}$$

在上面的解题过程中，我们只是考虑了前 i 个顾客的情形．如果把所有顾客的情形都考虑进去，那么试验的基本事件总数是 $n!$，第 i 个顾客中奖有 k 种取法，其余 $n-1$ 顾客将余下的 $n-1$ 张奖券抽完，所以事件 A 所包含的基本事件数为 $k(n-1)!$，进而事件 A 的概率是

$$P(A) = \frac{k(n-1)!}{n!} = \frac{k}{n}$$

上述两种方法求得的结果一样，这说明顾客中奖与否与顾客出现的次序 i 无关，也就是说抽奖活动对每位参与者来说都是公平的，这也说明了现实生活中普遍存在的抽签活动都是公平的．

若 $P(A) \leqslant 0.01$，则称 A 为小概率事件．一次试验中，小概率事件一般是不会发生

的，若在一次试验中发生了，则可怀疑该事件并非小概率事件.

例 7.2.8　区长办公室某一周内曾接待过 9 次来访，这些来访都是周三或周日进行的，是否可以断定接待时间是有规定的？

解　假定办公室每天都接待，则

$$P(9 \text{ 次来访都在周三或周日}) = \frac{2^9}{7^9} = 0.000\,012\,7$$

这是小概率事件，一般在一次试验中不会发生，但它居然发生了，故可以认为假设不成立，从而推断接待时间是有规定的.

古典概型只能处理样本点为有限个的情形. 为了处理有无限个样本点的问题，人们引入了几何概型. 我们考虑样本空间是一线段、平面区域或空间立体的等可能随机试验的概率模型，称为几何概型. 几何概型具有以下两个特征：

（1）样本空间 Ω 是一个可以度量的几何区域，其度量（长度、面积、体积）记为 $\mu(\Omega)$；

（2）向区域 Ω 上随机投掷一点，该点落入 Ω 内任一部分区域 A 的可能性只与区域 A 的度量 μA 相关，并与 μA 成比例，而与区域 A 的位置和形状无关.

几何概型中事件 A 的概率定义为

$$P(A) = \frac{\mu(A)}{\mu(\Omega)}$$

例 7.2.9　某人午睡醒来发现自己的表停了，便打开收音机收听电台，已知电台每个整点报时一次，求他能在 10 分钟内听到电台报时的概率.

解　由于两次报时间隔 60 分钟，而此人可能会在（0，60）内某一时刻打开收音机，因此这是一个直线上的几何概型问题. 用 x 表示他打开收音机的时刻，A 表示事件"他能在 10 分钟内听到电台报时"，则

$$\Omega = \{x \mid 0 < x < 60\}, A = \{x \mid 50 < x < 60\} \subset \Omega$$

于是

$$P(A) = \frac{60 - 50}{60 - 0} = \frac{1}{6}$$

例 7.2.10　（会面问题）甲、乙两人相约在 7 点到 8 点之间在某地会面，先到者等候另一人 20 分钟，过时就离开，如果每个人在指定的一个小时内任意时间到达，试计算二人能够会面的概率.

解　记 7 点为计算时刻的 0 时，以分钟为单位，x，y 分别为甲、乙到达指定地点的时刻，则样本空间为 $\Omega = \{(x, y) \mid 0 \leqslant x \leqslant 60, 0 \leqslant y \leqslant 60\}$. 设事件 A "两人能够会面"，则显然有 $A = \{(x, y) \mid (x, y) \in \Omega, |x - y| \leqslant 20\}$. 由题意可知，这是一个几何

概型问题，两人能够会面的概率为

$$P(A) = \frac{\mu(A)}{\mu(\Omega)} = \frac{60^2 - 40^2}{60^2} = \frac{5}{9}$$

7.3 条件概率

在实际问题中，除了要考虑某事件 B 发生的概率外，有时还需要考虑事件 A 发生的条件下事件 B 发生的概率．一般情况下，后者的概率与前者不同．为了区别，我们把后者的概率称为条件概率，记作 $P(B|A)$，读作事件 A 发生的条件下事件 B 发生的条件概率．条件概率是概率论中一个重要概念，由它可以产生三个非常有用的公式，即乘法公式、全概率公式和贝叶斯公式．在这一小节中，将会介绍这三个公式．

首先，我们先给出条件概率的定义．

定义 7.3.1 设 A 和 B 是试验 E 的两个事件，且 $P(A) > 0$，称

$$P(B|A) = \frac{P(AB)}{P(A)}$$

为在事件 A 发生的条件下事件 B 发生的条件概率．

可以看出，条件概率 $P(B|A)$ 满足概率定义中的三个条件——非负性、规范性和可列可加性．即

$$P(B|A) \geq 0, P(\Omega|A) = 1$$

$$P(\bigcup_{i=1}^{\infty} B_i|A) = \sum_{i=1}^{\infty} P(B_i|A) \quad (B_1, B_2, \cdots \text{两两互不相容})$$

进而，也满足概率的重要性质：

$$P(\varnothing|A) = 0$$

$$P(\bar{B}|A) = 1 - P(B|A)$$

$$P[(B_1 \cup B_2)|A] = P(B_1|A) + P(B_2|A) - P(B_1 B_2|A)$$

例 7.3.1 设一个灯泡厂产出的一批灯泡寿命为 1 000 小时以上的概率是 0.8，寿命为 2 000 小时以上的概率是 0.5．求：

（1）如果现在有一只灯泡已经使用了 1 000 小时，那么它能使用到 2 000 小时以上的概率；

（2）如果现在有一只灯泡已经使用了 1 000 小时，那么它不能使用到 2 000 小时的概率．

解 （1）设事件 A 为"寿命为 1 000 小时以上"，事件 B 为"寿命为 2 000 小时以

上". 则有 $P(A) = 0.8$，$P(B) = 0.5$. 由于 $B \subset A$，因此 $P(AB) = P(B) = 0.5$. 由条件概率的定义，有

$$P(B \mid A) = \frac{P(AB)}{P(A)} = \frac{0.5}{0.8} = 0.625$$

（2）根据条件概率的定义，有

$$P(\bar{B} \mid A) = 1 - \frac{P(B)}{P(A)} = 1 - 0.625 = 0.375$$

由条件概率的定义可知，对任意两个事件 A 和 B，如果 $P(A) > 0$，则有

$$P(AB) = P(B)P(A \mid B) = P(A)P(B \mid A)$$

上式称为概率的乘法公式.

对于有限个事件 A_1，A_2，$\cdots$，A_n，当 $P(A_1 A_2 \cdots A_{n-1}) \neq 0$ 时，有

$$P(A_1 A_2 \cdots A_n) = P(A_1)P(A_2 \mid A_1)P(A_3 \mid A_1 A_2) \cdots P(A_n \mid A_1 A_2 \cdots A_{n-1})$$

例 7.3.2　小明的手机解锁密码是 6 位数字，但他忘记了密码的最后一位数字，那么他只能随机尝试，手机在三次输入错误就会锁屏 10 分钟，请问：小明在不触发锁屏的情况下可以将手机解锁的概率是多少？

解　设事件 A 为"不超过 3 次即可解锁手机"，A_i 表示"第 i 次将手机解锁"（$i = 1，2，3$）. 故 $A = A_1 \cup \overline{A_1} A_2 \cup \overline{A_1 A_2} A_3$.

显然，A_1，$\overline{A_1} A_2$，$\overline{A_1 A_2} A_3$ 是两两互不相容的，所以

$$\begin{aligned}
P(A) &= P(A_1) + P(\overline{A_1} A_2) + P(\overline{A_1 A_2} A_3) \\
&= P(A_1) + P(\overline{A_1})P(A_2 \mid \overline{A_1}) + P(\overline{A_1})P(\overline{A_2} \mid \overline{A_1})P(A_3 \mid \overline{A_1 A_2}) \\
&= \frac{1}{10} + \frac{9}{10} \times \frac{1}{9} + \frac{9}{10} \times \frac{8}{9} \times \frac{1}{8} \\
&= \frac{3}{10}
\end{aligned}$$

在计算比较复杂事件的概率时，我们需要将其分解成若干个两两互不相容的比较简单的事件的和，分别计算出这些简单事件的概率，然后根据概率的可加性求得复杂事件的概率.

设试验 E 的样本空间为 Ω，事件 A_1，A_2，$\cdots$，A_n 两两互不相容，且 $\cup_{i=1}^{n} A_i = \Omega$，则称 A_1，A_2，$\cdots$，A_n 为试验 E 的完备事件组或样本空间 Ω 的一个分割.

如果 $P(A_i) > 0$（$i = 1，2，\cdots，n$），对任意事件 B，有

$$B = B\Omega = B(\bigcup_{i=1}^{n} A_i) = \bigcup_{i=1}^{n} A_i B$$

则有
$$P(B) = P(\bigcup_{i=1}^{n} A_i B) = \sum_{i=1}^{n} P(A_i B)$$

根据乘法公式，有

$$P(B) = \sum_{i=1}^{n} P(A_i) P(B \mid A_i)$$

上式即为全概率公式.

在全概率公式中，我们可以把事件 B 看作一个"结果"，而把完备事件组 A_1，A_2，$\cdots$，A_n 看作导致这一结果发生的不同原因，$P(A_i)$ 是各种原因发生的概率，通常是在"结果"发生前就已经明确的，有时可以从以往的经验中得到，因而称之为先验概率. 但"结果" B 已经发生之后，再来考虑各种原因发生的概率 $P(A_i \mid B)$，称之为后验概率.

对任一事件 B，如果 $P(B) > 0$，则

$$P(A_i \mid B) = \frac{P(A_i B)}{P(B)}$$

由乘法公式和全概率公式，有

$$P(A_i B) = P(A_i) P(B \mid A_i), P(B) = \sum_{i=1}^{n} P(A_i) P(B \mid A_i)$$

所以有

$$P(A_i \mid B) = \frac{P(A_i B)}{P(B)}$$

$$= \frac{P(A_i) P(B \mid A_i)}{\sum_{i=1}^{n} P(A_i) P(B \mid A_i)} (i = 1, 2, \cdots, n)$$

7.4 事件的独立性

例 7.4.1 袋子中有 a 只黑球，b 只白球. 每次从中取出一球，取后放回. 令：$A = \{$第一次取出白球$\}$，$B = \{$第二次取出白球$\}$. 故

$$P(A) = \frac{b}{a+b}, \quad P(AB) = \frac{b^2}{(a+b)^2}, \quad P(\bar{A} B) = \frac{ab}{(a+b)^2}$$

而

$$P(B) = P(AB \cup \bar{A} B) = P(AB) + P(\bar{A} B)$$

$$= \frac{b^2}{(a+b)^2} + \frac{ab}{(a+b)^2} = \frac{b}{a+b}$$

$$P(B \mid A) = \frac{P(AB)}{P(A)} = \frac{b^2}{(a+b)^2} \bigg/ \frac{b}{a+b} = \frac{b}{a+b}$$

根据上面的例子可知：$P(B) = P(B|A)$．这表明，事件 A 是否发生对事件 B 是否发生在概率上没有影响，即随机事件 A 与 B 呈现某种独立性．事实上，由于我们采用的是"有放回的摸球"，因此在第二次取球时，袋中球的总数没有改变；并且袋中的黑球和白球的比例也没有改变．这样，在第二次摸球时，摸出白球的概率自然与第一次摸出白球的概率无关．

定义 7.4.1　设 A 与 B 是两个随机事件，如果 $P(AB) = P(A)P(B)$，则称 A 与 B 是相互独立的随机事件．

推论 7.4.1　如果随机事件 A 与 B 相互独立，而且 $P(A) > 0$，则 $P(B|A) = P(B)$．

证　由于随机事件 A 与 B 相互独立，因此 $P(AB) = P(A)P(B)$．所以

$$P(B|A) = \frac{P(AB)}{P(A)} = \frac{P(A)P(B)}{P(A)} = P(B)$$

推论 7.4.2　必然事件 Ω 与任意随机事件 A 相互独立，不可能事件 $\varnothing$ 与任意随机事件 A 相互独立．

证　由概率的定义计算，有

$$P(\Omega A) = P(A) = 1 \times P(A) = P(\Omega)P(A)$$
$$P(\varnothing A) = P(\varnothing) = 0 = 0 \times P(A) = P(\varnothing)P(A)$$

推论 7.4.3　若随机事件 A 与 B 相互独立，则 $\bar{A}$ 与 B、A 与 $\bar{B}$、$\bar{A}$ 与 $\bar{B}$ 也相互独立．

例 7.4.2　从 1，2，3，4，5，6 这六个数字中，每次取出一个，有放回地取两次．令：

$$A = \{第一次取出数字 4\}，\quad B = \{两次取出数字之和为 7\}．$$

试判断随机事件 A 与 B 是否相互独立．

解　该随机试验的样本空间为

$$\Omega = \{(i,j) \mid i,j = 1,2,3,4,5,6\}$$

则

$$A = \{(4,1),(4,2),(4,3),(4,4),(4,5),(4,6)\},$$
$$B = \{(1,6),(2,5),(3,4),(4,3),(5,2),(6,1)\},$$
$$AB = \{(4,3)\}$$

所以

$$P(A) = \frac{6}{36} = \frac{1}{6}, \quad P(B) = \frac{6}{36} = \frac{1}{6}, \quad P(AB) = \frac{1}{36}$$

故 $P(AB) = \dfrac{1}{36} = P(A)P(B)$．这表明，随机事件 A 与 B 相互独立．

例7.4.3 袋子中有 a 只黑球，b 只白球．每次从中取出一球，取后不放回．令：$A = \{$第一次取出白球$\}$，$B = \{$第二次取出白球$\}$．故

$$P(A) = \frac{b}{a+b}, \quad P(AB) = \frac{b(b-1)}{(a+b)(a+b-1)}$$

$$P(\overline{A}B) = \frac{ab}{(a+b)(a+b-1)}$$

而

$$P(B) = P(AB \cup \overline{A}B) = P(AB) + P(\overline{A}B)$$

$$= \frac{b(b-1)}{(a+b)(a+b-1)} + \frac{ab}{(a+b)(a+b-1)} = \frac{b}{a+b}$$

$$P(B|A) = \frac{P(AB)}{P(A)}$$

$$= \frac{b(b-1)}{(a+b)(a+b-1)} \bigg/ \frac{b}{a+b} = \frac{b-1}{a+b-1}$$

因此，$P(B) \neq P(B|A)$．这表明，随机事件 A 与 B 不相互独立．事实上，由于是不放回摸球，因此在第二次摸球时，袋中球的总数变化了，并且袋中黑球和白球的比例也变化了，这样在第二次摸球时，摸出白球的概率就要发生变化了．或者说，第一次的摸球结果对第二次的摸球结果就有影响了．

同样地，可以将事件的独立性推广至多个事件的独立性．

定义7.4.2 设 A，B，C 是三个随机事件，如果 A，B，C 满足：

（1）两两独立 $P(AB) = P(A)P(B)$，$P(BC) = P(B)P(C)$，$P(AC) = P(A)P(C)$；

（2）$P(ABC) = P(A)P(B)P(C)$．

则称 A，B，C 是相互独立的随机事件．

需要注意的是，（1）中的三个式子不能推出（2）中的等式成立；反之，（2）中等式也不能推出（1）中三等式成立．这说明，在三个事件独立性的定义中，四个等式是缺一不可的．

更一般地，设 A_1，A_2，$\cdots$，A_n 是同一试验 E 中的 n 个事件，如果对于任意正整数 k 以及这 n 个事件中的任意 k 个（$2 \leqslant k \leqslant n$）事件 A_{i_1}，A_{i_2}，$\cdots$，A_{i_k} 都有等式

$$P(A_{i_1}A_{i_2}\cdots A_{i_k}) = P(A_{i_1})P(A_{i_2})\cdots P(A_{i_k})$$

成立，则称 A_{i_1}，A_{i_2}，$\cdots$，A_{i_k} 相互独立．

与两个事件相互独立的推论类似，如果 n 个事件独立，可以证明，将其中任何 $m(1 \leqslant m \leqslant n)$ 个事件改为相应的逆事件，形成的新的 n 个事件仍然相互独立．例如，若 A，B，C 相互独立，那么 $\overline{A}$，B，$\overline{C}$ 或 A，$\overline{B}$，C 也相互独立．

例 7.4.4　袋子中装有 4 个外形相同的球，其中三个球分别涂有红、白、黑色，另一个球涂有红、白、黑三种颜色．现从袋中任意取出一个球，令：$A = \{$取出的球涂有红色$\}$，$B = \{$取出的球涂有白色$\}$，$C = \{$取出的球涂有黑色$\}$，则

$$P(A) = P(B) = P(C) = \frac{1}{2}$$

$$P(AB) = P(BC) = P(AC) = \frac{1}{4}, P(ABC) = \frac{1}{4}$$

因此

$$P(AB) = P(A)P(B), P(BC) = P(B)P(C)$$
$$P(AC) = P(A)P(C)$$

但 $P(ABC) \neq P(A)P(B)P(C)$，所以，A，B，C 这三个随机事件是两两独立的，但不是相互独立的．

将同一试验重复进行 n 次，如果每次试验中各结果发生的概率不受其他各次试验结果的影响，则称这 n 次试验是独立试验（或相互独立的）．

如果试验 E 只有两个结果 A 和 $\overline{A}$，则称该试验为伯努利试验．例如，掷一枚硬币，只有"正面"与"反面"两种结果，因此这可以看作一次伯努利试验；掷一枚骰子，有六种结果，但我们只关注"出现六点"与"不出现六点"这两种情况，故它也可以看作伯努利试验；在某一段时间间隔内观察通过某路口的汽车数量，若只考虑"至少通过 100 辆车"与"至多通过 99 辆车"这两种情况，这也是伯努利试验．

若独立重复地进行 n 次伯努利试验，这里所谓"重复"是指在每次试验中，随机事件 A 发生（成功）的概率不变，则称这样的随机试验为 n 重伯努利试验．例如，掷 n 次硬币，可以看作一个 n 重伯努利试验；掷 n 枚骰子，我们只关注"出现六点"与"不出现六点"这两种情况，故它也可以看作 n 重伯努利试验；在某一段时间间隔内观察通过某路口的汽车数量，若只考虑"至少通过 100 辆车"与"至多通过 99 辆车"这两种情况，这是一次伯努利试验，若独立重复该试验 n 次，则它是一个 n 重伯努利试验．

在 n 重伯努利试验中，每一个样本点可以记作

$$(\omega_1, \omega_2, \cdots, \omega_n)$$

其中每一个 ω_i 取 A 或者取 $\overline{A}$，分别表示在第 i 次试验中 A 发生或不发生．这样的样本点共有 2^n 个，即 n 重伯努利试验中的样本空间共有 2^n 个样本点．

设 $P(A) = p(0 < p < 1)$，$P(\overline{A}) = 1 - p$．我们讨论在 n 重伯努利试验中，事件 A 恰

好发生 k 次的概率 $P_n(k)$.

用 $A_i(i=1,2,\cdots,n)$ 表示事件"第 i 次试验中 A 发生",那么"n 次试验中前 k 次 A 发生,后 $n-k$ 次 A 不发生"的概率为

$$P(A_1 A_2 \cdots A_k \overline{A_{k+1}} \cdots \overline{A_n})$$
$$= P(A_1)P(A_2)\cdots P(A_k)P(\overline{A_{k+1}})\cdots P(\overline{A_n})$$
$$= p^k(1-p)^{n-k}$$

类似地,A 在指定的 k 个试验序号上发生,在其余的 $n-k$ 个试验序号上不发生的概率都是 $p^k(1-p)^{n-k}$,而在试验序号 $1,2,\cdots,n$ 中指定 k 个序号的不同方式共有 C_n^k 种,所以在 n 重伯努利试验中,事件 A 恰好发生 k 次的概率是

$$P_n(k) = C_n^k p^k(1-p)^{n-k} \quad (k=1,2,\cdots,n)$$

上式通常被称为二项概率公式.

例 7.4.5 在 N 件产品中有 M 件次品,每次从中取出一件,有放回地取 n 次,求取出 n 件产品中恰好有 k 件次品的概率.

解 设 $B=\{$取出 n 件产品中恰好有 k 件次品$\}$,每次从 N 件产品中取出一件产品,只有两种结果:$A=\{$取出正品$\}$,$\overline{A}=\{$取出次品$\}$. 因此"每次从 N 件产品中取出一件产品",可以看作一次伯努利试验. 并且

$$P(A) = \frac{M}{N}, \quad P(\overline{A}) = 1 - \frac{M}{N}$$

有放回地从 N 件产品中取 n 件产品,可以看作一个 n 重伯努利试验,而取出的 n 件产品中恰好有 k 件次品可以看作 n 重伯努利试验恰好成功 k 次. 因此由前面的讨论,可知所求概率为

$$P(B) = C_n^k \left(\frac{M}{N}\right)^k \left(1 - \frac{M}{N}\right)^{n-k}$$

例 7.4.6 一批产品的次品率为 0.05,现从中抽取 10 件,试求下列事件的概率.

$$A=\{$$取出 1 件产品为次品$\}, \quad B=\{10$ 产品中恰好有 4 件次品$\}$$

$$C=\{10$$ 件产品中至少有 2 件次品$\}, \quad D=\{10$ 件产品中没有次品$\}$$

解 取 10 件产品可以看作一个 10 重伯努利试验. 那么 $P(A)=0.05$.

所以,$P(B) = C_{10}^4 \times 0.05^4 \times 0.95^6 = 9.648 \times 10^{-4}$.

$$P(C) = 1 - P(\overline{C}) = 1 - P(\{10 \text{ 件产品中至多有 } 1 \text{ 件次品}\})$$
$$= 1 - C_{10}^0 \times 0.05^0 \times 0.95^{10} - C_{10}^1 \times 0.05^1 \times 0.95^9$$
$$= 0.086\,14$$

$$P(D) = \mathrm{C}_{10}^{0} \times 0.05^{0} \times 0.95^{10}$$
$$= 0.598\ 7$$

7.5　人物小传：切比雪夫和柯尔莫哥洛夫

切比雪夫

切比雪夫（1821 – 1894 年），俄罗斯数学家、力学家. 1821 年 5 月 26 日生于卡卢加省奥卡托沃，1894 年 12 月 8 日卒于彼得堡。切比雪夫出身于贵族家庭. 他的祖辈中有许多人立过战功. 切比雪夫参加过抵抗拿破仑入侵的卫国战争，他在兄弟姊妹中排行第二. 他的一个弟弟是彼得堡炮兵科学院的教授，在机械制造与微震动理论方面颇有建树.

切比雪夫的左脚生来有残疾，因而童年时代的他经常独坐家中，养成了在孤寂中思索的习惯. 他有一个富有同情心的表姐，当其余的孩子们在庄园里嬉戏时，表姐就教他唱歌、读法文和做算术. 一直到临终，切比雪夫都把这位表姐的像片珍藏在身边.

1832 年，切比雪夫全家迁往莫斯科. 为了孩子们的教育，父母请了一位相当出色的家庭教师波戈列日斯基，他是当时莫斯科最有名的私人教师和几本流行的初等数学教科书的作者. 切比雪夫从家庭教师那里学到了很多东西，并对数学产生了强烈的兴趣. 他对欧几里得《几何原本》当中关于没有最大素数的证明留下了极深刻的印象.

1837 年，年方 16 岁的切比雪夫进入莫斯科大学，成为哲学系下属的物理数学专业的学生. 在大学阶段，摩拉维亚出生的数学家布拉什曼对他有较大的影响. 1865 年 9 月 30 日切比雪夫曾在莫斯科数学会上宣读了一封信，信中把自己应用连分数理论于级数展开式的工作归因于布拉什曼的启发. 在大学的最后一个学年，切比雪夫递交了一篇题为"方程根的计算"的论文，在其中提出了一种建立在反函数的级数展开式基础之上的方程近似解法，因此获得该年度系里颁发的银质奖章.

大学毕业之后，切比雪夫一面在莫斯科大学当助教，一面攻读硕士学位. 大约在此同时，他们家在卡卢加省的庄园因为灾荒而破产了. 切比雪夫不仅失去了父母方面的经济支持，而且还要负担两个未成年的弟弟的部分教育费用. 1843 年，切比雪夫通过了硕士课程的考试，并在刘维尔的《纯粹与应用数学杂志》上发表了一篇关于多重积分的文章. 1844 年，他又在格列尔的同名杂志上发表了一篇讨论泰勒级数收敛性的文章. 1845 年，他完成了硕士论文"试论概率论的基础分析"，并于次年夏天通过了答辩.

1. 工作经历

1846 年，切比雪夫接受了彼得堡大学的助教职务，从此开始了在这所大学教书与研究的生涯. 他的数学才干很快就得到在这里工作的布尼亚科夫斯基和奥斯特罗格拉茨基这两位数学前辈的赏识. 1847 年春天, 在题为"关于用对数积分"的晋职报告中, 切比雪夫彻底解决了奥斯特罗格拉茨基不久前才提出的一类代数有理函数的积分问题, 他因此被提升为高等代数与数论讲师. 他还提出了一个关于二项微分式积分的方法, 今天可以在任何一本微积分教程之中找到.

1849 年 5 月 27 日, 他的博士论文"论同余式"在彼得堡大学通过了答辩, 数天之后, 他被告知荣获彼得堡科学院的最高数学荣誉奖. 切比雪夫于 1850 年升为副教授, 1860 年升为教授. 1872 年, 在他到彼得堡大学任教 25 周年之际, 学校授予他功勋教授的称号. 1882 年, 切比雪夫在彼得堡大学执教 35 年之后光荣退休.

35 年间, 切比雪夫教过数论、高等代数、积分运算、椭圆函数、有限差分、概率论、分析力学、傅里叶级数、函数逼近论、工程机械学等十余门课程. 他的讲课深受学生们欢迎. 数学家李雅普诺夫评论道: 他的课程是精练的, 他不注重知识的数量, 而是热衷于向学生阐明一些最重要的观念. 他的讲解是生动的、富有吸引力的, 总是充满了对问题和科学方法之重要意义的奇妙评论.

1853 年, 切比雪夫被选为彼得堡科学院候补院士, 同时兼任应用数学部主席, 1856 年成为副院士, 1859 年成为院士. 切比雪夫曾先后六次出国考察或进行学术交流. 他与法国数学界联系甚为密切, 曾三次赴巴黎出席法国科学院的年会. 他于 1860 年、1871 年与 1873 年分别当选为法兰西科学院、柏林皇家科学院的通讯院士与意大利波隆那科学院的院士, 1877 年、1880 年、1893 年分别成为伦敦皇家学会、意大利皇家科学院与瑞典皇家科学院的外籍成员. 同时他也是全俄罗斯所有大学的荣誉成员、全俄中等教育改革委员会的成员和彼得堡炮兵科学院的荣誉院士. 他还是彼得堡和莫斯科两地数学会的热心支持者. 他发起召开的全俄自然科学家和医生代表大会对于科学界之间的相互了解与科学在民众中的影响起到了很大的作用.

切比雪夫是彼得堡数学学派的奠基人和领袖. 19 世纪以前, 俄国的数学是相当落后的. 在彼得大帝去世那年建立起来的科学院中, 早期数学方面的院士都是外国人, 其中著名的有欧拉、伯努利和哥德巴赫等. 俄罗斯没有自己的数学家, 没有大学, 甚至没有一部像样的初等数学教科书. 19 世纪上半叶, 俄国才开始出现了像罗巴切夫斯基、布尼亚科夫斯基和奥斯特罗格拉茨基这样优秀的数学家; 但是除了罗巴切夫斯基之外, 他们中的大多数人都是在外国 (特别是法国) 接受训练的, 而且他们的成果在当时还不足以引起西欧同行们的充分重视. 切比雪夫就是在这种历史背景下从事他的数学创造的. 他不仅是土生土长的学者, 而且以他自己的卓越才能和独特的魅力吸引了一批年轻的俄国数学家, 形成了一个具有鲜明风格的数学学派, 从而使俄罗斯数学摆脱了落后境地而开始走向世界前列. 切比雪夫是彼得堡数学学派的奠基人和当之无愧的领袖. 他在概率论、解析数论和函数逼近论领域的开创性工作从根本上改变了法国、德国等传统数学大国的数学家们对俄国数学的看法.

2. 开创性成果

切比雪夫是在概率论门庭冷落的年代从事这门学问的. 他一开始就抓住了古典概率论中具有基本意义的问题, 即那些"几乎一定要发生的事件"的规律——大数定律. 历史上的第一个大数定律是由伯努利提出来的, 后来, 泊松又提出了一个条件更宽的陈述, 除此之外在这方面没有什么进展. 相反, 由于有些数学家过分强调概率论在伦理科学中的作用甚至企图以此来阐明"隐蔽着的神的秩序", 又加上理论工具的不充分和古典概率定义自身的缺陷, 当时欧洲一些正统的数学家往往把它排除在精密科学之外.

1845 年, 切比雪夫在其硕士论文中借助十分初等的工具, 即 $\ln(1+x)$ 的麦克劳林展开式, 对伯努利大数定律作了精细的分析和严格的证明. 一年之后, 他又在格列尔的杂志上发表了"概率论中基本定理的初步证明"一文, 文中继而给出了泊松形式的大数定律的证明. 1866 年, 切比雪夫发表了"论平均数", 进一步讨论了作为大数定律极限值的平均数问题. 1887 年, 他发表了更为重要的"关于概率的两个定理", 开始对随机变量和收敛到正态分布的条件, 即中心极限定理进行讨论.

切比雪夫引出的一系列概念和研究题材为俄国以及后来苏联的数学家继承和发展. 马尔可夫对"矩方法"作了补充, 圆满地解决了随机变量的和按正态收敛的条件问题. 李雅普诺夫则发展了特征函数方法, 从而引起中心极限定理研究向现代化方向上的转变. 以 20 世纪 30 年代柯尔莫哥洛夫建立概率论的公理体系为标志, 苏联在这一领域取得了无可争辩的领先地位. 近代极限理论——无穷可分分布律的研究也经伯恩斯坦、辛钦等人之手而臻于完善, 成为切比雪夫所开拓的古典极限理论在 20 世纪抽枝发芽的繁茂大树. 关于切比雪夫在概率论中所引进的方法论变革的伟大意义, 苏联著名数学家柯尔莫哥洛夫在《俄罗斯概率科学的发展》一文中写道: "从方法论的观点来看, 切比雪夫所带来的根本变革的主要意义不在于他是第一个在极限理论中坚持绝对精确的数学家(棣莫弗、拉普拉斯和泊松的证明与形式逻辑的背景是不协调的, 他们不同于伯努利, 后者用详尽的算术精确性证明了他的极限定理), 而在于他总是渴望从极限规律中精确地估计任何次试验中的可能偏差并以有效的不等式表达出来. 此外, 切比雪夫是清楚地预见到诸如'随机变量'及其'期望(平均)值'等概念的价值, 并将它们加以应用的第一个人. 这些概念在他之前就有了, 它们可以从'事件'和'概率'这样的基本概念导出, 但是随机变量及其期望值是能够带来更合适与更灵活的算法的课题."

切比雪夫对解析数论的研究集中在他初到彼得堡大学任教的头四年内，当时他正担任着高等代数与数论的讲师，同时兼任欧拉选集数论部分的编辑；后一任命是布尼亚科夫斯基向彼得堡科学院推荐的．1849 年，欧拉选集的数论部分在彼得堡正式出版了．切比雪夫为此付出了巨大的心血，同时他也从欧拉的著作中体会到了深邃的思想和灵活的技巧结合在一起的魅力，特别是欧拉所引入的 ξ 函数及用它对素数无穷这一古老命题所作的奇妙证明，吸引他进一步探索素数分布的规律．

3. 科学研究特色

理论联系实际是切比雪夫科学工作的一个鲜明特点．他自幼就对机械有浓厚的兴趣，在大学时曾选修过机械工程课．就在第一次出访西欧之前，他还担任着彼得堡大学应用知识系（准工程系）的讲师．这次出访归来不久，他就被选为科学院应用数学部主席，这个位置直到他去世后才由李雅普诺夫接任．应用函数逼近论的理论与算法于机器设计，切比雪夫得到了许多有用的结果，它们包括直动机的理论、连续运动变为脉冲运动的理论、最简平行四边形法则、绞链杠杆体系成为机械的条件、三绞链四环节连杆的运动定理、离心控制器原理等．他还亲自设计与制造机器．据统计，他一生共设计了 40 余种机器和 80 余种这些机器的变种，其中有可以模仿动物行走的步行机，有可以自动变换船桨入水和出水角度的划船机，有可以度量大圆弧曲率并实际绘出大圆弧的曲线规，还有压力机、筛分机、选种机、自动椅和不同类型的手摇计算机．他的许多新发明曾在 1878 年的巴黎博览会和 1893 年的芝加哥博览会上展出，一些展品至今仍被保存在苏联科学院数学研究所、莫斯科历史博物馆和巴黎艺术学院里．

1856 年，切比雪夫被任命为炮兵委员会的成员，积极地参与了革新炮兵装备和技术的工作．他于 1867 年提出的一个计算圆形炮弹射程的公式很快被弹道专家所采用，他关于插值理论的研究也部分地来源于分析弹着点数据的需要．他在彼得堡大学教授联席会上作的"论地图制法"的报告精辟地分析了数学理论与实践结合的意义，这份报告也详尽讨论了如何减少投影误差的问题．在法国科学院第七次年会上，切比雪夫提出了一篇名为《论服装裁剪》的论文，其中提出的"切比雪夫网"成了曲面论中的一个重要概念．

切比雪夫终身未娶，日常生活十分简朴，他的一点积蓄全部用来买书和制造机器．每逢假日，他也乐于同侄儿女们在一起轻松一下，但是他最大的乐趣是与年轻人讨论数学问题．1894 年 11 月底，他的腿疾突然加重，随后思维也出现了障碍，但是病榻中的他仍然坚持要求研究生前来讨论问题，这个学生就是后来成为俄国在代数领域中的开拓者的格拉韦．1894 年 12 月 8 日上午 9 时，这位令人尊敬的学者在自己的书桌前溘然长逝．他既无子女，又无金钱，但是他却给人类留下了一笔不可估价的遗产——一个光荣的学派.

切比雪夫一生发表了 70 多篇科学论文, 在概率论、数学分析, 力学, 数学应用等诸多领域有重要贡献. 彼得堡数学学派是伴随着切比雪夫几十年的舌耕笔耘成长起来的. 它深深地扎根在大学这块沃土里, 它的成员们大都重视基础理论和实际应用, 善于以经典问题为突破口, 并擅长运用初等工具建立高深的结果. 19 世纪下半叶, 俄国数学主要是在切比雪夫的领导下, 首先在概率论、解析数论和函数逼近论这三个领域实现了突破. 佐洛塔廖夫、索霍茨基、波谢、马尔可夫、李雅普诺夫、格拉韦、伏罗诺伊、沙图诺夫斯基、克雷洛夫、茹科夫斯基、斯捷克洛夫等人又在复变函数、微分方程、代数、群论、数的几何学、函数构造、数学物理等领域大显身手, 使俄国数学在 19 世纪末大体跟上了世界先进的潮流, 某些领域的优势则一直保留到今日, 从而使俄罗斯成为一个数学发达的国家, 俄罗斯数学界的领袖们仍以自己被称为切比雪夫和彼得堡学派的传人而自豪.

柯尔莫哥洛夫

柯尔莫哥洛夫 1903 年 4 月 25 日出生于俄国坦波夫省, 1987 年 10 月 20 日在莫斯科逝世. 他的祖父是牧师. 父亲卡塔耶夫是位农学家, 曾遭到流放, 十月革命后回来担任农业部某部门的领导, 1919 年在战斗中牺牲. 母亲出生贵族, 因难产而死. 柯尔莫哥洛夫的童年是在外祖父家度过的, 姨妈把他抚养成人. 尽管出生后就失去了母爱, 也从未得到父爱, 但柯尔莫哥洛夫是在关爱中长大的. 在很小的时候, 姨妈就教育他热爱学习知识, 热爱大自然. 五六岁时, 柯尔莫哥洛夫就独自发现了奇数与平方数的关系: $1 = 1^2$, $1 + 3 = 2^2$, $1 + 3 + 5 = 3^2$, $1 + 3 + 5 + 7 = 4^2$, 体会到了数学发现的乐趣. 外祖父家办了一份家庭杂志《春燕》, 年幼的柯尔莫哥洛夫竟然负责起其中的数学栏目来, 他把自己的上述发现发表在杂志上.

6 岁时, 他随姨妈去了莫斯科, 在一所被认为是当时最进步的预科学校读书. 求学期间, 柯尔莫哥洛夫的兴趣异常广泛, 他认真学习了生物学和物理学; 14 岁时, 他从一部百科全书中学习了高等数学. 他对象棋、社会问题和历史也产生了兴趣.

1920 年中学毕业后, 柯尔莫哥洛夫当了短时间的列车售票员; 工作之余, 他写了一本关于牛顿力学定律的小册子. 同年, 柯尔莫哥洛夫进莫斯科大学学习. 除了数学, 他还学习了冶金和俄国史. 他对历史特别着迷, 曾写了一篇关于 15—16 世纪诺夫格勒地区地主财产的论文. 关于这篇论文, 他的老师、著名历史学家巴赫罗欣说: "你在论文中提供了一种证明, 在你所研究的数学上这也许足够了, 但对历史学家来说是不够的, 他至少需要五种证明."

也许这位历史教授的回答对柯尔莫哥洛夫产生了重要影响: 他选择了只需要一种

证明的数学.

1. 突入数学王国

在莫斯科大学，柯尔莫哥洛夫听大数学家鲁津（1883—1950 年）的课，且与鲁津的学生亚历山德罗夫（1896—1982 年）、乌里松（1898—1924 年）、苏斯林等有了学术上的频繁接触. 在鲁津的课上，这位一年级的大学生竟反驳了老师的一个假设，令人刮目相看. 柯尔莫哥洛夫还参加了斯捷班诺夫（1889—1950 年）的三角级数讨论班，解决了鲁津提出的一个问题. 鲁津知道后对他十分赏识，主动提出收他为弟子.

尽管柯尔莫哥洛夫还只是一名大学生，但他却取得了举世瞩目的成就：1922 年 2 月他发表了集合运算方面的论文，推广了苏斯林的结果；同年 6 月，发表了一个几乎处处发散的傅里叶级数（到 1926 年，他进而构造出了处处发散的傅里叶级数）. 据他自己说，这个级数是他当列车售票员时在火车上想出的. 柯尔莫哥洛夫一时成为世界数学界一颗闪亮的新星. 几乎同时，他对分析中的其他许多领域，如微分和积分问题、测度论等也产生了兴趣.

1925 年，柯尔莫哥洛夫大学毕业，成了鲁津的研究生. 这一年柯尔莫哥洛夫发表了 8 篇读大学时写的论文！在每一篇论文里，他都引入了新概念、新思想、新方法. 他的第一篇概率论方面的论文就是在这一年发表的，此文与数学家辛钦（1894—1959 年）合作，其中含有三角级数定理，以及关于独立随机变量部分和的不等式，后来成了解不等式以及随机分析的基础. 他证明了希尔伯特变换的一个切比雪夫型不等式，后来成了调和分析的柱石. 1928 年，他得到了独立随机变量序列满足大数定律的充要条件；翌年，又发现重对数律的广泛条件. 此外，他的工作还包括微分和积分运算的若干推广以及直觉主义逻辑等.

1929 年夏，柯尔莫哥洛夫与亚历山德罗夫乘船从雅洛斯拉夫尔出发，沿伏尔加河穿越高加索山脉，最后到达亚美尼亚的塞万湖，在湖中的一个小半岛上住下. 在那里，享受游泳和日光浴乐趣的同时，亚历山德罗夫戴着墨镜和巴拿马草帽，在阳光下撰写一部拓扑学著作. 此书与霍普夫（1894—1971 年）合作，一问世即成为经典. 柯尔莫哥洛夫则在树荫下研究连续状态和连续时间的马尔可夫过程. 柯尔莫哥洛夫完成的结果发表于 1931 年，是扩散理论之滥觞. 两人的终生友谊即始于这次长途旅行. 亚历山德罗夫后来回忆道："1979 年是我与柯尔莫哥洛夫友谊的五十周年，在整整半个世纪里，这种友谊不仅从未间断过，而且从未有过任何争吵. 在任何问题上，我们之间从未有任何误解，无论它们对于我们的生活和我们的哲学是如何重要；即便是在某个问题上有分歧，我们彼此对对方的观点也抱有完全的理解和同情." 而柯尔莫哥洛夫则把这一友谊看作他一生幸福的原因！

　　1930 年夏，柯尔莫哥洛夫与亚历山德罗夫进行了另一次长途旅行. 这次他们访问了柏林、格丁根、慕尼黑、巴黎. 柯尔莫哥洛夫结识了希尔伯特（1862—1943 年）、库朗（1888—1972 年）、兰道（1877—1938 年）、外尔（1885—1955 年）、卡拉泰奥多里（1873—1950 年）、弗雷歇（1878—1973 年）、波雷尔（1871—1956 年）、莱维（1886—1971 年）、勒贝格（1875—1941 年）等一流数学家，与弗雷歇、莱维等进行了深入的学术讨论.

　　20 世纪 30 年代是柯尔莫哥洛夫数学生涯中的第二个创造高峰期. 这个时期，他在概率论、射影几何、数理统计、实变函数论、拓扑学、逼近论、微分方程、数理逻辑、生物数学、哲学、数学史与数学方法论等方面发表论文 80 余篇. 1931年，柯尔莫哥洛夫被莫斯科大学聘为教授. 1933 年，他出版了《概率论的基本概念》，是概率论的经典之作. 该书首次将概率论建立在严格的公理基础上，解决了希尔伯特第 6 个问题的概率部分，标志着概率论发展新阶段的开始，具有划时代的意义. 同年，柯尔莫哥洛夫发表了 "概率论中的分析方法" 这篇具有重要意义的论文，为马尔可夫随机过程理论奠定了基础，从此，马尔可夫过程理论成为一个强有力的科学工具.

　　在拓扑学上，柯尔莫哥洛夫是线性拓扑空间理论的创始人之一；他和美国著名数学家亚历山大（1888—1971 年）同时独立引入了上同调群的概念. 1934 年柯尔莫哥洛夫研究了链、上链、同调和有限胞腔复形的上同调. 在 1936 年发表的论文中，柯尔莫哥洛夫定义了任一局部紧致拓扑空间的上同调群的概念.

　　1935 年，在莫斯科国际拓扑学会议上，柯尔莫哥洛夫定义了上同调环. 1935 年，柯尔莫哥洛夫和亚历山德罗夫在莫斯科郊外的一个名叫科马洛夫卡的小村庄里买了一座旧宅邸. 他们的许多数学工作都是在这里完成的. 许多著名数学家都访问过科马洛夫卡，包括阿达玛、弗雷歇、巴拿赫、霍普夫、库拉托夫斯基等. 莫斯科大学的研究生们经常结伴 "数学郊游"，来到科马洛夫卡拜访两位数学大师，在那里，柯尔莫哥洛夫和亚历山德罗夫招待学生们共进晚餐. 到了晚上，学生们尽管有些疲劳，但总是带着数学上的收获快乐地回到莫斯科. 后来成为苏联科学院院士的著名数学家马尔可夫和盖尔范德就是其中的两位研究生. 柯尔莫哥洛夫的博士生、著名数学家格涅坚科回忆说："对于柯尔莫哥洛夫的所有学生来说，师从柯尔莫哥洛夫作研究的岁月是终生难忘的：在科学与文化上的发奋努力、科学上的巨大进步、科学问题的全身心投入. 难以忘怀的是周日那一次次的郊游，柯尔莫哥洛夫邀请所有他自己的学生（研究生或本科生）以及别的导师的学生. 在这些 30~35 公里远直到波尔谢夫、克里亚竺马和别的地方附近的郊游过程中，我们一直讨论着当前的数学（及其应用）问题，还讨论文化进步，特别是绘画、建筑和文学问题."

20 世纪 30 年代末，柯尔莫哥洛夫发展了平稳随机过程理论，美国数学家维纳（1894—1964 年）稍后获得了同样的结果. 柯尔莫哥洛夫还把研究领域拓广到行星运动和空气的湍流理论.

2. 柯尔莫哥洛夫作出重要贡献的湍流

20 世纪 40 年代，柯尔莫哥洛夫的兴趣转向应用方面. 1941 年，他发表了湍流方面的两篇具有重要意义的论文，其成了湍流理论历史上最重要的贡献之一. 柯尔莫哥洛夫所得到的一个著名结果是"三分之二律"：在湍流中，距离为 r 的两点的速度差的平方平均与 r 的 2/3 成正比.

这个时期，除了数学，柯尔莫哥洛夫在遗传学、弹道学、气象学、金属结晶学等方面均有重要贡献. 在 1940 年发表的一篇论文里，柯尔莫哥洛夫证明了李森科（1898—1976 年）的追随者们所收集的材料恰恰是支持孟德尔定律的. 当时，孟德尔定律在苏联是受批判的，柯尔莫哥洛夫的论文反映了他追求真理的科学精神.

20 世纪 50 年代，是柯尔莫哥洛夫学术生涯的第三个创造高峰期. 这个时期的研究领域包括经典力学、遍历理论、函数论、信息论、算法理论等.

1953 年和 1954 年，柯尔莫哥洛夫发表了两篇动力系统及其在哈密顿动力学中的应用方面的论文，标志着 KAM（即 Kolmogorov Arnold Moser）理论的肇始. 1954 年，柯尔莫哥洛夫应邀在阿姆斯特丹国际数学家大会上作了"动力系统的一般理论与经典力学"的重要报告. 后来的研究证明了他深刻的洞察力.

这个时期，柯尔莫哥洛夫还开始了自动机理论和算法理论的研究. 他和学生乌斯宾斯基建立了今称"柯尔莫哥洛夫 – 乌斯宾斯基机"的重要概念. 他还力排反对意见，支持计算理论的研究. 许多苏联的计算机科学家都是柯尔莫哥洛夫的学生或学生的学生. 20 年纪 50 年代中后期，柯尔莫哥洛夫致力于信息论和动力系统遍历论的研究. 他在动力系统理论中引入了熵的重要概念，开辟了一个广阔的新领域，后来还导致混沌理论的诞生. 1958—1959 年，柯尔莫哥洛夫将遍历理论应用于一类湍流现象，对后来的工作产生了深远影响.

1957 年，柯尔莫哥洛夫和学生阿诺尔德完全解决了希尔伯特第 13 个问题即：是否存在连续的三元函数，使其表成二元连续函数的叠合？柯尔莫哥洛夫和阿诺尔德给出了否定的答案.

20 世纪 60 年代以后，柯尔莫哥洛夫又开创了演算信息论（今称"柯尔莫哥洛夫复杂性理论"）和演算概率论这两个数学分支. 柯尔莫哥洛夫的研究几乎遍及数论之外的一切数学领域. 1963 年，在第比利斯召开的概率统计会议上，美国统计学家沃尔夫维茨（1910—1981 年）说："我来苏联的一个特别的目的是确定柯尔莫哥洛夫到底是一个人，还是一个研究机构."

3. 独特的教学研究方式

在半个多世纪的漫长学术生涯里，柯尔莫哥洛夫不断提出新问题、构建新思想、创造新方法，在世界数学舞台上保持着历久不衰的生命力，这部分得益于他健康的体魄. 他酷爱体育锻炼，被人称作"户外数学家". 他和亚历山德罗夫每周有四天时间在科马洛夫卡度过（另外三天则住在城里的学校公寓里）. 其中有一整天是体育锻炼的时间：滑雪、划船、徒步行走（平均路程长达 30 公里）. 在晴朗的三月天，他们常常穿着滑雪鞋和短裤，连续四小时在外锻炼. 平日里，早晨的锻炼是不间断的，冬天还要再跑 10 公里. 当河冰融化的时候，他们还喜欢下水游泳. 在柯尔莫哥洛夫 70 岁生日庆祝会期间，他组织了一次滑雪旅行，柯尔莫哥洛夫穿着短裤，光着膀子，老当益壮，把别的参加者都甩在了后面！

他的许多奇妙而关键的思想往往是在林间漫步、湖中畅游、山坡滑雪的时候诞生的. 1962 年访问印度时，他甚至建议印度所有的大学和研究所都建在海岸线上，以便师生在开始严肃讨论前可以先游泳.

柯尔莫哥洛夫也是一位著名的数学教育家，他对于为有数学天赋的学生提供特殊教育的计划有特别的兴趣. 他认为，一些家长和教师企图从 10~12 岁的学生中挖掘有数学才能的孩子，这样做会害了孩子. 但到了 14~16 岁，情况发生变化. 这个年龄段的孩子对于数学有无兴趣通常明显地表现出来了. 其中约有一半的学生断定数学、物理对他们并无多大用处，这些学生应该学习特殊的简化课程. 另一半学生的数学教育就可以更有效地进行. 而这些学生在选择数学作为大学专业时，还应测验一下自己对于数学的适应性——运算能力、几何直观能力、逻辑推理能力.

柯尔莫哥洛夫创立了莫斯科大学数学寄宿学校. 多年来，他花费大量时间于学校上，制订教学大纲、编写教材、授课（每周多达 26 个小时），带领学生徒步旅行、探险，教学生音乐、艺术、文学，寻求孩子个性的自然发展. 他的学校里的学生常常在全苏和国际数学奥林匹克竞赛中名列前茅. 但对于那些成不了数学家的学生，他并不感到担忧，不论他们最终从事什么职业，如果能保持开阔的视野、常新的好奇心，他都感到满意. 一个学生如能进入柯尔莫哥洛夫的大家庭，该是多么的幸运！

作为 20 世纪世界最杰出的数学家之一，柯尔莫哥洛夫获得了许许多多的荣誉：1941 年荣获首届苏联国家奖；1949 年荣获苏联科学院切比雪夫奖；1963 年获国际巴尔赞奖；1965 年获列宁奖；1976 年获民主德国科学院亥姆霍兹奖章；1980 年获沃尔夫奖；1986 年获罗巴切夫斯基奖；等等. 他还前后共七次获得列宁勋章.

1939 年，柯尔莫哥洛夫当选苏联科学院院士. 他还是波兰科学院（1956 年）、伦敦皇家统计学会（1956 年）、罗马尼亚科学院（1957 年）、民主德国科学院（1959 年）、美国艺术与科学院（1959 年）、美国哲学学会（1961 年）、荷兰皇家科学院（1963 年）、伦敦皇家学会（1964 年）、匈牙利科学院（1965 年）、美国国家科学院（1967 年）、法国科学院（1968 年）、芬兰科学院（1983 年）等的外籍院士或荣誉会员. 巴黎大学（1955 年）、斯德哥尔摩大学（1960 年）、印度统计研究所（1962 年）、华沙大学、布达佩斯大学等相继授予他荣誉博士学位.

柯尔莫哥洛夫对于俄国古建筑、俄国诗歌、世界雕塑、绘画等都有渊博的知识. 他将诗体学看作自己科学研究的一个领域. 他又酷爱音乐，莫扎特的 G 小调交响乐和巴赫的小提琴协奏曲常常伴随他和亚历山德罗夫（常常还有众多朋友）度过科马洛夫卡宁静之夜.

他热爱学生，对学生严格要求，指导有方，直接指导的学生有 67 人，他们大多数成为世界级的数学家，其中 14 人成为苏联科学院院士. 他 1987 年 10 月 20 日在莫斯科逝世，享年 84 岁.

4. 柯尔莫哥洛夫的学术成就

（1）在随机数学——概率论，随机过程论和数理统计方面.

1924 年他念大学四年级时就和当时的苏联数学家辛钦一起建立了关于独立随机变量的三级数定理. 1928 年他得到了随机变量序列服从大数定理的充要条件. 1929 年得到了独立同分布随机变量序列的重对数律. 1930 年得到了强大数定律的非常一般的充分条件. 1931 年发表了《概率论的解析方法》一文，奠定了马尔可夫过程论的基础，马尔可夫过程在物理、化学、生物、工程技术和经济管理等领域有十分广泛的应用，仍然是当今世界数学研究的热点和重点之一. 1932 年得到了含二阶矩的随机变量具有无穷可分分布律的充要条件. 1934 年出版了《概率论基本概念》一书，在世界上首次以测度论和积分论为基础建立了概率论公理结论，这是一部具有划时代意义的巨著，在科学史上写下苏联数学最光辉的一页.

1935 年提出了可逆对称马尔可夫过程概念及其特征所服从的充要条件，这个过程成为统计物理、排队网络、模拟退火、人工神经网络、蛋白质结构的重要模型. 1936—1937 年给出了可数状态马尔可夫链状态分布. 1939 年定义并得到了经验分布与理论分布最大偏差的统计量及其分布函数. 20 世纪 30—40 年代他和辛钦一起发展了马尔可夫过程和平稳随机过程论，并应用于大炮自动控制和工农业生产中，在卫国战争中立了功. 1941 年他得到了平稳随机过程的预测和内插公式. 1955—1956 年他和他的学生苏联数学家普罗霍罗夫开创了取值于函数空间上概率测度的弱极限理论，这个理论和苏联另外一位数学家斯科罗霍德引入的 D 空间理论是弱极限理论的划时代成果．

（2）在纯粹数学和确定性现象的数学方面．

1921 年他念大学二年级时开始研究三角级数与集合上的算子等许多复杂问题，名扬世界．1922 年定义了集合论中的基本运算．1925 年证明了排中律在超限归纳中成立，构造了直观演算系统，还证明了希尔伯特变换中的一个切比雪夫型不等式．1932 年应用拓扑、群的观点研究几何学．1936 年构造了上同调群及其运算．1935—1936 年引入一种逼近度量，开创了逼近论的新方向．1937 年给出了一个从一维紧集到二维紧集的开映射．1934—1938 年定义了线性拓扑空间及其有界集和凸集等概念，推进了泛函分析的发展．20 世纪 50 年代中期，他和他的大学三年级学生阿诺德、德国数学家莫塞一起建立了 KAM 理论，解决了动力系统中的基本问题．他将信息论用来研究系统的遍历性质，成为动力系统理论发展的新起点．1956—1957 年，他提出基本解题思路，由他的学生阿诺尔德彻底解决了希尔伯特第 13 个问题．

（3）在应用数学方面．

在生物学中，1937 年他首次构造了非线性扩散行波型稳定解，1947 年提出了分支过程及其灭绝概率，1939 年验证基因遗传的孟德尔定律．在金属学中，1937 年研究了金属随机结晶过程中一个给定点属于结晶团的概率及平均结晶的数目．1941 年应用随机过程的预测和内插公式于无线电工程、火炮等的自动控制、大气海洋等自然现象．在流体力学中，20 世纪 40 年代得出局部迷向湍流的近似公式．综观柯尔莫哥洛夫的一生，无论在纯粹数学还是应用数学方面，在确定性现象的数学还是随机数学方面，在数学研究还是数学教育方面，他都作出了杰出的贡献．

他热爱生活，兴趣广泛，喜欢旅行、滑雪、诗歌、美术和建筑．他十分谦虚，从不夸耀自己的成就和荣誉．他淡泊名利，不看重金钱，他把奖金捐给学校图书馆，并且不去领取高达 10 万美元的沃尔夫奖．他是一位具有高尚道德品质和崇高的无私奉献精神的科学巨人．

练习题

1. 甲、乙、丙三名同学参加歌咏比赛，用 A，B，C 表示甲、乙、丙获奖，用事件运算关系表示如下事件：

（1）甲如果获奖，乙必定获奖；

（2）甲、乙如果都获奖，则丙肯定获奖；

（3）甲、乙、丙三人不可能都获奖；

（4）甲、乙、丙三人最多只能有两个人获奖；

（5）甲不可能获奖，乙、丙两人只能有一人获奖；

（6）甲不会与乙同时获奖；

（7）甲、乙、丙三人有人获奖；

（8）甲、乙两人没获奖，丙获奖了.

2. 抛掷一颗骰子，点数是除 2 以外的偶数的概率有多大？

3. 甲、乙两人先后从 52 张牌中各抽取 13 张，求分别在下面两种情况下，甲或乙拿到 4 张 A 的概率. 其中

（1）甲抽后不放回，乙再抽；

（2）甲抽后将牌放回，乙再抽.

4. 设 A，B 满足 $P(A) = 0.6$，$P(B) = 0.7$，在什么条件下，$P(AB)$ 取得最大（小）值？最大（小）值是多少？

5. 一批产品共 120 件，一等品有 35 件，二等品有 85 件，任取两件，问：至少一件是一等品的概率.

6. 从 0~9 这十个数字中任取一个，然后放回，连续抽取 5 次，问：抽到 5 个不同数字的概率是多少？

7. 有 r 个人，设每个人的生日是 365 天的任何一天是等可能的，试求事件"至少有两人同一天生日"的概率.

8. 用三种不同的颜色给 3 个矩形随机涂色，每个矩形只能涂一种颜色，求：

（1）3 个矩形的颜色都相同的概率；

（2）3 个矩形的颜色都不同的概率.

9. 在房间里有 10 个人，分别佩戴从 1 号到 10 号的纪念章，任选 3 人记录其纪念章的号码.

（1）求最小号码为 5 的概率；

（2）求最大号码为 5 的概率.

10. 在一标准英语字典中有 55 个由两个不相同的字母所组成的单词，若从 26 个英文字母中任取 2 个字母予以排列，求能排成上述单词的概率.

11. 已知 $P(A) = 0.4$，$P(B\bar{A}) = 0.2$，$P(\overline{CAB}) = 0.1$，求 $P(A \cup B \cup C)$.

12. 已知 $P(A) = 0.4$，$P(B) = 0.25$，$P(A - B) = 0.25$，求 $P(B - A)$ 与 $P(\overline{AB})$.

13. 一实习生用同一台机器连接独立地制造 3 个同种零件，第 i 个零件是不合格品

的概率是 $p_i = \dfrac{1}{i+1}(i=1,2,3)$，求这三个零件中恰好有 2 个为合格品的概率.

14. 如果每个人的血清中含肝炎病毒的概率为 0.03，现混合 100 个人的血清，求混合后血清中含肝炎病毒的概率.

15. 三门火炮向同一目标独立地射击，设三门火炮击中目标的概率分别是 0.3、0.6、0.8. 若有一门火炮击中目标，目标被摧毁的概率是 0.2；若有两门火炮击中目标，目标被摧毁的概率是 0.6；若三门火炮击中目标，目标被摧毁的概率为 0.9. 试求目标被摧毁的概率.

16. 对同一目标进行射击，每次射击的命中率均为 0.23，问：至少需要进行多少次射击，才能使至少命中一次目标的概率不少于 0.95？

17. 某车间有 5 台同类型的机床，每台机床配备的电动机功率为 10 千瓦. 已知每台机床工作时，平均每小时实际开动 12 分钟，且各台机床开动与否相互独立. 如果这 5 床机床提供 30 千瓦的电力，求这 5 台机床能正常工作的概率.

附录：

三大数学猜想及进展介绍

世界三大数学猜想即费马猜想、四色猜想和哥德巴赫猜想.

费马猜想的证明于 1994 年由英国数学家怀尔斯完成，遂称费马大定理；四色猜想的证明于 1976 年由美国数学家阿佩尔与哈肯借助计算机完成，遂称四色定理；哥德巴赫猜想尚未解决，最好的成果（陈氏定理）乃于 1966 年由中国数学家陈景润取得. 这三个问题的共同点就是题面简单易懂，内涵深邃无比，影响了一代代的数学家.

费马大定理内容：当整数 $n > 2$ 时，关于 x，y，z 的不定方程 $x^n + y^n = z^n$ 无正整数解.

费马大定理当 $n = 2$ 时显然有解，如：$x = 3$，$y = 4$ 和 $z = 5$，并且其解就是熟知的勾股定理中直角三角形的三条边长.

这个定理又称费马最后的定理，由 17 世纪法国数学家费马提出，而当时人们称之为"定理"，并不是真的相信费马已经证明了它，虽然费马宣称他已找到一个绝妙证明. 德国佛尔夫斯克宣布以 10 万马克作为奖金奖给在他逝世后一百年内，第一个证明该定理的人，这吸引了不少人尝试并递交他们的"证明". 在第一次世界大战之后，马克大幅贬值，该定理的魅力也随之大大下降.

经过三个半世纪的努力，这个世纪数论难题才由普林斯顿大学英国数学家怀尔斯和他的学生泰勒于 1994 年成功证明. 证明利用了很多新的数学，包括代数几何中的椭圆曲线和模形式，以及伽罗华理论和 Hecke 代数等，令人怀疑费马是否真的找到了正确证明. 而怀尔斯由于成功证明此定理，获得了 1998 年的菲尔兹奖特别奖以及 2005 年度邵逸夫奖的数学奖.

费马大定理最初发现是费马在阅读丢番图《算术》拉丁文译本时，曾在第 11 卷第 8 命题旁写道："将一个立方数分成两个立方数之和，或一个四次幂分成两个四次幂之和，或者一般地将一个高于二次的幂分成两个同次幂之和，这是不可能的. 关于此，我确信已发现了一种美妙的证法，可惜这里空白的地方太小，写不下."

毕竟费马没有写下证明，而他的其他猜想对数学贡献良多，由此激发了许多数学家对这一猜想的兴趣．数学家们的有关工作丰富了数论的内容，推动了数论的发展．对很多不同的 n，费马定理早被证明了．

1. 莫德尔猜想

1983 年，联邦德国数学家伐尔廷斯证明了莫德尔猜想，从而翻开了费马大定理研究的新篇章，伐尔廷斯获得了 1982 年菲尔兹奖．

伐尔廷斯于 1954 年 7 月 28 日生于联邦德国的杰尔森柯琛，并在那里度过了学生时代，而后就学于内斯涛德教授门下学习数学．1978 年获得博士学位．他作过研究员、助教，是波恩大学的教授．他在数学上的兴趣开始于交换代数，以后转向代数几何．

1922 年，英国数学家莫德尔提出一个著名猜想，人们叫作莫德尔猜想．按其最初形式，这个猜想是说，任一不可约、有理系数的二元多项式，当它的亏格大于或等于 2 时，最多只有有限个解．记这个多项式为 $f(x, y)$，猜想便可表示成：最多存在有限对有理数数偶 x_i，$y_i \in \mathbf{Q}$，使得 $f(x_i, y_i) = 0$．

后来，人们把猜想扩充到定义在任意数域上的多项式，并且随着抽象代数几何的出现，又重新用代数曲线来叙述这个猜想．因此，伐尔廷斯实际上证明的是：任意定义在数域 K 上，亏格大于或等于 2 的代数曲线最多只有有限个 K 上的点．

数学家对这个猜想给出各种评论，总的看来是消极的．1979 年利奔波姆说："可以有充分理由认为，莫德尔猜想的获证还是遥远的事．"

对于"猜想"，1980 年威尔批评说："数学家常常自言自语道：要是某某东西成立的话，'这就太棒了'（或者'这就太顺利了'）．有时不用费多少事就能够证实他的推测，有时则很快否定了它．但是，如果经过一段时间的努力还是不能证实他的预测，那么他就要说到'猜想'这个词，即便这个东西对他来说毫无重要性可言．绝大多数情形都是没有经过深思熟虑的．"因此，对莫德尔猜想，他指出：我们稍许来看一下"莫德尔猜想"，它所涉及的是一个算术家几乎不会不提出的问题，因而人们得不到对这个问题应该去押对还是押错的任何严肃的启示．

然而，时隔不久，1983 年伐尔廷斯证明了莫德尔猜想，人们对它有了全新的看法．在伐尔廷斯的文章里，还同时解决了另外两个重要猜想，即台特和沙伐尔维奇猜想，它们同莫德尔猜想具有同等重大意义．

这里主要解释一下莫德尔猜想，至于证明就不多讲了．所谓代数曲线，粗略一点说，就是在包含 K 的任意域中，$f(x, y) = 0$ 的全部解的集合．

令 $F(x, y, z)$ 为 d 次齐次多项式，其中 d 为 $f(x, y)$ 的次数，并使 $F(x, y, 1) = f(x, y)$，那么 $f(x, y)$ 的亏格 g 为 $g \geqslant (d-1)(d-2)/2$，且当 $f(x, y)$ 没有奇点时取

等号.

费马多项式 $x^n + y^n - 1$ 没有奇点, 故其亏格为 $(n-1)(n-2)/2$. 当 $n \geq 4$ 时, 费马多项式满足猜想的条件. 因此, $x^n + y^n = z^n$ 最多只有有限多个整数解.

为什么猜想中除去了 $f(x, y)$ 的亏格为 0 或 1 的情形, 即除去了 $f(x, y)$ 的次数 d 小于或等于 3 的情形呢? 我们说明它的理由.

$d = 1$ 时, $f(x, y) = ax + by + c$ 显然有无穷多个解.

$d = 2$ 时, $f(x, y)$ 可能没有解, 例如 $f(x, y) = x^2 + y^2 + 1$; 但是如果它有一个解, 那么必定有无穷多个解. 我们从几何上来论证这一点. 设 P 是 $f(x, y)$ 解集合中的一点, 令 l 表示一条不经过点 P 的直线, 对 l 上坐标在域 K 中的点 Q, 直线 PQ 通常总与解集合交于另一点 R. 当 Q 在 l 上取遍无穷多个 K 点时, 点 R 的集合就是 $f(x, y)$ 的 K – 解的无穷集合. 例如把这种方法用于 $x^2 + y^2 - 1$, 则给出了熟知的参数化解.

当 $F(x, y, z)$ 为三次非奇异 (即无奇点) 曲线时, 其解集合是一个所谓椭圆曲线. 我们可用几何方法作出一个解的无穷集. 但是, 对于次数大于或等于 4 的非奇异曲线 F, 这种几何方法是不存在的. 虽然如此, 却存在称为阿贝尔簇的高维代数簇. 研究这些阿贝尔簇构成了伐尔廷斯证明的核心.

伐尔廷斯在证明莫德尔猜想时, 使用了沙伐尔维奇猜想、雅可比簇、高、同源和台特猜想等大量代数、几何知识. 莫德尔猜想有着广泛的应用. 比如, 在伐尔廷斯以前, 人们不知道, 对于任意的非零整数 a, 方程 $y^2 = x^5 + a$ 在有理数 $\mathbf{Q}$ 中只有有限个互质解.

1983 年, 伐尔廷斯证明了莫德尔猜测, 从而得出当 $n > 2$ 时 (n 为整数), 只存在有限组互质的 a, b, c 使得 $a^n + b^n = c^n$.

1986 年, 格哈德·弗雷提出了 "ε – 猜想": 若存在 a, b, c 使得 $a^n + b^n = c^n$, 即如果费马大定理是错的, 则椭圆曲线 $y^2 = x(x - a^n)(x + b^n)$ 会是谷山 – 志村猜想的一个反例. 弗雷的猜想随即被美国数学家贝特证实. 此猜想显示了费马大定理与椭圆曲线及模形式的密切关系.

1995 年, 怀尔斯和泰勒在一特例范围内证明了谷山 – 志村猜想, 弗雷的椭圆曲线刚好在这一特例范围内, 从而证明了费马大定理.

2. 怀尔斯

怀尔斯证明费马大定理的过程亦甚具戏剧性. 他用了七年时间, 在不为人知的情况下, 得出了证明的大部分; 然后于 1993 年 6 月在剑桥大学的一个讨论班上宣布了他的证明, 并瞬即成为世界头条. 不过在审察证明的过程中, 专家发现了一个缺陷. 怀尔斯和泰勒然后用了近一年时间改进了它, 在 1994 年 9 月以一个之前怀尔斯抛弃过的方法获得成功，这部分的证明与岩泽理论有关．他们的证明刊在 1995 年美国的杂志数学年刊上．

欧拉证明了 $n=3$ 的情形，用的是唯一因子分解定理．

费马自己证明了 $n=4$ 的情形．

1825 年，狄利克雷和勒让德证明了 $n=5$ 的情形，用的是欧拉所用方法的延伸，但避开了唯一因子分解定理．

1839 年，法国数学家拉梅证明了 $n=7$ 的情形，他的证明使用了跟 7 本身结合得很紧密的巧妙工具，只是难以推广到 $n=11$ 的情形；于是，他又在 1847 年提出了"分圆整数"法来证明，但没有成功．

理想数：库默尔在 1844 年提出了"理想数"概念，他证明了：对于所有小于 100 的素指数 n，费马大定理成立，此一研究告一阶段．

至 1991 年对指数 $n \leqslant 1\,000\,000$ 费马大定理已被证明，但对指数 $n > 1\,000\,000$ 费马大定理没有被证明．

谷山－志村猜想：1955 年，日本数学家谷山丰首先猜测椭圆曲线与另一类数学家们了解更多的曲线－模曲线之间存在着某种联系；谷山的猜测后经韦依和志村五郎进一步精确化而形成了所谓"谷山－志村猜想"，这个猜想是说：有理数域上的椭圆曲线都是模曲线．虽然这个很抽象的猜想使一些学者搞不明白，但它又使"费马大定理"的证明向前迈进了一步．

两者关系：1985 年，德国数学家弗雷指出了谷山－志村猜想和费马大定理之间的关系；他提出了一个命题：假定"费马大定理"不成立，即存在一组非零整数 a，b，c，使得 $a^n + b^n = c^n (n > 2)$，那么用这组数构造出的形如 $y^2 = x(x - a^n)(x + b^n)$ 的椭圆曲线，不可能是模曲线．但遗憾的是弗雷没能严格证明他的命题。如果能同时证明弗雷的命题和谷山－志村猜想，则根据反证法便可推得费马大定理成立．

1986 年，美国数学家贝特证明了弗雷的命题，于是希望便集中于谷山－志村猜想．

1993 年 6 月，英国数学家怀尔斯证明了：对有理数域上的一大类椭圆曲线，谷山－志村猜想成立．由于他在报告中表明了弗雷曲线恰好属于他所说的这一大类椭圆曲线，也就表明他最终证明了费马大定理；但专家对他的证明审察时发现了漏洞，于是，怀尔斯又经过了一年多的拼搏，于 1994 年 9 月彻底圆满证明了费马大定理．

据美国《科学日报》报道，美国哲学家和数学家迈克拉蒂日前称：用皮亚诺算术证明费马大定理比英国数学家怀尔斯所用的方法简单和所用的公理少，而且大多数数学家都容易看懂和理解．其言论一出，震惊了学界．

迈克拉蒂 2003 年开始寻找费马大定理证明的简易方法，他在 2010 年第 3 期《符号逻辑公告》上曾发表过题为《用什么来证明费马大定理？格罗滕迪克与数论的逻辑》的论文. 其文探讨了目前公布的证明费马大定理所用的集合论假设，怀尔斯如何使用这些假设，以及使用较弱的假设证明费马大定理的前景. 他的一些观点引起了人们的关注和讨论.

四色定理的内容及提出

四色问题的内容："任何一张平面地图只用四种颜色就能使具有共同边界的国家着上不同的颜色."用数学语言表示，即"将平面任意地细分为不相重叠的区域，每一个区域总可以用 1，2，3，4 这四个数字之一来标记，而不会使相邻的两个区域得到相同的数字".

这里所指的相邻区域，是指有一整段边界是公共的. 如果两个区域只相遇于一点或有限多点，就不叫相邻的，因为用相同的颜色给它们着色不会引起混淆.

四色猜想的提出来自英国. 1852 年，毕业于伦敦大学的格思里来到一家科研单位搞地图着色工作时，发现了一种有趣的现象："看来，每幅地图都可以用四种颜色着色，使得有共同边界的国家都被着上不同的颜色."这个现象能不能从数学上加以严格证明呢？他和在大学读书的弟弟格里斯决心试一试. 兄弟二人为证明这一问题而使用的稿纸已经堆了一大沓，可是研究工作没有进展.

求证历程：

1852 年 10 月 23 日，他的弟弟就这个问题的证明请教了他的老师、著名数学家摩尔根，摩尔根也没有能找到解决这个问题的途径，于是写信向自己的好友、著名数学家汉密尔顿爵士请教. 汉密尔顿接到摩尔根的信后，对四色问题进行论证. 但直到 1865 年汉密尔顿逝世为止，问题也没有被解决.

1872 年，英国当时最著名的数学家凯利正式向伦敦数学学会提出了这个问题，于是四色猜想成了世界数学界关注的问题. 世界上许多一流的数学家都纷纷参加了四色猜想的大会战. 1878—1880 年，著名的律师兼数学家肯普和泰勒两人分别提交了证明四色猜想的论文，宣布证明了四色定理，大家都认为四色猜想从此也就解决了.

肯普的证明是这样的：首先指出如果没有一个国家包围其他国家，或没有三个以上的国家相遇于一点，这种地图就说是"正规的". 一张地图往往是由正规地图和非正规地图联系在一起的，但非正规地图所需颜色种数一般不超过正规地图所需的颜色，如果有一张需要五种颜色的地图，那就是指它的正规地图是五色的，要证明四色猜想成立，只要证明不存在一张正规五色地图就足够了.

肯普是用归谬法来证明上述结论的，大意是如果有一张正规的五色地图，就会存在一张国数最少的"极小正规五色地图"，如果极小正规五色地图中有一个国家的邻国数少于六个，就会存在一张国数较少的正规地图仍为五色的，这样一来就不会有极小五色地图的国数，也就不存在正规五色地图了．这样肯普就认为他已经证明了"四色问题"，但是后来人们发现他错了．

不过肯普的证明阐明了两个重要的概念，对以后问题的解决提供了途径．第一个概念是"构形"．他证明了在每一张正规地图中至少有一国具有两个、三个、四个或五个邻国，不存在每个国家都有六个或更多个邻国的正规地图，也就是说，由两个邻国、三个邻国、四个邻国或五个邻国组成的一组"构形"是不可避免的，每张地图至少含有这四种构形中的一个．

肯普提出的另一个概念是"可约"性．"可约"这个词的使用源于肯普证明的下列结论：只要五色地图中有一国具有四个邻国，就会有国数减少的五色地图．自从引入"构形""可约"概念后，逐步发展了检查构形以决定是否可约的一些标准方法，能够寻求可约构形的不可避免组，是证明"四色问题"的重要依据．但要证明大的构形可约，需要检查大量的细节，这是相当复杂的．

11 年后，即 1890 年，在牛津大学就读的年仅 29 岁的赫伍德以自己的精确计算指出了肯普在证明上的漏洞．他指出肯普说没有极小五色地图能有一国具有五个邻国的理由有破绽．不久，泰勒的证明也被人们否定了．人们发现他们实际上证明了一个较弱的命题 – 五色定理．就是说对地图着色，用五种颜色就够了．后来，越来越多的数学家虽然对此绞尽脑汁，但一无所获．于是，人们开始认识到，这个貌似容易的题目，其实是一个可与费马猜想相媲美的难题．

进入 20 世纪以来，科学家们对四色猜想的证明基本上是按照肯普的想法在进行．1913 年，美国著名数学家、哈佛大学的伯克霍夫利用肯普的想法，结合自己新的设想，证明了某些大的构形可约．后来美国数学家富兰克林于 1939 年证明了 22 国以下的地图都可以用四色着色．1950 年，有人从 22 国推进到 35 国．1960 年，有人又证明了 39 国以下的地图可以只用四种颜色着色；随后又推进到了 50 国．看来这种推进仍然十分缓慢．

信息时代的成功：

高速数字计算机的发明，促使更多数学家对"四色问题"进行了研究．从 1936 年就开始研究四色猜想的海克，公开宣称四色猜想可用寻找可约图形的不可避免组来证明．他的学生丢雷写了一个计算程序，海克不仅能用这程序产生的数据来证明构形可约，而且描绘可约构形的方法是从改造地图成为数学上称为"对偶"形着手．

他把每个国家的首都标出来，然后把相邻国家的首都用一条越过边界的铁路连接起来，除首都（称为顶点）及铁路（称为弧或边）外，擦掉其他所有的线，剩下的称为原图的对偶图．到了 20 世纪 60 年代后期，海克引进一个类似于在电网络中移动电荷的方法来求构形的不可避免组. 在海克的研究中第一次以颇不成熟的形式出现的"放电法",对以后关于不可避免组的研究是个关键,也是证明四色定理的中心要素.

电子计算机问世以后,由于演算速度迅速提高,加之人机对话的出现,大大加快了对四色猜想证明的进程. 美国伊利诺斯大学哈肯在 1970 年着手改进"放电过程",后与阿佩尔合作编制一个很好的程序. 就在 1976 年 6 月,他们在美国伊利诺斯大学的两台不同的电子计算机上,用了 1 200 个小时,作了 100 亿判断,终于完成了四色定理的证明,轰动了世界.

这是一百多年来吸引许多数学家与数学爱好者的大事,当两位数学家将他们的研究成果发表的时候,当地的邮局在当天发出的所有邮件上都加盖了"四色足够"的特制邮戳,以庆祝这一难题获得解决.

"四色问题"的证明不仅解决了一个历时 100 多年的难题,而且成为数学史上一系列新思维的起点. 在"四色问题"的研究过程中,不少新的数学理论随之产生,也发展了很多数学计算技巧. 如将地图的着色问题化为图论问题,丰富了图论的内容. 不仅如此,"四色问题"在有效地设计航空班机日程表,设计计算机的编码程序上都起到了推动作用.

不过不少数学家并不满足于计算机取得的成就,他们认为应该有一种简捷明快的书面证明方法. 仍有不少数学家和数学爱好者在寻找更简捷的证明方法.

数学证明:

找到用数学理论证明的方法是人类研究"四色问题"的终极目标.

四色定理的理论证明,已有一个实例,其证明是用第二数学归纳法证明的. 大意是:首先,验证初始值 $1 \leqslant n \leqslant 15$ 时四色定理成立;其次,设置归纳假设 $15 \leqslant n \leqslant k$ 时四色定理成立;再次,递推 $n = k + 1$ 时四色定理成立. 递推时令 Q 为构形国,分为二构形、三构形、四构形、五构形等四类论证.

证明的理论基础是,在肯普证明了"在每一张正规地图中至少有一国具有两个、三个、四个或五个邻国,不存在每个国家都有六个或更多个邻国的正规地图."的基础上,提出并阐明了 n 构形 (n 取 2、3、4、5)、构形国、正规地图边界、边沿国等概念. 依次采用构造法、反证法、第二数学归纳法等证明了关于五构形的三个引理:

引理 1 五构形的国家个数的集合 $W = \{12, 14, 15, \cdots, n, \cdots\}$.

引理 2 任意五构形中存在构形国不是边沿国.

引理 3 在 $n \geqslant 15$ 的五构形中,若包围构形国 Q 的每个邻国与 Q 只有一条共同边界,Q 的邻国两两相邻的组数是五,这五个邻国中存在邻国个数大于五的国家 P,则四色定理成立.

这个证明采用的是"区块"换色，有别于当年肯普的"证明"，其采用的是"肯普链"换色.

哥德巴赫猜想

史上和质数有关的数学猜想中，最著名的当然就是"哥德巴赫猜想"了.

1742 年 6 月 7 日，德国数学家哥德巴赫在写给著名数学家欧拉的一封信中，提出了一个大胆的猜想：

任何不小于 3 的奇数，都可以是三个质数之和（如，$7 = 2 + 2 + 3$，当时 1 仍属于质数）.

同年，6 月 30 日，欧拉在回信中提出了另一个版本的哥德巴赫猜想：

任何偶数，都可以是两个质数之和（如，$4 = 2 + 2$，当时 1 仍属于质数）.

这就是数学史上著名的"哥德巴赫猜想". 显然，前者是后者的推论. 因此，只需证明后者就能证明前者. 所以称前者为弱哥德巴赫猜想（已被证明），后者为强哥德巴赫猜想. 由于 1 已经不归为质数，因此这两个猜想分别变为：

任何不小于 7 的奇数，都可以写成三个质数之和的形式；

任何不小于 4 的偶数，都可以写成两个质数之和的形式.

简述：

欧拉在给哥德巴赫的回信中，明确表示他深信这两个猜想都是正确的定理，但是欧拉当时还无法给出证明. 由于欧拉是当时欧洲最伟大的数学家，他对哥德巴赫猜想的信心，影响到了整个欧洲乃至世界数学界. 从那以后，许多数学家都跃跃欲试，甚至一生都致力于证明哥德巴赫猜想. 可是直到 19 世纪末，哥德巴赫猜想的证明也没有任何进展. 证明哥德巴赫猜想的难度，远远超出了人们的想象. 有的数学家把哥德巴赫猜想比喻为"数学王冠上的明珠".

我们从 $6 = 3 + 3$、$8 = 3 + 5$、$10 = 5 + 5$、…、$100 = 3 + 97 = 11 + 89 = 17 + 83$ 等这些具体的例子中，可以看出哥德巴赫猜想都是成立的. 有人甚至逐一验证了 3 300 万以内的所有偶数，竟然没有一个不符合哥德巴赫猜想的. 20 世纪，随着计算机技术的发展，数学家们发现哥德巴赫猜想对于更大的数依然成立. 可是自然数是无限的，谁知道会不会在某一个足够大的偶数上，突然出现哥德巴赫猜想的反例呢？于是人们逐步改变了探究问题的方式.

1900 年，20 世纪最伟大的数学家希尔伯特，在国际数学会议上把"哥德巴赫猜想"列为 23 个数学难题之一. 此后，20 世纪的数学家们在世界范围内"联手"进攻"哥德巴赫猜想"堡垒，终于取得了辉煌的成果.

证明进程：

20世纪的数学家们研究哥德巴赫猜想所采用的主要方法，是筛法、圆法、密率法和三角和法等高深的数学方法．解决这个猜想的思路，就像"缩小包围圈"一样，逐步逼近最后的结果．

1920年，挪威数学家布朗证明了定理"9＋9"，由此划定了进攻"哥德巴赫猜想"的"大包围圈"．这个"9＋9"是怎么回事呢？所谓"9＋9"，翻译成数学语言就是："任何一个足够大的偶数，都可以表示成其他两个数之和，而这两个数中的每个数，都是9个奇质数之积．"从这个"9＋9"开始，全世界的数学家集中力量"缩小包围圈"，当然最后的目标就是"1＋1"了．

1924年，德国数学家雷德马赫证明了定理"7＋7"．很快，"6＋6""5＋5""4＋4"和"3＋3"逐一被攻陷．1957年，中国数学家王元证明了"2＋3"．1962年，中国数学家潘承洞证明了"1＋5"，同年又和王元合作证明了"1＋4"．1965年，苏联数学家证明了"1＋3"．

1966年，中国著名数学家陈景润攻克了"1＋2"，也就是："任何一个足够大的偶数，都可以表示成两个数之和，而这两个数中的一个就是奇质数，另一个则是两个奇质数的积．"这个定理被世界数学界称为"陈氏定理"．

由于陈景润的贡献，人类距离哥德巴赫猜想的最后结果"1＋1"仅有一步之遥了．但为了实现这最后的一步，也许还要历经一个漫长的探索过程．有许多数学家认为，要想证明"1＋1"，必须通过创造新的数学方法，以往的路很可能都是走不通的．

参 考 文 献

［1］ 车荣强. 概率论与数理统计［M］. 2 版. 上海：复旦大学出版社，2012.

［2］ 龚昇. 简明微积分［M］. 北京：高等教育出版社，2006.

［3］ 华东师范大学数学系. 数学分析（上册）［M］. 2 版. 北京：高等教育出版社，1991.

［4］ 刘培杰. 世界著名平面几何经典著作钩沉（几何作图专题卷)［M］. 哈尔滨：哈尔滨工业大学出版社，2009.

［5］ 齐金菊. 数学（面向 21 世纪中等职业教育规划教材)［M］. 北京：科学出版社，2004.

［6］ 万瑾琳. 杨澜. 幻方探秘［M］. 武汉：中国地质大学出版社（武汉），2010.

［7］ ［澳大利亚］史迪威. 数学及其历史［M］. 袁向东，冯绪宁，译. 北京：高等教育出版社，2011.